Wachstumspotentiale erneuerbarer Energien und ihre Implikationen für Klimaschutz, Versorgungssicherheit und Wettbewerbsfähigkeit

Europäische Hochschulschriften
Publications Universitaires Européennes
European University Studies

Reihe V
Volks- und Betriebswirtschaft

Série V   Series V
Sciences économiques, gestion d'entreprise
Economics and Management

Bd./Vol. 3212

PETER LANG
Frankfurt am Main · Berlin · Bern · Bruxelles · New York · Oxford · Wien

Ute Herholz

Wachstumspotentiale erneuerbarer Energien und ihre Implikationen für Klimaschutz, Versorgungssicherheit und Wettbewerbsfähigkeit

PETER LANG
Europäischer Verlag der Wissenschaften

Bibliografische Information Der Deutschen Bibliothek
Die Deutsche Bibliothek verzeichnet diese Publikation in der
Deutschen Nationalbibliografie; detaillierte bibliografische
Daten sind im Internet über <http://dnb.ddb.de> abrufbar.

Zugl.: Hamburg, Univ., Diss., 2005

D 18
ISSN 0531-7339
ISBN 3-631-54950-4

© Peter Lang GmbH
Europäischer Verlag der Wissenschaften
Frankfurt am Main 2006
Alle Rechte vorbehalten.

Das Werk einschließlich aller seiner Teile ist urheberrechtlich geschützt. Jede Verwertung außerhalb der engen Grenzen des Urheberrechtsgesetzes ist ohne Zustimmung des Verlages unzulässig und strafbar. Das gilt insbesondere für Vervielfältigungen, Übersetzungen, Mikroverfilmungen und die Einspeicherung und Verarbeitung in elektronischen Systemen.

www.peterlang.de

Meinen Töchtern Charlotte und Johanna

Danksagung

Mein besonderer Dank gilt Herrn Prof. Dr. Wolfgang Maennig. Dank seiner Hartnäckigkeit, seinem Verständnis und seinen wertvollen Hinweisen konnte ich diese Arbeit neben meiner beruflichen Tätigkeit fertig stellen.

Herrn Prof. Dr. Heiner Hautau danke ich für die bereitwillige Übernahme der gutachterlichen Tätigkeit.

Bei Herrn Prof. Dr. Nikolaus Fuchs bedanke ich mich für die kontinuierliche Unterstützung und Motivation auf dem Weg zur Zielerreichung.

Meinen Eltern danke ich ebenfalls für den jahrzehntelangen Ansporn und ihr Vertrauen, die diesen Schritt erst ermöglicht haben.

Ganz besonderer Dank gebührt auch meinem Mann Rainer, der trotz eigener Berufstätigkeit, aktiver Vaterschaft und berufsbegleitender Promotion mir stets und umfassend zur Seite stand, mich permanent motiviert und entlastet und hierdurch den Abschluss meiner Arbeit ermöglicht hat.

Abschließend danke ich auch meinen beiden Töchtern, die mich durch ihre unbewußte, teils nur unfreiwillig gewährte Rücksichtnahme in den vergangenen Jahren zusätzlich in die Lage versetzt haben, diese Arbeit fertigzustellen.

Inhaltsverzeichnis

1. PROBLEMSTELLUNG UND ZIEL DER UNTERSUCHUNG 1
1.1. HINTERGRUND UND ZIELSETZUNG 1
1.2. METHODISCHE VORGEHENSWEISE 3

2. RECHTLICHE RAHMENBEDINGUNGEN UND MARKTSTRUKTUR IN DEUTSCHLAND 7
2.1. VERÄNDERUNGEN ENERGIERECHTLICHER RAHMENBEDINGUNGEN 7
    2.1.1. Die Liberalisierung der Energiemärkte in Europa und Deutschland 7
        2.1.1.1 Der Ordnungsrahmen in Deutschland bis zur Marktöffnung 7
        2.1.1.2 Liberalisierung des EU-Binnenmarktes für Elektrizität 8
        2.1.1.3 Die Binnenmarktrichtlinie Gas 12
        2.1.1.4 Die deutsche Energierechtsnovelle 14
        2.1.1.5 Alternative Modelle der Deregulierung 18
    2.1.2. Der Kernenergieausstieg in Deutschland 20
        2.1.2.1 Der Kernenergiekonsens 20
        2.1.2.2 Kernenergieerzeugung unter Wettbewerbsbedingungen 24
        2.1.2.3 Kernenergie unter Umweltschutz- und Versorgungsaspekten 25
2.2. VEREINBARUNGEN UND INSTRUMENTE ZUM SCHUTZ DES KLIMAS 26
    2.2.1. Völkerrechtliche Vereinbarungen zum Klimaschutz 26
        2.2.1.1 Die Klimarahmenkonvention und die Arbeit des IPCC 26
        2.2.1.2 Das Kyoto-Protokoll – 3. Vertragsstaatenkonferenz in Kyoto 28
        2.2.1.3 Der „Buenos Aires Plan of Action" – Die 4. Vertragsstaatenkonferenz in Buenos Aires 29
        2.2.1.4 Die 5. Vertragsstaatenkonferenz in Bonn 30
        2.2.1.5 Das „Bonn Agreement" – Die 6. Vertragsstaatenkonferenz in Den Haag/Bonn 31
        2.2.1.6 „The Marrakesh Accords" – Die 7. Vertragsstaatenkonferenz in Marrakesch 34
        2.2.1.7 Die „Delhi Declaration" – Die 8. Vertragsstaatenkonferenz in New Delhi 36
    2.2.2. Politische Instrumente zum Klimaschutz 37
        2.2.2.1 Ausgestaltung wesentlicher Instrumente zur Emissionssenkung 37
            2.2.2.1.1 Emissionssteuern und Emissionszertifikate 37
            2.2.2.1.2 Theoretische Modelle zur Einführung des Emissionshandels 41
            2.2.2.1.3 Einführung des Emissionshandel auf EU-Ebene 44
        2.2.2.2 Förderung regenerierbarer Energien und Energieeffizienzsteigerungen 45
            2.2.2.2.1 Das Erneuerbare-Energien-Gesetz 46
            2.2.2.2.2 Das 100.000-Dächer-Solarstromprogramm 48
            2.2.2.2.3 Förderung von Energieeffizienzsteigerungen 49
        2.2.2.3 Nationale und sektorale Klimaschutzinitiativen 50
            2.2.2.3.1 Das nationale Klimaschutzprogramm der Bundesregierung 50
            2.2.2.3.2 Die Selbstverpflichtung der deutschen Wirtschaft zum Klimaschutz 51
            2.2.2.3.3 Der Beitrag der Elektrizitätserzeuger zur Emissionsminderung 53
2.3. HORIZONTALE MARKTSTRUKTUR UND MARKTMACHT IN DEUTSCHLAND 55
    2.3.1. Die Marktstruktur in dem Erzeugungssektor 55
    2.3.2. Kraftwerkspark und Reservekapazitäten 57

3. DIE VERFÜGBARKEIT VON ENERGIETRÄGERN 61
3.1. THEORETISCHE MODELLE ZUR NUTZUNG ERSCHÖPFBARER ENERGIETRÄGER 61
    3.1.1. Das ökonomische Modell von Hotelling 61
    3.1.2. Der Einfluss von Backstop-Technologien 65

IX

	3.1.3. Sonstige Erweiterungen des theoretischen Modells	67
3.2.	FOSSILE ENERGIETRÄGER	68
	3.2.1. Die Verfügbarkeit fossiler Primärenergieträger	68
	3.2.2. Ökonomische Aspekte der Steinkohlenversorgung	71
	3.2.2.1 Weltsteinkohlenmarkt	71
	3.2.2.2 Steinkohlenreserven und -ressourcen	73
	3.2.2.3 Der deutsche Steinkohlenmarkt	74
	3.2.2.4 Kohlenvorrangpolitik	74
	3.2.3. Ökonomische Aspekte der Braunkohlenversorgung	77
	3.2.3.1 Braunkohlenförderung in Deutschland	77
	3.2.3.2 Besonderheiten des deutschen Braunkohlenmarktes	78
	3.2.3.3 Braunkohlenförderung und -verbrauch weltweit	79
	3.2.4. Ökonomische Aspekte der Erdgasversorgung	80
	3.2.4.1 Historische Entwicklung	80
	3.2.4.2 Internationaler Gasmarkt	81
	3.2.4.3 Erdgasreserven für den europäischen und deutschen Markt	84
	3.2.5. Ökonomische Aspekte der Uranversorgung	86
3.3.	POTENTIALE UND MARKTENTWICKLUNG ERNEUERBARER ENERGIETRÄGER	89
	3.3.1. Einleitung und allgemeine Annahmen	89
	3.3.2. Perspektiven für Deutschland	91
	3.3.3. Wasser	92
	3.3.4. Wind	94
	3.3.4.1 Windkraftanlagen im Küstengebiet und in Binnenlagen	94
	3.3.4.2 Offshore-Windkraftanlagen	95
	3.3.5. Photovoltaik und Solarthermie	96
	3.3.5.1 Photovoltaische Anlagen	96
	3.3.5.2 Solarthermische Kraftwerke	98
	3.3.6. Biogene Energieträger	99
	3.3.6.1 Biomasse	99
	3.3.6.2 Biogas	100
4.	**ENERGIEPOLITISCHES MODELL MIT DREIDIMENSIONALER ZIELSETZUNG**	**103**
4.1.	ÖKONOMISCHE MODELLE IN DER EMPIRISCHEN WIRTSCHAFTSFORSCHUNG	104
	4.1.1. Wirtschaftspolitische Modelle	104
	4.1.2. Energiepolitische Modelle	105
	4.1.3. Technologiemodelle	105
4.2.	DAS MODELL	108
	4.2.1. Modellspezifikation	108
	4.2.2. Die Auswahl der Variablen und einer geeigneten Datenbasis	108
	4.2.3. Modellierung des Gleichungssystems	109
	4.2.3.1 Die Verbrauchsfunktion	109
	4.2.3.2 Erzeugungsfunktion	109
	4.2.3.3 Emissionsfunktion	111
	4.2.3.4 Versorgungsfunktion	112
	4.2.3.5 Kostenfunktion	112
	4.2.4. Die Datenquellen	114
	4.2.5. Die Hypothesen	115
4.3.	THEORETISCHE MODELLGRÖSSEN UND EMPIRISCHE APPROXIMATION	115
	4.3.1. Die Verbrauchsfunktion	115
	4.3.1.1 Theoretische Modellansätze der Energienachfrage	115

4.3.1.2 Approximation der Verbrauchsfunktion 117
  4.3.1.2.1 Empirische Analyse des gesamtwirtschaftlichen Verbrauches 117
  4.3.1.2.2 Verbrauchsprognose bei gesamtwirtschaftlicher Betrachtung 124
4.3.1.3 Die Berücksichtigung von Stromeinsparungspotentialen 125
4.3.2. Die Erzeugungsfunktion *127*
4.3.2.1 Wachstumsmodelle und technologische Substitutionsprozesse 127
  4.3.2.1.1 Wachstumsmodelle und ihre Anwendbarkeit auf technologische Diffusionsprozesse 127
  4.3.2.1.2 Logistische Wachstumshypothese für den Elektrizitätsmarkt in Deutschland 129
  4.3.2.1.3 Technologische Substitutionsprozesse im theoretischen Modell 133
  4.3.2.1.4 Anwendung des Substitutionsmodells auf den deutschen Erzeugermarkt .137
4.3.2.2 Die Entwicklung erneuerbarer Energien im Zeitablauf 140
  4.3.2.2.1 Annahmen und Datengrundlagen 141
  4.3.2.2.2 Potentiale erneuerbarer Energiequellen 141
  4.3.2.2.3 Modelltheoretische Entwicklung des Stromerzeugungsanteils erneuerbarer Energien 145
  4.3.2.2.4 Der Gesamtbeitrag der erneuerbaren Energien im Zeitablauf 150
4.3.2.3 Approximation erforderlicher Erzeugungsmengen auf fossiler Basis 152
4.3.3. Emissionsfunktion *154*
4.3.3.1 Auswahl unterschiedlicher Szenarien und geltender Prämissen 154
4.3.3.2 Erzeugungsalternativen bei unterschiedlichem Modernisierungsgrad 157
4.3.4. Die Versorgungsfunktion *160*
4.3.4.1 Grundsätzliche Annahmen 160
  4.3.4.1.1 Allgemeine Risiken der Versorgungssicherheit 160
  4.3.4.1.2 Importabhängigkeit der Energieversorgung 162
  4.3.4.1.3 Ermittlung der Vergleichsgröße und grundsätzliche Annahmen 164
4.3.4.2 Die Versorgungsfaktoren der untersuchten Szenarien 166
4.3.5. Die Kostenfunktion *168*
4.3.5.1 Kostenmodell und grundsätzliche Annahmen 168
4.3.5.2 Kapitalkosten 169
  4.3.5.2.1 Investitionskosten 169
  4.3.5.2.2 Marktzins 170
  4.3.5.2.3 Lebensdauer und Arbeitsausnutzung 171
4.3.5.3 Brennstoffkosten 173
  4.3.5.3.1 Brennstoffpreise 173
  4.3.5.3.2 Wechselkursrisiko und Indexierung 175
  4.3.5.3.3 Sonstige Kostenkomponenten 175
  4.3.5.3.4 Eigenverbrauch und Wirkungsgrade verschiedener Erzeugungstechnologien 176
4.3.5.4 Übrige Kosten 177
  4.3.5.4.1 Fixe übrige Kosten 177
  4.3.5.4.2 Variable übrige Kosten 178
4.3.5.5 Aggregation der Kostenkomponenten 178
  4.3.5.5.1 Spezifische Erzeugungskosten bei veränderlichem Technologiestand 178
  4.3.5.5.2 Einspeisevergütung als fixe Kostengröße alternativer Elektrizitätserzeugung 180
  4.3.5.5.3 Differenzkostenvergleich 181
4.3.5.6 Sensitivität Kostenfunktion bei Variation des Versorgungsfaktors 182
4.3.6. Bewertung der Szenarien und möglicher Handlungsoptionen *183*
4.3.7. Modelllösungen im europäischen Wettbewerbsumfeld *184*

5. ZUSAMMENFASSUNG UND DISKUSSION DER ERGEBNISSE 187

Literaturverzeichnis..189

Abbildungsverzeichnis

Abbildung 2-1:	Abbau Kapazitäten und damit verbundener Leistungswegfall	24
Abbildung 2-2:	Entwicklung des CO_2-Ausstoßes der öffentlichen Stromversorger	54
Abbildung 2-3:	Anteile der Stromerzeuger an der erzeugten Arbeit zum Zeitpunkt der Marktöffnung 1998	56
Abbildung 2-4:	Installierte Kraftwerksleistung und Bruttostromerzeugung (Stand 1998)	57
Abbildung 2-5:	Durchschnittliche jährliche Nutzungsintensität der Kraftwerkstypen nach Primärenergieeinsatz	58
Abbildung 2-6:	Anteile an der installierten Kraftwerksleistung in Deutschland	59
Abbildung 3-1:	Preispfad bei konstanten Förderkosten	63
Abbildung 3-2:	Maximalpreis Rohstoff bei Existenz von Backstop-Technologie	65
Abbildung 3-3:	Qualitative Unterscheidung Reserven und Ressourcen	69
Abbildung 3-4:	Anstieg der Reichweiten für energetische Rohstoffe (in Jahren)	70
Abbildung 3-5:	Weltsteinkohlenförderung im Jahr 2003	72
Abbildung 3-6:	Regionale Verteilung von Reserven und Ressourcen an Hartkohlen (Stand 1997)	73
Abbildung 3-7:	Steinkohleneinfuhr der Bundesrepublik nach Lieferländern 2003	74
Abbildung 3-8:	Subventionen für den Steinkohlenbergbau (inkl. Beihilfen bis 2005)	76
Abbildung 3-9:	Produktivitätsentwicklung im Steinkohlenbergbau verschiedener Länder	77
Abbildung 3-10:	Braunkohlenförderung weltweit im Jahr 2003	80
Abbildung 3-11:	Sicher gewinnbare Erdgasreserven der Welt (Stand 1999)	81
Abbildung 3-12:	Statistische Reichweiten von Erdgas 1974-1999	83
Abbildung 3-13:	Entwicklung der Einfuhr von Erdgas in die Bundesrepublik	85
Abbildung 3-14:	Regionale Verteilung der weltweiten Uranreserven	87
Abbildung 3-15:	Konventionelle Gesamtressourcen von Uran	87
Abbildung 3-16:	Natürliches Angebot und technisches Potential erneuerbarer Energieträger weltweit	89
Abbildung 3-17:	Entwicklung der Leistung und Stromerzeugung aus Wasserkraft	93
Abbildung 3-18:	Ausbau Windenergie 1987-2004	95
Abbildung 3-19:	Entwicklung der installierten Leistung von Solarmodulen 1990-2002	98
Abbildung 3-20:	Biogasanlagen in Deutschland 1992-2003	100
Abbildung 4-1:	Klassifizierung wirtschafts- und energiepolitische Modelle	103
Abbildung 4-2:	Klassifizierung von Technologiemodellen	106
Abbildung 4-3:	Energiebilanz	116
Abbildung 4-4:	Entwicklung des BIP in Deutschland in Mrd. Euro (Preisbasis 2004)	121
Abbildung 4-5:	Bruttostromverbrauch 1950-2004 in Abhängigkeit vom BIP	122
Abbildung 4-6:	Entwicklung der spezifischen Stromintensität und des BIP/Kopf in Deutschland 1950-2004	123
Abbildung 4-7:	Gestalt einer logistischen Funktion $y(t)=g/(1+be^{-at})$ für $a>0$	128
Abbildung 4-8:	Wachstumsverlauf Kernenergienutzung 1961 bis 2004	130
Abbildung 4-9:	Wachstumsverlauf der Stromerzeugung aus Braunkohle	131
Abbildung 4-10:	Linearer Wachstumsverlauf Stromerzeugung aus Braunkohle (in GWh) Zeitraum 1926-1941 und 1948-1980	131
Abbildung 4-11:	Wachstumsverlauf bei der Stromerzeugung aus Steinkohle (in GWh)	132
Abbildung 4-12:	Revolvierender Substitutionsprozess	135
Abbildung 4-13:	Strukturwandel des weltweiten Primärenergiesystems	135
Abbildung 4-14:	Entwicklung der Marktanteile von Steinkohle	138
Abbildung 4-15:	Anteilsentwicklung Braunkohle alte vs. neue Bundesländer	138

Abbildung 4-16:	Entwicklung der Marktanteile von Braunkohle (gesamtdeutsch)	139
Abbildung 4-17:	Entwicklung Marktanteil Kernenergie	140
Abbildung 4-18:	Entwicklung Onshore-Windkrafteinspeisung 1992-2020	147
Abbildung 4-19:	Entwicklung Erzeugungsmenge aus Offshore-Windkraftanlagen	148
Abbildung 4-20:	Prognose Elektrizitätserzeugung aus Biomasse 1992-2020	149
Abbildung 4-21:	Entwicklung Photovoltaik 1992-2020	150
Abbildung 4-22:	Entwicklung des Anteiles EEQ im Zeitablauf	151
Abbildung 4-23:	Fossile Erzeugungsmengen mit Emissionen im Jahr 2015 – konservative und optimistische Variante	154
Abbildung 4-24:	Mögliche Erzeugungsalternativen vor und nach Modernisierung des gesamten Kraftwerksparkes und Vergleich mit Ist-Situation 2002	158
Abbildung 4-25:	Primärenergiegewinnung und –verbrauch in Deutschland 1970 bis 2002	162
Abbildung 4-26:	Eigendeckung und Gesamtverbrauch an Primärenergien 2002	163
Abbildung 4-27:	Eigendeckung in der Stromerzeugung im Jahr 2002	164
Abbildung 4-28:	Versorgungsfaktoren υ_{2015} und überschüssige Emissionsrechte bei unterschiedlichen Szenarien	166
Abbildung 4-29:	Vergleich Versorgungsfaktoren bei abweichender Kernenergieklassifizierung	167
Abbildung 4-30:	Abhängigkeit der Kapitalkosten vom gewählten Zinssatz	171
Abbildung 4-31:	Entwicklung ausgewählter Energiepreise in Euro/t und des Wechselkurses US-$/Euro	174
Abbildung 4-32:	Spezifische Gestehungskosten pro kWh (2015) mit aktuellem Technologiestand	179
Abbildung 4-33:	Spezifische Gestehungskosten pro kWh (2015) nach Modernisierung	180
Abbildung 4-34:	Kostensteigerung der Stromerzeugung im Jahr 2015 im Vergleich zum BAU-Szenario	181
Abbildung 4-35:	Relative Kostenveränderung bei Veränderung Versorgungsfaktor	183

Tabellenverzeichnis

Tabelle 2-1:	Zeitplan zur Umsetzung der Stromrichtlinie	11
Tabelle 2-2:	Zeitplan für die Umsetzung der Gasrichtlinie	13
Tabelle 2-3:	Schrittweiser Ausstieg entspr. AtG-E-Vorgaben	23
Tabelle 2-4:	Senkung der Reduktionsverpflichtung nach COP 6 für AnnexB-Länder	32
Tabelle 2-5:	Bewertung umweltpolitischer Instrumente	41
Tabelle 2-6:	Installierte Kraftwerksleistung der Stromversorger in Deutschland 1998	58
Tabelle 3-1:	Braunkohlenabbau in Deutschland nach Revieren 1950-2000	78
Tabelle 3-2:	Regionale Verteilung der Reserven und Ressourcen von Erdgas in Billionen m^3 (Stand 1997)	82
Tabelle 3-3:	Für den europäischen Markt zugängliche Erdgasreserven (in Mrd. m^3)	84
Tabelle 3-4:	Entwicklung der Welturanerzeugung (in t Uran)	88
Tabelle 3-5:	Weltweites Potential an erneuerbaren Energien	90
Tabelle 3-6:	Erneuerbare Energiequellen und erforderliche Umwandlungssysteme	91
Tabelle 3-7:	Wasserkraftwerke in Deutschland, Stromversorger und private Einspeiser	92
Tabelle 3-8:	Anwendungsgebiete für solare Energiegewinnung	97
Tabelle 4-1:	Industrielle Energieintensitäten	117
Tabelle 4-2:	Regressionsergebnisse spezifische Stromintensität 1950-2004	124
Tabelle 4-3:	Technisches Referenzpotential der Nutzung erneuerbarer Energien zur Stromerzeugung in Deutschland	144
Tabelle 4-4:	Ergebnisse Entwicklung Windenergie onshore 1992-2004	146
Tabelle 4-5:	Ergebnisse Entwicklung Windenergie offshore 2005-2030	148
Tabelle 4-6:	Ergebnisse Entwicklung Biomasse 1992-2004	149
Tabelle 4-7:	Ergebnisse Entwicklung Photovoltaik 1992-2004	150
Tabelle 4-8:	Übersicht über Marktanteilsentwicklung der erneuerbaren Energien nach Wachstumsmodell (in Prozent der Bruttostromerzeugung)	152
Tabelle 4-9:	Spezifische CO_2-Emissionsfaktoren ausgewählter Brennstoffe	155
Tabelle 4-10:	Klassifizierung der Szenarien	156
Tabelle 4-11:	Investitionskosten I^F für Kraftwerke in Euro/kW	170
Tabelle 4-12:	Durchschnittliche Arbeitsausnutzung der Kraftwerke der öffentlichen Versorgung Deutschland 2001	172

Abkürzungsverzeichnis

€	Euro
AbfAblV	Abfallablagerungsverordnung
Abs.	Absatz
AG	Aktiengesellschaft
AGE	Applied General Equilibrium
Art.	Artikel
AtG	Atomgesetz
AWZ	Ausschließliche Wirtschaftszone
B90/Grüne	Bündnis 90 / Die Grünen
BDW	Bundesverband Deutscher Wasserkraftwerke
BImSchV	Bundesimmissionsschutzverordnung
BIP	Bruttoinlandsprodukt
BMWA	Bundesministerium für Wirtschaft und Arbeit
BWE	Bundeverband WindEnergie e. V.
bzw.	beziehungsweise
C&C	Contraction & Convergence
ca.	cirka
CDM	Clean Development Mechanism
CDTe	Cadmiumtellurid
CGE	Computable General Equilibrium
CIS	Kupfer-Indium-Diselenic
CO_2	Kohlendioxid
COP	Conference of the Parties
ct	Cent
DDP	Discovery Decline Phenomenon
DIW	Deutsches Institut für Wirtschaftsforschung e. V.
DVG	Deutsche Verbundgesellschaft e. V.
EdF	Electricité de France
EEG	Erneuerbare-Energien-Gesetz
EGKS	Europäische Gemeinschaft für Kohle und Stahl
EnBW	EnBW Energie AG
EnWG	Energiewirtschaftsgesetz
EU	Europäische Union
EVU	Energieversorgungsunternehmen
EWG	Europäische Währungsgemeinschaft
f.	folgende
FCKW	Fluorchlorkohlenwasserstoffe
g/kWh	Gramm pro Kilowattstunde
GEF	Global Environment Facility
GG	Grundgesetz
GJ/ha	Gigajoule pro Hektar
GuV	Gewinn- und Verlustrechnung
GW	Gigawatt
GWB	Gesetz gegen Wettbewerbsbeschränkungen
GWh	Gigawattstunden
i. d. R.	in der Regel
IEA	International Energy Agency
IPCC	Intergovernmental Panel on Climate Change
ISO	Independent System Operator

JI	Joint Implementation
JUSSCANNZ	Japan, USA, Schweiz, Kanada, Australien, Norwegen, Neuseeland
km^2	Quadratkilometer
kW	Kilowatt
LNG	Liquified Natural Gas
m	Meter
m/sec	Meter pro Sekunde
m^2	Quadratmeter
m^2	Quadratmeter
m^3	Kubikmeter
Mio.	Million
MJ	Megajoule
Mrd.	Milliarde
MW	Megawatt
NAFTA	North American Free Trade Agreement
NPW	Nettoproduktionswert
NTPA	Negotiated Third Party Access
o. Ä.	oder Ähnliches
o. g.	oben genannt
OLS	Ordinary least square
p. a.	per annum
PET	Polyethylen
PV	Photovoltaik
RWE	RWE Energy AG
RWI	Rheinisch-Westfälisches Institut für Wirtschaftsforschung e.V.
SAR	Second Assessment Report
SKE	Steinkohleeinheiten
SPD	Sozialdemokratische Partei Deutschland
StrEG	Stromeinspeisungsgesetz
t	Tonne
TASi	Technische Anleitung Siedlungsabfall
TPA	Third Party Access
TWh	Terawattstunden
u. a.	und andere
u. U.	unter Umständen
UBA	Umweltbundesamt
UCPTE	Union pour la Coordination de la Production et du Transport de l'Electricité
UdSSR	Union der Sozialistischen Sowjetrepubliken
UNCED	United Nations Conference on Environment and Development
UNEP	United Nations Environment Programme
UNFCC	United Nations Framework Convention on Climate
UNO	United Nations Organizations
US$	US-Dollar
USA	United States of America
VDEW	Verband der Elektrizitätswirtschaft – VDEW – e. V.
WETO	World energy, technology and climate policy outlook
WMO	World Meteorological Organization
z. B.	zum Beispiel

1. PROBLEMSTELLUNG UND ZIEL DER UNTERSUCHUNG

1.1. Hintergrund und Zielsetzung

Über die prinzipiellen Grundzüge eines energiepolitischen Zielsystemes besteht weitestgehend Einigkeit: Wirtschaftlichkeit, Versorgungssicherheit und Umweltverträglichkeit sind gleichrangig und dienen einer Politik, die sich an dem Prinzip der Nachhaltigkeit orientiert (EU-Kommission, 2000b, Enzensberger et al., 2001, BMU/UBA, 2002). Insbesondere vor dem Hintergrund des Kernenergieausstieges und internationaler Klimaschutzverpflichtungen wird eine sehr kontroverse öffentliche Diskussion geführt, ob der Erfüllung einzelner Ziele der Vorrang gegenüber anderen auch zu deren Lasten eingeräumt werden kann.

Abhängig vom Adressat kommen bislang veröffentlichte Untersuchungen zur Thematik folglich zu sehr unterschiedlichen Ergebnissen. So wird in Untersuchungen und Veröffentlichungen (Pfaffenberger und Gerdey, 1998; BMWi, 2001) der Kernenergieausstieg mit einem drastischen Anstieg der Erzeugungskosten bei gleichzeitiger Erhöhung der Importquoten und des Kohlendioxidausstoßes gleichgesetzt. Gestützt werden derartige Berechnungen insbesondere vom VDEW von der Annahme, dass der Ersatz der ausfallenden Kernenergiekapazitäten lediglich durch einen entsprechend erhöhten Einsatz von Kohle (jeweils 50 Prozent Braun- und Steinkohle) erfolgt. Die fossil zu erzeugenden Elektrizitätsmengen basieren auf einer konservativen Einschätzung hinsichtlich der Entwicklung der Nutzung erneuerbarer Energien, des realisierbaren Potentials zur Elektrizitätseinsparung oder der technologischen Entwicklungsreserven der kommenden Jahrzehnte (Pfaffenberger und Gerdey, 1998; BMWi, 2001).

Im Vorfeld der Einführung des CO_2-Zertifikatehandels wurden in Deutschland zwischen der Bundesregierung und Branchenverbänden sektorspezifische Vereinbarungen zur Senkung von Treibhausgasemissionen abgeschlossen. Die im VDEW zusammengeschlossenen öffentlichen Elektrizitätsversorgungsunternehmen in Deutschland hatten sich 1995 zu einem absoluten Minderungsziel von zwölf Prozent bis zum Jahr 2015 verpflichtet. Basis für die angekündigte Reduktion war das Jahr 1990 mit einem Gesamtausstoß der öffentlichen Versorger von 289 Mio. t, resultierend in einem Maximalausstoß von 254 Mio. t p.a. in 2015. Mit der Konkretisierung der gesetzlichen Rahmenbedingungen zur Beendigung der kommerziellen Nutzung der Kernenergie zur Stromerzeugung wurde durch die Elektrizitätswirtschaft seitens des VDEW die bestehende Selbstverpflichtung aufgekündigt und das absolute Emissionsziel unter Hinweis auf den Kernenergieausstieg aufgegeben. Stattdessen wurde das Minderungsziel, entsprechend der Schwerpunktsetzung der Bundesregierung hinsichtlich des KWK-Ausbaus sowie weiterer Maßnahmen, neu definiert. Da in den nächsten Jahrzehnten der Kernenergieausstieg zur Umstrukturierung und Neuorientierung eines Drittels der bislang erzeugten Elektrizitätsmenge zwingt, wurde der Anstieg der absoluten Emissionen aus diesem Grunde bereits angekündigt (VDEW, 2001a) und etwaige Emissionserhöhungen von der vormals abgegebenen Reduktionsverpflichtung ausdrücklich ausgenommen.

Thema der Arbeit soll zum einen die Fragestellung sein, ob und in welcher Form sich die Basis der Erzeugung, also die Zusammensetzung der Primärenergieträger, verändern muss, um der Erfüllung der ursprünglich im Jahr 2000 gegebenen Reduktionsverpflichtung bis 2015 auf 254 Mio. t p. a. zu entsprechen. Dabei wird auch eine Erhöhung der Emissionswerte aufgrund des Kernenergieausstieges nicht ausgeschlossen. Als wesentliche Elemente zur Zielerreichung kommen z. B. die Erhöhung der Nutzung erneuerbarer Energiequellen, die Substitution kohlenstoffreicher durch kohlenstoffärmere Brennstoffe als auch die Modernisierung des Kraftwerksparkes in Betracht.

Die Einhaltung von Emissionsobergrenzen vor dem Hintergrund des Kernenergieausstieges wird dabei in der öffentlichen Diskussion nur unter erheblichem Anstieg von Energieimporten als realisierbar eingeschätzt. Der sich abzeichnende Rückgang der Steinkohlenförderung in Deutschland und die Steigerung von Energieimporten für den gesamten Primärenergiebedarf werfen die Frage nach Möglichkeiten zur Stabilisierung der Energieversorgung auf. Eine einseitige strategische Ausrichtung auf den Ersatz kohlenstoffreicherer durch kohlenstoffärmere Brennstoffe impliziere in Deutschland aufgrund seiner geologischen Bedingungen eine Erhöhung von Energieimporten. In diesem Zusammenhang soll gezeigt werden, ob eine Grund legende Umstrukturierung des Erzeugungsportfolios mittel- bis langfristig sogar zu einer Erhöhung des Eigendeckungsanteiles in der Stromversorgung als auch, wenn auch in geringerem Maße, bei dem gesamten Primärenergiebedarf führen kann.

Letztendlich muss eine veränderte Erzeugungsstruktur auch unter Kostengesichtspunkten einem vereinigten Binnenmarkt gerecht werden. Die Erzeugungsmärkte werden zusätzlich durch die Liberalisierung beeinflusst, die den Versorgungsunternehmen Wettbewerbsbedingungen gegenüberstellt und einem bislang ungekannten Kostendruck aussetzt. Abschließend soll deshalb untersucht werden, ob die Anpassung des Eigendeckungsgrades in der Elektrizitätserzeugung auf das Niveau des Jahres 2002 zu Kostenstabilität in den untersuchten Szenarien führt.

1.2. Methodische Vorgehensweise

Einleitend werden im Kapitel 2 die gesetzlichen und energiepolitischen Rahmenbedingungen beschrieben, mit denen die öffentliche Elektrizitätsversorgung konfrontiert ist. Dazu zählen die veränderten Grundlagen durch die Liberalisierung der Energiemärkte in Europa, der Kernenergieausstieg sowie das Erneuerbare-Energien-Gesetz, auf dessen Fortbestehen die Szenarioanalysen beruhen. Des Weiteren erfolgt die Skizzierung der Entwicklung der umweltpolitischen Rahmenbedingungen seit der globalen Eröffnung der Klimadebatte.

Da sämtliche Umwandlungsprozesse einen Primärenergieträger benötigen, wird im dritten Kapitel deren Potential und Verfügbarkeit dargestellt, sofern dieses für die Elektrizitätserzeugung relevant ist. Die Darstellung erstreckt sich dabei über Energieträger auf nationalen und internationalen Märkten bis hin zu den entsprechend der geographischen Lage Deutschlands verfügbaren erneuerbaren Energiequellen.

Da Energieprognosen der Vergangenheit regelmäßig gezeigt haben, dass die Entwicklung eines derart komplexen Systemes nur schwer vorhersehbar ist, wird im Rahmen von Szenarioanalysen eine mögliche Entwicklung aufgezeigt und evaluiert, welche Entwicklung unter Zugrundelegung unterschiedlicher Randbedingungen am wahrscheinlichsten ist. Um die Bandbreite potentieller Entwicklungen darstellen zu können, sind dabei für alle wesentlichen Parameter Prognosen mit konträren Einschätzungen und Ergebnissen vorgestellt worden. Dabei wurden unterschiedliche Verbrauchsentwicklungen und divergierend verlaufende Technologieimplementierungen berücksichtigt.

Für die hier vorliegenden Szenarioanalysen wurde/wurden
- ∞ im Gegensatz zu bekannten Untersuchungen (BMWi, 2001, BMU, 1999, EU-Kommission, 2000b, EWI et al., 2004, Prognos et al., 2001, EWI/Prognos, 2005) dreidimensionale Zielsetzungen zusammengeführt und aktualisierten Schätzungen angepasst,
- ∞ die Entwicklung erneuerbarer Energien anhand theoretischer Wachstumsmodelle prolongiert und vorliegende Entwicklungsszenarien kritisch hinterfragt,
- ∞ Handlungsspielräume aufgezeigt, die Klimaschutz und Versorgungssicherheit als kongruente Ziele zeigen,
- ∞ eine Abschätzung der resultierenden Differenzkosten vorgenommen sowie
- ∞ eine Sensitivitätsanalyse durchgeführt, innerhalb welcher politisch tolerablen Größenordnung eine Abweichung eines definierten Zieles zu wirtschaftlich tragbaren und gesellschaftlich durchsetzbaren Gesamtlösungen führen kann.

Ein wesentlicher Schwerpunkt der hier durchgeführten Untersuchungen basiert auf der im Kapitel 4.3.2.2. durchgeführten Übertragung eines Substitutions- und Wachstumsmodelles auf die Entwicklung der erneuerbaren Energiequellen im Zeitverlauf. Zur Berechnung einer hypothetischen Entwicklung der erneuerbaren Energiequellen dienen dabei statistische Größen und Erfahrungswerte der letzten zehn bis zwölf Jahre sowie die Einschätzung von Potentialwerten in einer vorgegebenen Bandbreite. Im Kapitel 4.3.3. wird untersucht, mit welchen Technologiekombinationen des verbleibenden Erzeugungsbedarfes die Einhaltung einer vorgegebenen Emissionsobergrenze gegeben ist. Im anschließenden Kapitel 4.3.4. werden diese Faktorkombinationen auf ihren Einfluss auf den Grad der Eigendeckung an Primärenergieträgern für die Stromerzeugung untersucht.

Im Kapitel 4.3.5. werden die verschiedenen, aktuell angewandten Erzeugungstechnologien auf ihre Kosten hin untersucht und in einer Differenzkostenanalyse die aus den verschiedenen Szenarien resultierenden Kostenänderungen aufgrund veränderter Erzeugungsportfolios und verändertem technologischem Stand des Kraftwerksparkes dem Status quo gegenübergestellt. Hierbei wird von einer kalkulatorischen Betrachtungsweise ausgegangen, d. h. insbesondere die Kapitalkosten werden anhand tatsächlicher Nutzungsdauern berechnet ohne die Berücksichtigung steuerlicher Sonderregelungen. Des Weiteren sollen nicht direkt zurechenbare Kosten, wie Subventionen für den Steinkohlenbergbau bzw. Umlagen aufgrund des Erneuerbare-Energien-Gesetzes in der Kostenbetrachtung erfasst werden.

In der abschließenden Entwicklung eines Zielsystems (Klimaschutz, Versorgungssicherheit und Preiswürdigkeit) werden im Kapitel 4.3.5.6. alle drei Ergebnisse zusammengeführt und eine Sensitivitätsanalyse durchgeführt. Hierbei soll untersucht werden, mit welchen politisch tolerierbaren Abweichungen von den definierten Werten die Erhöhung/Senkung eines anderen Zielwertes erreicht werden kann.

Die vorliegende Analyse versucht, mögliche mittelfristige Szenarien der Elektrizitätserzeugung zu modellieren. Sie stellt keine Prognose der wahrscheinlichen Entwicklung auf dem Erzeugungsmarkt dar, sondern zeigt auf, ob und unter welchen Bedingungen die drei Hauptziele der Elektrizitätserzeugung erreicht werden könnten. Neuere Untersuchungen beziehen sich in ihren Ergebnissen im Wesentlichen stets auf zwei Ziele: Klimaverträglichkeit und Kostenstabilität. Einen Anstieg der Erzeugungskosten durch die erhöhte Einspeisung von Strom aus erneuerbaren Energien und damit die Verringerung der Basis für wettbewerblich gehandelten Strom weisen EWI/ie/RWI (2004) aus. Dies ist neben der Einführung des CO_2-Zertifikatehandels auf den Übergang von einem Erzeugungsmarkt mit Überkapazitäten zu einem modernisierten Kraftwerkspark, der seine Vollkosten decken muss, zurückzuführen. Eine Erschwerung des Ausgleiches der Ziele Wirtschaftlichkeit, Sicherheit und Umweltverträglichkeit in der Stromerzeugung wird auch von EWI/Prognos (2005) prognostiziert. Dort wird mit einer Verdopplung der Strompreise auf Großhandelsebene zwischen den Jahren 2000 und 2010 gerechnet.

Die Erfüllung der Kyoto-Verpflichtung zur Senkung der Treibhausgasemissionen wird danach eingehalten. Beide Studien nehmen keinen Bezug auf die Frage der Eigendeckung an Primärenergieträgern für die Stromerzeugung. Dieser Aspekt wird zusätzlich von der Szenarienstudie 5 der Enquete-Kommission (2002) beleuchtet, bezieht sich hier aber nur auf die Energieimportabhängigkeit. Der verstärkte Ausbau der erneuerbaren Energien führt bei dem dargestellten Szenario REG/REN-Offensive zu mittelfristiger Senkung der Importabhängigkeit und gleichzeitiger Erhöhung der Mehrkosten ab 2020 gegenüber dem Bezugsjahr 1998. Die Entwicklung der Nutzung der erneuerbaren Energien wird in diesem Szenario den Vorgaben der EU-Kommission (1997) entnommen und berücksichtigt damit nicht langfristig schwer prognostizierbare Technologieentwicklungen und -einführungen. In der vorliegenden Untersuchung wird folglich ein Schwerpunkt auf die modellunabhängige Entwicklung der Nutzung erneuerbarer Energieträger in der Stromerzeugung gelegt.

2. RECHTLICHE RAHMENBEDINGUNGEN UND MARKTSTRUKTUR IN DEUTSCHLAND

2.1. VERÄNDERUNGEN ENERGIERECHTLICHER RAHMENBEDINGUNGEN

2.1.1. Die Liberalisierung der Energiemärkte in Europa und Deutschland

2.1.1.1 Der Ordnungsrahmen in Deutschland bis zur Marktöffnung

Die Regelung der öffentlichen Energieversorgung fußte in Deutschland auf dem über 60 Jahre alten Energiewirtschaftsgesetz[1] (EnWG) von 1935 sowie dem Gesetz gegen Wettbewerbsbeschränkungen (GWB) von 1957. Der Wettbewerb wurde damals durch gravierende staatliche Regulierungen und Interventionen beschränkt. Dies lässt sich bereits aus der Präambel des EnWG ableiten, das „den notwendigen öffentlichen Einfluß in allen Angelegenheiten der Energieversorgung zu sichern" und „volkswirtschaftlich schädliche Auswirkungen des Wettbewerbs zu verhindern" gebietet. Einen Überblick über die Struktur des deutschen Elektrizitätsmarktes vor der Liberalisierung bieten z. B. Gröner (1975), Schnabel (1995), Baur (1989), Evers (1983), Börner (1987), Wesener (1986) und Bräuer et al. (1997).

Der traditionelle ordnungspolitische Ausnahmebereich stützte sich auf § 103 Abs. 1 GWB. Dieser stellte diejenigen Unternehmen von den grundlegenden Vorschriften des GWB frei, die andere Wirtschaftssubjekte mit Elektrizität, Gas oder Wasser versorgen.[2] So konnten die Versorgungsunternehmen Verträge abschließen, die vom Kartellverbot (§ 1 GWB), vom Preisbindungsverbot (§ 15 GWB) sowie von der Missbrauchsaufsicht über Ausschließlichkeitsbindungen (§ 18 GWB) nicht erfasst wurden. Diese Ausnahmetatbestände ermöglichten den Versorgungsunternehmen, de facto ein System voneinander abgeschotteter Gebietsmonopole zu schaffen. Im Einzelnen waren insbesondere die Demarkationsverträge[3] auf Übertragungs- und Verteilerebene sowie die Konzessionsverträge[4] auf der Endverteilerstufe den Regelungen des GWB entzogen.

---

[1] Gesetz zur Förderung der Energiewirtschaft vom 13. Dezember 1935.
[2] Aus Sicht der kommunalen Wirtschaft erfolgt die Versorgung mit Strom, Gas und Wasser im Rahmen der Daseinsvorsorge, so dass von vornherein eine hoheitliche Funktion und Verantwortlichkeit impliziert wird.
[3] Demarkationsverträge sind Verträge, die zwischen verschiedenen Versorgungsunternehmen oder zwischen Versorgungsunternehmen und Gebietskörperschaften abgeschlossen werden zum Zweck der Abgrenzung ihrer Liefergebiete auf der Übertragungsstufe. Dabei verpflichten sich die Vertragsparteien gegenseitig, eine Versorgung im Versorgungsgebiet des anderen zu unterlassen.
[4] Konzessionsverträge stellen die Ergänzung der Demarkationsverträge auf der Endverteilerstufe dar. Konzessionsverträge werden zwischen Gebietskörperschaften (Städten, Gemeinden, Landkreisen) und Versorgungsunternehmen (körperschaftseigene oder Dritte) geschlossen, die dem Unternehmen für eine vertraglich festgelegte Zeit das alleinige Wegenutzungsrecht (Verlegung

Die kartellrechtliche Freistellung wurde jedoch durch eine kartellrechtliche Missbrauchsaufsicht ergänzt, zu deren Aufgaben die Kontrolle der sicheren und preiswürdigen Energieversorgung zählt. Der Missbrauchsaufsicht nach GWB wird eine besondere Fach- und Preisaufsicht beigefügt. Die Fachaufsicht umfasst die Investitionskontrolle (§ 4 EnWG), die Zulassungskontrolle (§ 5 EnWG) sowie die sog. Abmeierung[5] (§ 8 EnWG). Die Preisaufsicht über die Elektrizitätsversorgung basiert auf der Bundestarifordnung Elektrizität (BTO Elt) und beschränkt sich nur noch auf Strompreise für Tarifkunden (insbesondere private Haushalte sowie gewerbliche und landwirtschaftliche Kleinverbraucher). Die Strompreise für Sonderkunden werden durch die Preisaufsicht nicht erfasst. Die Gaspreise für Tarif- sowie für Sonderkunden unterliegen ebenfalls nicht der staatlichen Preisaufsicht, sondern der kartellbehördlichen Missbrauchsaufsicht.

Ungeachtet des scheinbar geringen staatlichen Eingriffsrechtes können die Kommunen regulierend in lokale Energiemärkte eingreifen, indem sie mittels Energieversorgungskonzepten die ausschließliche Verwendung von Gas oder Fernwärme zu Heizzwecken vorschreiben oder die Nutzung von Heizöl verbieten.

2.1.1.2 Liberalisierung des EU-Binnenmarktes für Elektrizität

Nach mehrjährigen zähen und kontroversen Diskussionen in den europäischen Gremien[6] beschloss der Europäische Rat im Juni 1996 die „Richtlinie betreffend gemeinsame Vorschriften für den Elektrizitätsbinnenmarkt". Vorausgegangen waren zu Beginn der neunziger Jahre die Richtlinie 90/547/EWG des Rates vom 29. Oktober 1990 über den Transit von Elektrizitätslieferungen über große Netze und die Richtlinie 90/377/EWG des Rates vom 29. Juni 1990 zur Einführung eines gemeinschaftlichen Verfahrens zur Gewährleistung der Transparenz der vom industriellen Endverbraucher zu zahlenden Gas- und Strompreise.

Während die Energiepolitik vor der Liberalisierung durch die Zielsetzung der Versorgungssicherheit geprägt war (Bohi und Toman, 1986; Colglazier und Deese,

---

und Betrieb von Leitungen auf öffentlichem und unter Ausnutzung des kommunalen Wegerechtes sogar auf privatem Grund) gewährt. Damit wird innerhalb des Versorgungsgebietes eine monopolistische Struktur geschaffen. Die Gebietskörperschaft erhält vertragsgemäß eine Konzessionsabgabe, die sich nach der abgegebenen Energiemenge bemisst. Nach Ablauf der Verträge kann die Versorgung des Gebietes neu vergeben werden. Einzelne Gemeinden verzichten allerdings im Interesse ihrer Einwohner auf die Erhebung einer Konzessionsabgabe (Müller, 1998). Einen ausführlichen Überblick geben Amtmann (1990), Amtmann und Pfaff (1989), Bauermeister (1984) sowie Zacher (1982).

[5] Darunter versteht man die Betriebsuntersagung aufgrund mangelnder Erfüllung der Versorgungsaufgaben.
[6] Für einen Überblick über die konkurrierenden Argumentationen siehe z. B. Lukes (1998) und Schnabel (1995).

1983), erfolgte kontinuierlich eine Orientierung an Effizienzgesichtspunkten (Drillisch und Riechmann, 1998; von Weizsäcker, 1997). Der entscheidende Durchbruch für die Liberalisierungsbefürworter erfolgte zunächst auf europäischer Ebene. Am 19. Dezember 1996 wurde die Binnenmarkt-Richtlinie Elektrizität erlassen. Mit ihrem In-Kraft-Treten am 19. Februar 1997 wurde auf die wettbewerbliche Öffnung der Elektrizitätsmärkte abgezielt.

Für den jeweils eingeschlagenen, nationalen Liberalisierungsweg sind nach zunehmender Marktöffnungsbereitschaft verschiedene Motivationen identifizierbar:
- Verpflichtung zur Ratifizierung der EU-Binnenmarktrichtlinie (Frankreich),
- Privatisierung staatlicher Monopole einschließlich der Diversifizierung des Marktes (Großbritannien) (Thomas, 1996),
- Erhöhung der Versorgungssicherheit[7] durch Integration benachbarter nationaler Märkte (Skandinavien) (Midttun, 1997),
- Erhöhung der Transparenz und damit Verbesserung der Allokationseffizienz (Hope et al., 1995),
- Steigerung der Effizienz auf allen Wertschöpfungsstufen, Senkung des Elektrizitätspreisniveaus (Großbritannien, USA, Deutschland, Spanien) und gleichzeitig Verbesserung der Standortbedingungen für die heimische Industrie und den Handel.

Für einen Überblick zur Entwicklung des Liberalisierungsprozesses wird auf z. B. CRIEPI/EWI (1995, 1998), Schulz (1995) und Klopfer/Schulz (1993) verwiesen. In nationales Recht umzusetzen, war die Richtlinie innerhalb von zwei Jahren, d. h. bis zum 19. Februar 1999. Fristverlängerungen von zwei bzw. drei Jahren wurden lediglich Belgien und Irland bzw. Griechenland gewährt. Die Richtlinie stellte in ihrer abschließenden Formulierung eher einen Kompromiss dar, der die unterschiedlichen Marktstrukturen der einzelnen Mitgliedsländer berücksichtigt. So erfolgt die Elektrizitätsversorgung in England und Wales bereits innerhalb eines wettbewerbsorientierten Poolsystemes (Surrey, 1996). Im Gegensatz dazu obliegt die gesamte französische Energieversorgung der staatlichen Electricité de France (EdF). Aufgrund dieser länderspezifisch sehr differenzierten Ausgangssituationen wurden in der Richtlinie unterschiedliche Systeme der Marktorganisation zugelassen. Das gilt insbesondere für den Zugang zu den Transport- und Verteilungsnetzen, aber auch für die Erlaubnis zum Bau weiterer Erzeugungskapazitäten.

Für den Bau neuer Anlagen zur Stromerzeugung und im Netzbereich (Kraftwerke, Direktleitungen) können die Mitgliedstaaten ein Genehmigungs- und/oder ein Ausschreibungsverfahren festlegen (Art. 4 ff.). Für den ersten Fall müssen Kriterien für die Erteilung einer Genehmigung festgelegt werden, so dass die Verweigerung einer Genehmigung objektiv und nicht diskriminierend begründet werden

---

[7] Hier vorrangig Sicherheit der Elektrizitätsversorgung und nicht Sicherheit der Primärenergieversorgung.

muss. Einen weiteren Schritt zu einer Marktöffnung stellt die Genehmigungsfähigkeit von Direktleitungen dar, um zugelassene Kunden durch Dritte beliefern zu können (Art. 21). Beide Verfahren führen in den meisten Mitgliedstaaten zu einer Reduzierung der Markteintrittsbarrieren.

Ein weiteres Element der Stromrichtlinie stellt die Regelung hinsichtlich der Organisation des Zuganges unabhängiger und gebietsfremder Erzeuger zu den Übertragungs- und Verteilungsnetzen anderer EVUs dar. Bezüglich des Netzzuganges besteht ein Wahlrecht zwischen den Alternativen des verhandelten Netzzuganges (Negotiated Third Party Access, kurz: NTPA) und/oder dem Alleinabnehmermodell (Single Buyer). Nicht weiter berücksichtigt wurden jedoch die Modelle, die bereits in Großbritannien (Pool-Modell) sowie in Skandinavien (Netz-Modell) in der Praxis angewendet werden. Beim NTPA schließen zugelassene Kunden[8] mit beliebigen Stromversorgern Lieferverträge ab und handeln anschließend mit dem jeweiligen Netzbetreiber das Durchleitungsentgelt[9] und weitere Bestandteile der Durchleitungsverträge aus. Beim Single-Buyer-Modell kann ebenfalls ein Liefervertrag zwischen einem zugelassenen Kunden und einem Stromversorger ausgehandelt werden. Die Lieferung der kontrahierten Strommenge wird allerdings vom ansässigen Versorgungsunternehmen zu den Konditionen des Energieversorgers durchgeführt.[10] Somit hat der Kunde zwar die Möglichkeit, per saldo einen geringeren Strompreis[11] zu realisieren, formal erfolgt die Stromversorgung weiterhin durch das angestammte EVU. Eine dritte Alternative sieht den geregelten Netzzugang vor, indem der Strom analog zum klassischen NTPA bezogen wird, die Durchleitung jedoch nicht verhandelbar ist, sondern nach veröffentlichten Tarifen erfolgt.

Bei allen drei Alternativen kann der Netzbetreiber eine Durchleitung bzw. die Abnahme entsprechend des Alleinabnehmermodelles nur verweigern, wenn er nicht über die notwendigen Übertragungs- und Verteilungskapazitäten verfügt.[12]

Schließlich schreibt die Elektrizitätsrichtlinie eine organisatorische und buchhalterische[13] Trennung der Bereiche Erzeugung, Übertragung und Verteilung für vertikal integrierte Versorgungsunternehmen vor (sog. Unbundling). Mit dieser Kompromisslösung ist die Richtlinie jedoch weit entfernt von den Forderungen nach eigen-

---

[8] Dabei handelt es sich um Verbraucher, die nach Verbrauchsmengen geordnet sind und deren Kreis drei bzw. sechs Jahre nach dem In-Kraft-Treten der Elektrizitätsrichtlinie erweitert wird. Vgl. hierzu Art. 19 Elektrizitätsrichtlinie und nachfolgende Ausführungen zur Marktöffnung.

[9] Unter Durchleitung versteht man die zeitgleiche Einspeisung an einem und Entnahme an einem anderen räumlich entfernten Netzpunkt.

[10] Der Alleinabnehmer ist in diesem Fall zur Abnahme verpflichtet.

[11] Der Kunde muss damit nur den günstigen Strompreis des Erzeugers sowie die Netznutzungsgebühr des Alleinabnehmers zahlen.

[12] Diese scheinbar geringfügige Einschränkung erweist sich als wirksamste Markteintrittsbarriere, wenn ansässige EVUs Durchleitungsbegehren negativ bescheiden.

[13] Diese geht soweit, dass für jede Unternehmensaktivität eine eigene Bilanz sowie Gewinn- und Verlustrechnung erstellt und im Anhang des Jahresabschlusses veröffentlicht werden muss.

tumsrechtlicher Trennung der drei Wertschöpfungsstufen, die während der Reformen in den USA, England und Wales teilweise durchgesetzt wurden.

Analog zu den gebotenen Wahlrechten der Mitgliedstaaten hinsichtlich der Ausgestaltung der nationalen Elektrizitätsmärkte sieht die Richtlinie lediglich die schrittweise Einführung des Binnenmarktes vor. Dabei sind Mindestquoten für die stufenweise Öffnung vorgesehen. So erhalten spätestens ab 1999[14] alle industriellen Großabnehmer mit einem jährlichen Verbrauch von mindestens 100 Mio. kWh den freien Marktzugang. Die Verbraucher der nächstkleineren Bezugsgruppe (Endabnehmer oder Verteilerunternehmen) erhalten soweit Marktzugang, bis die jeweilige nationale Mindestöffnungsquote erreicht ist.

Tabelle 2-1: Zeitplan zur Umsetzung der Stromrichtlinie

Freigabe lt. EU-Richtlinie	Schwellenwert für Endverbraucher (Stromverbrauch p. a.) zur Berechnung der Marktquote	Resultierende Mindestöffnung der Märkte
19. Februar 1997	40 Mio. kWh und alle Industriekunden ab 100 Mio. kWh	Ca. 23 %
19. Februar 2000	20 Mio. kWh	Ca. 28 %
19. Februar 2003	9 Mio. kWh	Ca. 33 %

Quelle: Stromrichtlinie, Deutsche Bank Research (1998)

Die Mindestquoten gelten unabhängig davon, welche Netzzugangsorganisation für das Mitgliedsland gewählt wurde. Grundsätzlich ist es den Mitgliedsländern freigestellt, die nationalen Schwellenwerte je nach Struktur des Elektrizitätsmarktes entsprechend zu verändern, so dass im Ergebnis die Mindestöffnungsquote erreicht werden kann (Deutsche Bank Research, 1998).[15]

Um dem „Einbahnstraßenwettbewerb" aufgrund möglicher differierender Netzzugangsmodelle vorzubeugen, der zu Lasten der inländischen Erzeugerunternehmen ginge, wurde in der Richtlinie eine Reziprozitätsklausel festgeschrieben. Nach dieser können Stromunternehmen die Durchleitung von Strom durch ihr Netz verweigern, wenn im Exportland Käufer vergleichbarer Größe nicht gleichermaßen von der Liberalisierung profitieren, wie die Käufergruppe des Abnehmerlandes.[16] Für die Reziprozitätsklausel ist jedoch wegen der stufenweisen Ausweitung der einbe-

---
[14] Nach der jeweiligen Umsetzung in nationales Recht der Mitgliedstaaten.
[15] So wird die erforderliche erste Mindestöffnungsquote von ca. 23 % z. B. in Dänemark erst erreicht, wenn sämtliche Endabnehmer mit einem Jahresverbrauch von 10 Mio. kWh als Kunden zugelassen werden. Demgegenüber erreichen Belgien oder Finnland die Mindestöffnungsquote bereits, wenn sie alle Großabnehmer mit einem Verbrauch von 100 Mio. kWh p. a. einbeziehen.
[16] Ob ein funktionierender Wettbewerb entsteht, ist auch von der Durchsetzung dieser Klausel in der Praxis abhängig. Faktisch würden damit Importe von Überschussstrom aus Frankreich und somit ein internationaler Wettbewerb aufgrund unterschiedlicher Abnehmerstrukturen von vornherein ausgeschlossen.

zogenen Verbrauchergruppen eine maximale Geltungsdauer von neun Jahren nach In-Kraft-Treten der Richtlinie vorgesehen.[17]

Abschließend wird noch auf die Förderung heimischer Primärenergien verwiesen, die von der Richtlinie in eingeschränktem Umfang gestattet wird. So können die Mitgliedsländer den Verteilerunternehmen die vorrangige Einspeisung von Strom aus regenerativen Quellen oder aus Kraft-Wärme-Kopplung auferlegen.

2.1.1.3 Die Binnenmarktrichtlinie Gas

Mit einiger Verzögerung konnte sich im Dezember 1997 der EU-Energieministerrat inhaltlich auf einen gemeinsamen Standpunkt bezüglich des Erlasses einer Binnenmarktrichtlinie Gas einigen. Die Gründe für den langwierigen Abstimmungsprozess lagen im Wesentlichen in dem von der Elektrizitätsversorgung abweichenden Versorgungsstatus: Während im Strommarkt sämtliche Mitgliedstaaten über eine Eigenversorgung verfügen, liegen im Gasmarkt lediglich für die Niederlande und Großbritannien aufgrund ergiebiger Erdgasvorkommen die Voraussetzungen für eine unabhängige Eigenversorgung vor. Dementsprechend war in diesem Marktsegment eine besondere Konfliktlage gegeben.

Nach der Zustimmung des Europäischen Parlamentes sowie des Europäischen Ministerrates im April/Mai 1998 ist die Gasrichtlinie am 10. August 1998 in Kraft getreten. Analog zur Elektrizitätsrichtlinie, haben auch hier die Mitgliedstaaten zwei Jahre nach In-Kraft-Treten die nationale Gesetzgebung anzupassen. Die Öffnung der Märkte soll ebenfalls schrittweise erfolgen.

Die Binnenmarktrichtlinie Gas hat die Zielsetzung, gemeinsame Vorschriften für die Fernleitung, Verteilung, Lieferung und Speicherung von Erdgas zu formulieren. Darüber hinaus enthält sie Regelungen für die Organisation des Erdgassektors, den Netzzugang, Netzbetrieb sowie die Genehmigung von Liefer-, Fernleitungs-, Speicher- und Verteilungskapazitäten.

Im Einzelnen enthält die Richtlinie folgende Kernpunkte:
Für den Bau oder Betrieb neuer Erdgasanlagen ist abweichend von der Elektrizitätsrichtlinie lediglich ein Genehmigungsverfahren vorgesehen. Bezüglich des Netzzuganges besteht die Wahl zwischen einem verhandelten Netzzugang und/oder der Möglichkeit des regulierten Marktzuganges. Im ersten Fall handeln die zugelassenen Kunden mit den Erdgasunternehmen Lieferverträge aus. Im zweiten Modell, das in dieser Form bereits in Großbritannien praktiziert wird, erfolgt der Netzzugang auf der Grundlage veröffentlichter Tarife für das gesamte Mitgliedsland

---

[17] Nach 4,5 Jahren ist allerdings eine Überprüfung der Kommission hinsichtlich etwaiger Ungleichgewichte sowie unter Berücksichtigung der aktuellen Marktlage und des gemeinsamen Interesses festgesetzt.

und/oder sonstiger Bedingungen und Auflagen. Für den liberalisierten Gasmarkt wurde kein Single-Buyer-Modell zugelassen.

Zusätzlich zu den in der Elektrizitätsrichtlinie skizzierten Ablehnungsgründen aufgrund kapazitiver Engpässe und Behinderung der den Versorgungsunternehmen auferlegten gemeinwirtschaftlichen Verpflichtungen kann im Einzelfall ein Netzzugang von den Erdgasunternehmen auch aus wirtschaftlichen Gründen abgelehnt werden. Aus diesem Grund sind Sondervorschriften hinsichtlich der Berücksichtigung von Take-or-Pay-Verträgen verankert worden, nach denen eine Durchleitung aus wirtschaftlich existenzbedrohenden Gründen verweigert werden kann.[18]

Der Kreis der zugelassenen Kunden wird ähnlich der Elektrizitätsrichtlinie schrittweise ausgedehnt. Die Definition der zugelassenen Kunden obliegt jedoch den einzelnen Mitgliedsländern.[19] Zugelassene Kunden sind unabhängig von den festgelegten Schwellenwerten Betreiber von gasbefeuerten Stromerzeugungsanlagen sowie Endverbraucher mit einem Jahresverbrauch von mindestens 25 Mio. m². Die stufenweise Marktöffnung soll unter Absenkung der folgenden Schwellenwerte vollzogen werden:

Tabelle 2-2: Zeitplan für die Umsetzung der Gasrichtlinie

Umsetzungstermin	Schwellenwert für Endverbraucher zur Berechnung der Marktquote	Resultierende Mindestöffnung der Märkte
Zwei Jahre nach Inkrafttreten	25 Mio. m² Verbrauch p. a. und Betreiber gasbefeuerter Stromerzeugungsanlagen	Ca. 20 %
Fünf Jahre später	15 Mio. m² Jahresverbrauch	Ca. 28 %
Zehn Jahre nach Inkrafttreten	5 Mio. m² Jahresverbrauch	Ca. 33 %

Quelle: Gasrichtlinie, Deutsche Bank Research (1998)

In der Gasrichtlinie ist ebenfalls eine Reziprozitätsklausel verankert, nach der ein im Erzeuger- und Abnehmerland aufgrund der Verbrauchsgrößen definierter, zuge-

---

[18] Aufgrund der Tatsache, dass langfristige Verträge bereits heute mehr als 90 % des voraussichtlichen Erdgasbedarfes in Deutschland im Jahr 2010 sichern, ist mit der geschaffenen Sonderbehandlung eine Behinderung des Marktzuganges Dritter de facto für längere Zeit gegeben (Deutsche Bank Research, 1998, S. 16). Durchleitungsverweigerung aufgrund von derartigen Verträgen sind nur in einem zweistufigen Verfahren unter Einbeziehung der Kommission erlaubt, § 25 Abs. 2 GasRL (Wolf, 1998, S. 1436).
[19] Mit dieser Möglichkeit sollen wesentliche Überschreitungen der Mindestöffnungsquote korrigiert werden können, indem die Schwellenwerte für die zugelassenen Kunden erhöht werden.

lassener Kunde nicht von der Belieferung eines gebietsfremden Erdgasunternehmens ausgeschlossen werden darf.

Die Einschränkungen des Wettbewerbes aus gemeinwirtschaftlichen Verpflichtungen entsprechen denen der Elektrizitätsrichtlinie. Auch wird von integrierten Unternehmen des Erdgassektors die buchhalterische Trennung der Unternehmensbereiche Erdgasfernleitung, Verteilung und Speicherung gefordert. Ebenso ist von der eigentumsrechtlichen Trennung der Wertschöpfungsstufen Abstand genommen worden.

2.1.1.4 Die deutsche Energierechtsnovelle

Unter der Frist, die Binnenmarktrichtlinie Elektrizität binnen zwei Jahren in nationales Recht umzusetzen, wurde am 28. November 1997 das Gesetz zur Neuregelung des Energiewirtschaftsrechtes vom Bundestag verabschiedet.

Das Gesetz ist als Artikelgesetz mit fünf Artikeln konzipiert. Der erste Artikel beinhaltet das neue Energiewirtschaftsgesetz[20] (EnWG) und löst damit das bislang geltende EnWG von 1935 ab.

Art. 2 beinhaltet eine Änderung des GWB. Dabei werden die kartellrechtlichen Freistellungen der Elektrizitäts- und Gaswirtschaft gemäß § 103a GWB aufgehoben. Nach dieser Neuregelung können zukünftig weder Konzessionsverträge mit Ausschließlichkeitsbindung noch Demarkationsverträge wirksam abgeschlossen werden. Damit verlieren die Gebietsmonopole im Rahmen der leitungsgebundenen Energie ihre rechtliche Basis.

Art. 3 befasst sich fast ausschließlich mit der Änderung des Stromeinspeisungsgesetzes. Dabei wird an der Pflicht der öffentlichen Elektrizitätsversorgungsunternehmen festgehalten, den in ihrem Versorgungsgebiet aus regenerativen Energiequellen (Wasser, Wind, Sonne, Deponie- und Klärgas, Biomasse) gewonnenen Strom zu übernehmen und ihn mit 65 bis 90 Prozent des durchschnittlichen Preises für Endverbraucher (Art. 3 § 2) zu vergüten. Hinzugefügt wurde allerdings eine Härteklausel, nach der diese Pflicht entfällt, sobald die Stromeinspeisung 5 Prozent des Stromabsatzes des betreffenden Versorgungsgebietes übersteigt oder zu einer unbilligen Härte führen würde.[21] Die Einschränkungen des Stromeinspeisungsgesetzes (StrEG) in Form der Deckelung der Einspeisungsmengen wurden

---

[20] Konkret: Gesetz über die Elektrizitäts- und Gasversorgung.
[21] Hier sollten insbesondere Ungleichbehandlungen verschiedener regionaler Energieversorger vermieden werden: So ist der zu übernehmende Anteil an Strom aus Windanlagen für die Schleswag aufgrund der topographischen Lage weitaus höher als für andere EVUs. Eine unbillige Härte entstünde dann, wenn das EVU seine Stromabgabepreise spürbar über die Preise gleichartiger oder vorgelagerter EVUs hinaus anheben müsste (vgl. Art. 3 § 4).

mit In-Kraft-Treten des Erneuerbare-Energien-Gesetzes (EEG) aufgehoben und entsprechende Neuregelungen der Vergütungshöhe formuliert. [22]

Artikel 4 regelt den rechtlichen Rahmen der Übergangszeit. So werden laufende Konzessionsverträge einschließlich der vereinbarten Konzessionsabgaben von den Änderungen lt. § 103b GWB nicht berührt. Die Reziprozitätsklausel der Binnenmarktrichtlinien findet in Art. 4 § 2 Ausdruck, der den EVUs bis zum 31. Dezember 2006 die Verweigerung des Netzzuganges für ausländische Energieversorger ermöglicht, sofern der zu beliefernde Abnehmer dort nicht ebenfalls durch Dritte beliefert werden könnte.

Des Weiteren wird in Art. 4 § 3 die Möglichkeit der Durchleitungsverweigerung sowie die Ablehnung des direkten Leitungsbaues im Versorgungsgebiet im Interesse der Verstromung von Braunkohle aus den neuen Bundesländern festgeschrieben.

Grundsätzlich ging die deutsche Energierechtsnovelle über die zwei europäischen Energierichtlinien hinaus: Für die Marktöffnung war ein „big bang" vorgesehen, d. h. sämtliche Marktteilnehmer[23] (Großverbraucher und Kleinabnehmer) sind von Anfang an berechtigt, am Wettbewerb zu partizipieren. Dies gilt auch für die lokalen Verteilungsunternehmen wie z. B. Stadtwerke, die als Zwischenhändler am Markt auftreten können.

Aus Wettbewerbsaspekten wird der staatliche Regelungsumfang reduziert: Der Bau neuer Anlagen zur Stromerzeugung und Direktleitungen wird erleichtert, indem die staatliche Bedarfsprüfung entfällt. Bei der Wahl des anzuwendenden Verfahrens wurde dem Genehmigungsverfahren der Vorrang vor dem Ausschreibungsverfahren gegeben. Die Genehmigungspflicht bei erstmaliger Aufnahme der Energieversorgung wird eingeschränkt (§ 3).

Die öffentlichen Verkehrswege sind den Energieversorgungsunternehmen von den Gemeinden diskriminierungsfrei durch Vertrag zur Verfügung zu stellen. Für das Wegenutzungsrecht zur unmittelbaren Versorgung von Endverbrauchern im Gemeindegebiet mit Energie zahlen die Versorgungsunternehmen wie in der Vergangenheit eine Konzessionsabgabe[24]. Die Höhe der Konzessionsabgabe kann dabei vom Bundesministerium für Wirtschaft durch Höchstsätze begrenzt werden, die nach Einwohnerzahl gestaffelt und für Strom und Gas unterschiedlich ausfallen kann. Die Laufzeit derartiger Konzessionsverträge bleibt weiterhin auf 20 Jahre beschränkt.

---

[22] Siehe dazu Kapitel 2.2.2.1.
[23] Hier stellt sich prinzipiell die Frage, wie das Konstrukt des „Kreises der zugelassenen Kunden" als wettbewerbskonform beurteilt werden kann (Deutsche Bank Research, 1998, S. 17).
[24] Eine Konzessionsabgabe entfällt zukünftig auch auf die an Endverbraucher durchgeleitete Energie sowie auch noch ein Jahr nach Ablauf des Konzessionsvertrages.

Der Zugang zum Stromversorgungsnetz erfolgt im Regelfall über das System des verhandelten Netzzuganges (NTPA). Als Netzzugangsalternative wurde jedoch noch das Alleinabnehmersystem zugelassen (§ 7 Abs. 1 EnWG).[25] Die Bewilligung des Alleinabnehmersystemes kann allen Elektrizitätsversorgungsunternehmen erteilt werden, sofern sie nachweisen, dass dieser Netzzugang zu gleichwertigen wirtschaftlichen Entwicklungen und zu einer vergleichbaren Marktöffnung führt. Die Bewilligung erfolgt durch die Energieaufsichtsbehörde des jeweiligen Landeswirtschaftsministeriums. Das Alleinabnehmersystem tritt allerdings spätestens am 31. Dezember 2005 außer Kraft, wenn nicht nachgewiesen wird, dass es zu einer vergleichbaren Marktöffnung und gleichwertigen wirtschaftlichen Ergebnissen geführt hat.

Im Falle des verhandelten Netzzuganges haben die Netzbetreiber anderen Unternehmen das Netz für Durchleitungen zu Bedingungen zu öffnen, die nicht ungünstiger sind, als sie für eine Eigennutzung bzw. Nutzung verbundener oder assoziierter Unternehmen tatsächlich oder kalkulatorisch in Rechnung gestellt werden (§ 6). Zur Vermeidung einer staatlichen Durchleitungsverordnung und damit erhöhtem Regulierungsaufwand hatten die Verbände der Elektrizitätswirtschaft[26] und der gewerblich-industriellen Stromverbraucher im April 1998 eine zunächst bis September 1999 gültige Grundsatzvereinbarung zur Stromdurchleitung im Wettbewerbsmarkt und für die Gestaltung individueller Durchleitungsverträge[27] erarbeitet. Ziel der Verbändevereinbarung sollte die Förderung des Wettbewerbes am Wirtschaftsstandort Deutschland sowie die Durchsetzung wettbewerbsgerechter Strompreise in Deutschland sein.[28] Inhalt der Vereinbarung sind die Verfahren zur Berechnung der Durchleitungsentgelte. Auf die konkreten Verfahren zur Berechnung soll hier nicht näher eingegangen. In diesem Zusammenhang wird auf die Ausführungen von Perner, Riechmann und Schulz (1997) sowie die Verbändevereinbarung verwiesen.

---

[25] Dieses Zugeständnis wurde auf Drängen der kommunalen Spitzenverbände und des Bundesrates in das neue EnWG eingefügt. Den angestammten Versorgern wird damit künstlich eine Kundenbindung garantiert, die sie unter Wettbewerbsbedingungen nicht hätten. Diese Ausnahmeregelung beschneidet die Kontrahierungsfreiheit der Marktteilnehmer und damit deren wirtschaftliche Betätigung. Insbesondere die Stadtwerke, auf deren Betreiben diese Netzzugangsalternative eingefügt wurde, werden damit kaum zu wettbewerbsfähigen Unternehmen. Die Kommunen als deren mehrheitliche Kapitaleigner, und damit auch die Kommunalpolitik, werden sich zukünftig weiterhin der Stadtwerke zur Finanzierung anderer städtischer Dienstleistungen bedienen (Wolf, 1998).
[26] Die Zusammenkunft erfolgte mit dem Bundesverband der Deutschen Industrie (BDI), der Vereinigung Deutscher Elektrizitätswerke (VDEW) und dem Verband der Industriellen Energie- und Kraftwirtschaft (VIK).
[27] Exakt: Verbändevereinbarung über Kriterien zur Bestimmung von Durchleitungsentgelten
[28] Fragwürdig bleibt hier, ob eine bereits zu Beginn des Wettbewerbes getroffene Vereinbarung tatsächlich den Wettbewerb unterstützt oder eher regulierenden Charakter aufweist.

Die Verbändevereinbarung sollte zunächst bis zum 30. September 1999 gelten und anschließend auf der Basis der gemachten Erfahrungen ggf. modifiziert werden.[29]

Die Durchleitung kann allerdings verweigert werden, sofern betriebsbedingte Gründe dagegen sprechen oder die Einspeisung anderen Zielsetzungen des Gesetzes entgegensteht. Betriebsbedingte Gründe liegen speziell vor, wenn der Netzbetreiber nachweist, dass die Einspeisung aufgrund mangelnder Netzkapazität nicht möglich ist.[30] Sonstige Gründe liegen dann vor, wenn kein angemessenes Durchleitungsentgelt gezahlt wird bzw. die Einspeisung die Durchsetzung bestimmter Energiekonzepte (Kraft-Wärme-Kopplung, erneuerbare Energien) behindern würde.

Ebenfalls in der deutschen Energierechtsnovelle verankert wurde das Unbundling der vier Geschäftsbereiche in der Form, dass eine getrennte Kontenführung sowie die Aufnahme einer Bilanz und GuV je Wertschöpfungsstufe in den Anhang des Jahresabschlusses vorgeschrieben wurden. Allerdings kann bei der Zuordnung von Kosten auch eine sachgerechte und für Dritte nachvollziehbare Schlüsselung vorgenommen werden, falls bei direkter Zuordnung ein unvertretbarer Aufwand entstünde.[31] Für Kontrollzwecke und zur Erhöhung der Kostentransparenz erscheint allerdings die stringente Trennung von Monopol- und Wettbewerbsbereichen erforderlich (Ruff, 1996).

Grundsätzlich ist die Verankerung der verschiedenen Kompromisslösungen nicht dazu geeignet, die wettbewerbliche Ausrichtung des Gesetzes zu unterstützen. Wie bereits 1996/1997 von der Monopolkommission festgestellt, wird der Abbau der marktbeherrschenden Stellungen der Versorgungsunternehmen unter den gegebe-

---

[29] Das Bundeskartellamt hat diese Vereinbarung eingehend geprüft und in einer Pressenotiz vom 29. Mai 1998 mitgeteilt, dass keine Gründe vorliegen, die Verbändevereinbarung nach deutschem Kartellrecht zu beanstanden. Das Amt ist dabei von folgenden Überlegungen ausgegangen (vgl. hierzu auch Wolf, 1998).
∞ Die Schaffung von Wettbewerb in der Energiewirtschaft muss schnell und ohne jahrelange Rechtsstreitigkeiten eingeführt werden. Wenn die Verbändevereinbarung als erster Schritt dazu beitragen sollte, steht ihrer Anwendung nichts im Wege.
∞ Die Verbändevereinbarung gibt lediglich einen Rahmen für die Ermittlung der Durchleitungsentgelte vor, dient also nicht zur branchenweiten Fixierung einheitlicher Tarife. Es existiert somit weiterhin individuelle Preisverhandlungsfreiheit.
∞ Bei der Ermittlung der Durchleitungsentgelte ist der entfernungsunabhängige Tarif (sog. Briefmarkentarif) die angebrachte Lösung. Entfernungsabhängige Preiskomponenten dienen nur dem Gebietsschutz der alteingesessenen Monopolisten. Eine derartige Entfernungskomponente ist daher nur in Grenzen akzeptabel.
[30] Ein anschauliches Beispiel für die Handhabung der betriebsbedingten Verweigerung hierfür bietet der frühere Streit der Bewag mit durchleitungsinteressierten Drittversorgern.
[31] In der Binnenmarktrichtlinie war noch vorgesehen, dass die Buchführung so zu erfolgen hat, wie wenn die Geschäfte von separaten Firmen ausgeführt würden. In diesem Zusammenhang soll sich bei Teilen der Versorgungswirtschaft die Tendenz zeigen, das Rechnungswesen so global wie möglich zu halten (Lukes, 1998).

nen Rahmenbedingungen nur sehr zögerlich erfolgen. Von der existierenden Bandbreite wettbewerbsorientierter Modelle in deregulierten Märkten wurde nur eingeschränkt Gebrauch gemacht (Monopolkommission, 1998).

2.1.1.5 Alternative Modelle der Deregulierung

Grundmodelle für die Liberalisierung der Elektrizitätsmärkte können unterschiedliche Ausprägungen der Wettbewerbsfreiheit beinhalten (Klopfer und Schulz, 1993; CRIEPI/EWI, 1995; Hunt und Shuttleworth, 1996). Nach dem Grad der Marktöffnung unterscheidet man Bieterwettbewerb, den freien Zugang Dritter zum Netz (Third Party Access = TPA) und Pool-Modelle.

Unter Bieterwettbewerb sind öffentliche Ausschreibungsverfahren zur Belieferung zu verstehen, die zwischen dem Bietverfahren hinsichtlich festgelegter Liefermengen auf der Erzeugungsstufe und dem Franchise-System zur ausschließlichen Belieferung in einem Versorgungsgebiet einschließlich Verteilung und Vertrieb an Endkunden differenzieren. Der Bieterwettbewerb auf der Erzeugungsstufe kann sich auf lang- bis kurzfristige Kontrakte beziehen.[32] Dabei geht der Erzeuger einen Lieferkontrakt über eine vorher festgelegte Menge mit einem Abnehmer ein, unabhängig davon, ob dieser als Verteiler oder Einzelhändler fungiert.[33] Der Lieferumfang des ausgewählten Erzeugers endet bei der Einspeisung in das Übertragungsnetz. Der Bieterwettbewerb auf der Erzeugungsstufe korrespondiert in dieser Ausprägung mit dem Single-Buyer-Modell auf Verteilungs-/Vertriebsebene.

Das Franchise-Verfahren überträgt den Bieterprozess auf die Stufe Verteilung und Endkundenvertrieb. Dazu wird für ein abgegrenztes Versorgungsgebiet ein Tender ausgeschrieben, der das Recht zur Versorgung innerhalb eines lang- bis mittelfristigen Zeitraumes garantiert.[34] Bei der Auswahlentscheidung spielen zwei wesentliche Parameter eine Rolle: Abgesehen vom Angebotspreis für die ausgeschriebene Versorgungsleistung wird insbesondere die Zahlungsbereitschaft des potentiellen Erwerbers für die Versorgungslizenz[35] als Auswahlkriterium herangezogen. Ist das

---

[32] Unter langfristigen Verträgen sind aufgrund der im Zuge der Liberalisierung eintretenden Verkürzung der Lieferzeiträume Laufzeiten von ca. einem Jahr zu verstehen, während Kurzfristverträge sowohl bilateral als auch über Börsengeschäfte vereinbart werden können.
[33] Großabnehmer können gleichfalls als Kontraktpartner auftreten; i. d. R. wird allerdings ein Gesamtlieferumfang einschließlich der Übertragung und Verteilung hinsichtlich der Vermeidung zusätzlich anfallender Transaktionskosten günstiger sein.
[34] In der Vergangenheit lagen derartige Versorgungsverträge bei einer Mindestlaufzeit von zehn Jahren, da sich der Aufbau einer geeigneten operativen Infrastruktur innerhalb eines kürzeren Zeitraumes u. U. nicht ausreichend amortisiert.
[35] Bzw. die Überlassung des Verteilungsnetzes. Ähnlichkeit sind hier mit den Konzessionsabgaben deutscher Gemeinden zu sehen, deren Höhe allerdings nicht im Bieterverfahren ermittelt wird, sondern als vorher festgelegter Betrag in die Berechnung des Angebotspreises Eingang findet.

Bieterverfahren abgeschlossen, arbeitet der Gewinner bis zum Ablauf der Versorgungslizenz auf einem abgeschlossenen Markt unter Monopolbedingungen. Wettbewerbliche Elemente kommen temporär erst wieder bei Neuauflage des Bieterverfahrens zum Tragen. Obwohl das Franchise-Verfahren auch Auswirkungen auf den Endkundenvertrieb hat, ist der Endabnehmer von der Teilnahme am Wettbewerb ausgeschlossen. Das Franchise-Verfahren wird deshalb manchmal eher als „Wettbewerb um den Markt" als ein „Wettbewerb im Markt" (Drillisch und Riechmann, 1998, S. 6) bezeichnet.

Ein weiteres Modell ist der Zugang Dritter zum Netz (Third Party Access). Dabei kann der Zugang entweder über den verhandelten Netzzugang, der für jeden Einzelfall die bilaterale Vereinbarung eines Durchleitungsentgeltes vorsieht, oder aber den Netzzugang mit für alle Teilnehmer gleichen Entgelten[36] erfolgen. Vom Grundsatz her besteht im TPA ein großer Grad an Wettbewerbsfreiheit, da einerseits Erzeuger die mit einem Abnehmer vertraglich festgelegte Menge an Elektrizität einspeisen dürfen und andererseits auch auf Entnahmeseite Endkunden der Zugang zum Netz geöffnet ist. De facto ist die Entnahmemöglichkeit nur eine Option für große Kunden, da die Transaktionskosten (insbesondere für Messung und Abrechnung) zu hoch ausfallen.

Eine andere Variante, den Interessenskonflikt eines Netzeigners, der gleichzeitig als Erzeuger und/oder Verteiler fungiert, zu lösen, ist die Implementierung eines unabhängigen Netzbetreibers (Independent System Operator = ISO). Die Eigentumsrechte der bisherigen Netzeigner werden dabei nicht berührt. Auf den ISO wird lediglich der operative Betrieb mit dem Ziel der Transparenz- und Effizienzverbesserung übertragen. Unklar indes ist bislang die Abgrenzung des Aufgaben- und Kompetenzbereiches eines ISO gegenüber dem Netzeigner, der auch strategische Entscheidungen wie z. B. die Verstärkung und den Ausbau des Netzes beinhaltet.

Pools (oder besser: Strombörsen) sind organisierte, regelmäßige Institutionen, die einen anonymen Spotmarkt auf Hochspannungsebene darstellen. Im Allgemeinen werden von den Erzeugern einen Tag im Voraus standardisierte Gebote in kurzfristige Zeiteinheiten (halbe oder eine Stunde) mit Angebotspreis und -menge abgegeben. Nach der Höhe der Angebotspreise in aufsteigender Reihe geordnet (merit order), werden diese den Nachfragemengen und -geboten gegenübergestellt. Der Preis, bei dem ein market clearing stattfindet, bildet den Spotpreis.

Der Pool wird gewöhnlich von einem Unternehmen durchgeführt, das eng mit dem Übertragungsnetzbetreiber zusammenarbeitet, da eine permanente Abstimmung der Leitungskapazität mit den gehandelten Mengen stattfinden muss. Insbesondere durch die stetig wiederholte, kurzfristige Abgabe von Angeboten ist das Pool-

---

[36] Im Sinne eines regulierten Netzzuganges, der für eine Transportleistung unabhängig vom Netzeigner bzw. -betreiber das gleiche Entgelt verlangt.

Modell gegenüber dem TPA durch einen höheren Grad an Wettbewerb gekennzeichnet (Barker et al, 1997). Die Anonymität und Standardisierung des Marktgeschehens senkt zudem die Transaktionskosten. Bei der grundsätzlichen Entscheidung, einen Pool innerhalb eines Marktmodelles zu installieren, ergibt sich die Möglichkeit, diesen durch die Marktkräfte auf freiwilliger Basis erwachsen zu lassen (fakultativer Pool)[37] oder aber durch staatliche Steuerung einen Pool mit Teilnahmezwang einzurichten (obligatorischer Pool).[38]

Bei einem fakultativen Pool handeln Erzeuger und Einkäufer neben den Kontraktmengen auf kurzfristiger Basis auch langfristige, bilaterale Verträge aus. Für bilaterale Verträge sprechen stabile Preise auf Erzeuger- und Einkäuferseite. Mit Hedging-Produkten[39] lassen sich allerdings auch im kurzfristigen Handel Preisrisiken durch Termin-Kontrakte absichern. Der Vorteil eines fakultativen Pool-Modelles besteht in der Koexistenz zweier Märkte, der nicht nur den Wettbewerb innerhalb, sondern auch zwischen beiden Marktformen befördert. Aus diesem Grund sind in England & Wales die Regulierungen hinsichtlich der Teilnahme am obligatorischen Pool dergestalt gelockert worden, so dass zwischenzeitlich ein bilateraler Handel neben dem Pool zugelassen wird (OFFER, 1998).

Die Einführung obligatorischer Pools erscheint hingegen dort sinnvoll, wo eine starke Konzentration auf Erzeugerseite einen Missbrauch der jeweiligen Marktmacht ermöglicht. Dennoch kann ein obligatorischer Pool einen Machtmissbrauch nicht verhindern; aufgrund seiner Transparenz wird lediglich die Chance erhöht, diesen festzustellen.

2.1.2. *Der Kernenergieausstieg in Deutschland*

2.1.2.1 Der Kernenergiekonsens

Als wesentlicher Punkt der Koalitionsverhandlungen zur Regierungsbildung des Regierungsbündnisses SPD und Bündnis90/Grüne wurde die Beendigung der Kernenergienutzung zu der gewerblichen Erzeugung von Elektrizität festgeschrieben. Die in der Folgezeit eingeleiteten Verhandlungen mit den Elektrizitätsversorgern zum Ausstieg boten dabei einen weiten Spielraum der zu genehmigenden Restlaufzeiten, der von einem kurzfristigen Ausstieg innerhalb von fünf Jahren bis zu einer Regellaufzeit von 30 bis 35 Jahren reichte. Letztendlich wurde eine Einigung erzielt, die bei einer Regellaufzeit von 32 Jahren eine geordnete Beendigung im Sinne der Kraftwerksbetreiber vorsieht.[40]

---

[37] Wie z. B. in Neuengland/USA.
[38] Beispiel hier sind England & Wales und Australien.
[39] Z. B. contracts for difference.
[40] Kritiker sehen in einer gesetzlich geregelten Laufzeit in dieser Größenordnung eher ein „Abnahmesicherungsgesetz" als ein Ausstiegsgesetz, da die letztendliche Durchsetzung des langfristi-

Die Vereinbarung vom 14. Juni 2000 wurde als Basis für die konkrete Ausgestaltung des Entwurfes für ein „Gesetz zur geordneten Beendigung der Kernenergienutzung zur gewerblichen Erzeugung von Elektrizität" umgesetzt. Die Bundesregierung stützte sich dabei auf die Kalkar-Entscheidung des Bundesverfassungsgerichtes aus dem Jahre 1978, nachdem die normative Grundsatzentscheidung für oder gegen die Nutzung der Kernenergie dem Gesetzgeber obliegt. Mit dem am 14. Dezember 2001 vom Bundestag verabschiedeten Gesetzentwurf sollten die seit Einführung der Kernenergienutzung weltweit gewonnenen Erkenntnisse hinsichtlich der Risiken der Kernenergie neu bewertet und berücksichtigt werden. An der positiven Grundsatzentscheidung des Atomgesetzes aus dem Jahr 1959 zu Gunsten der Kernenergie wird demnach nicht mehr festgehalten.

Das Gesetz enthält die folgenden wesentlichen Kernpunkte:

a)   *Geordnete Beendigung der Kernenergienutzung (§ 1 AtG)*

Das Gesetz beendet einerseits die Kernenergienutzung zur gewerblichen Stromerzeugung, und stellt andererseits bis zum gesetzlich vorgeschriebenen Beendigungszeitpunkt den geordneten Betrieb von Kernkraftwerken bei Beachtung der erforderlichen Schadensvorsorge nach Maßgabe der atomrechtlichen Vorschriften generell sicher. Da die Forschungsfreiheit (Art. 5 Abs. 3 GG) durch die Änderung des Gesetzeszweckes nicht berührt wird, bleiben insbesondere die Reaktorsicherheits- und Endlagerforschung sowie Nutzungen im medizinischen Bereich frei.

b)   *Begrenzung der zulässigen Elektrizitätsmenge (§ 7 Abs. 1a bis 1d AtG)*

Danach erlischt die Berechtigung zum Leistungsbetrieb eines Kernkraftwerkes, wenn die im Atomgesetz für das jeweilige Kernkraftwerk aufgeführte Elektrizitätsmenge oder die sich aufgrund von Übertragungen ergebende Elektrizitätsmenge produziert ist. Für die Berechnung der Elektrizitätsmenge wurde dafür eine Regellaufzeit von 32 Jahren ab Inbetriebnahme zugrunde gelegt. Ein weiterer Leistungsbetrieb über die einem Kraftwerk zustehende Reststrommenge ist strafbar. Dabei können die den einzelnen Kernkraftwerken zugeordneten Elektrizitätsmengen[41] ganz oder teilweise von älteren auf neuere Anlagen übertragen werden. Die in Anlage 3 zum Atomgesetz aufgeführten Elektrizitätsmengen (Tab. 2-3) müssen also nicht in dem Kernkraftwerk erzeugt werden, dem sie zugeordnet sind, sondern können auch in einem anderen Kernkraftwerk erzeugt werden. Unverändert bleibt jedoch die Gesamtelektrizitätsmenge, die noch in Kernkraftwerken erzeugt

---

gen Ausstieges bis hin zum Erlöschen des Regelungstatbestandes von sehr großen politischen Unwägbarkeiten gekennzeichnet ist.
[41] Siehe Anlage 3 AtG.

werden kann (nach Anlage 3 sind dies noch 2.623,31 TWh netto). Für das Kraftwerk Mülheim-Kärlich wurde zudem eine Ausnahmeregelung vorgesehen, die die Übertragung auch von einer neueren auf eine ältere Anlage zulässt, sofern der Betrieb der übertragenden Anlage dauerhaft eingestellt wird.

Weiterhin wurde ein Verbot der Erteilung von Errichtungs- und Betriebsgenehmigungen für neue Kernkraftwerke und Wiederaufarbeitungsanlagen (§ 7 Abs. 1 AtG) festgeschrieben. Genehmigungen zur wesentlichen Veränderung der bestehenden Anlagen oder ihres Betriebes sind weiterhin möglich (§ 7 Abs. 1 Satz 3 AtG). Mit der gesetzlichen Pflicht zur periodischen Sicherheitsüberprüfung der Kernkraftwerke (§ 19a AtG) schreibt der Gesetzgeber die erstmalige Feststellung des aktuellen Sicherheitsstandes einer Anlage einschließlich der Vorlage der Ergebnisse bei der zuständigen Aufsichtsbehörde vor. Nach zehn Jahren sind die Ergebnisse einer erneuten Sicherheitsüberprüfung vorzulegen.[42] Im Hinblick auf die Ergebnisse der Untersuchungen entscheidet die Atomaufsichtsbehörde über die Erforderlichkeit von Nachrüstungen. Des Weiteren erlosch zum 1. Juli 2005 die bisher bestehende Möglichkeit, aus deutschen Kernkraftwerken stammende Brennelemente in die Wiederaufarbeitung abzugeben (§ 9a Abs. 1 Satz 2 AtG). Stattdessen hat der Betreiber eines Kernkraftwerkes nunmehr nach § 9a Abs. 2 Satz 3 AtG die Pflicht, ein standortnahes Zwischenlager zu errichten und die anfallenden bestrahlten Kernbrennstoffe bis zu deren Ablieferung an ein Endlager dort aufzubewahren. Die Deckungsvorsorge wird auf 2,5 Mrd. € erhöht und durch die Gemeinschaft der Kernkraftwerksbetreiber erbracht (§ 13 Abs. 3 Satz 2 AtG). In einer Solidarvereinbarung verpflichteten sich die EnBW AG, die E.ON Energie AG, die Vattenfall AG und die RWE AG, ihre Kernkraftwerksgesellschaften finanziell so auszustatten, dass diese ihre aus atomrechtlichen Vorschriften folgenden Schadenersatzverpflichtungen bis zu einer Höhe von 2,244 Mrd. € je Schadensfall erfüllen und unter Verweis auf diese Solidarvereinbarung zugleich ihrer Pflicht zur Deckungsvorsorge gem. den §§ 13, 14 AtG nachkommen können.

Entsprechend des Zeitpunktes des kommerziellen Leistungsbetriebes werden nach Anwendung der Vorgaben in Anlage 3 des AtG bis zum Jahr 2021 schrittweise die folgenden Kernkraftwerke mit den entsprechenden Kapazitäten und Leistungsmengen vom Netz genommen. Basierend auf den installierten Bruttoleistungen errechnen sich für die verschiedenen Standorte durchschnittliche Arbeitsauslastungen zwischen 74 und 94 Prozent. Wird die Reststrommenge des Kraftwerkes Mülheim-Kärlich den zur Übernahme berechtigten Kraftwerken Gundremmingen B und C, Biblis B, Brokdorf, Isar II, Neckarwestheim II und Emsland zusätzlich zugeordnet, ist bei einer Einhaltung der Regellaufzeit von 32 Jahren eine Erhöhung der durchschnittlichen Arbeitsauslastung auf bis zu 98 Prozent notwendig. Alter-

---

[42] Diese Pflicht zur neuerlichen Überprüfung erlischt, sofern die Einstellung des Betriebes der Anlage spätestens drei Jahre nach dem Termin der wiederholten Sicherheitsüberprüfung geplant ist.

nativ wäre hier eine Ausnahmeregelung zur Ausweitung der Regellaufzeit entsprechend der übertragenen Reststrommengen denkbar.

Tabelle 2-3: Schrittweiser Ausstieg entspr. AtG-Vorgaben

Bezeichnung/Standort	Beginn des kommerziellen Leistungsbetriebes	Installierte Leistung brutto	Reststrommenge netto ab 1.1.2000	Jahr der voraussichtl. Stilllegung	Durchschn. Abgabe p. a. lt. AtG	Durchschnittl. Arbeitsauslastung p. a.
		in MW	in TWh		in TWh	
KWO Obrigheim/Neckar	01.04.69	357	8,70	2002	8,70	93 %
KKS Stade/Elbe	19.05.72	672	23,18	2004	5,29	90 %
Biblis A/Rhein	26.02.75	1.225	62,00	2007	8,66	81 %
GKN I Neckarwestheim/Neckar	01.12.76	840	57,35	2008	6,43	87 %
Biblis B/Rhein	31.01.77	1.300	81,46	2009	8,96	79 %
KKB Brunsbüttel/Elbe	09.02.77	806	47,67	2009	5,23	74 %
KKI I Isar/Isar	21.03.79	907	78,35	2011	6,98	88 %
KKU Esensham/Unterweser	06.09.79	1.350	117,98	2011	10,09	85 %
KKP Philippsburg I/Rhein	26.03.80	926	87,14	2012	7,12	88 %
KKG Grafenrheinfeld/Main	17.06.82	1.345	150,03	2014	10,37	88 %
KKW Krümmel/Elbe	28.03.84	1.316	158,22	2016	9,74	84 %
KRB Gundremmingen B/Donau	19.07.84	1.344	160,92	2016	9,72	83 %
KRB Gundremmingen C/Donau	18.01.85	1.344	168,35	2017	9,87	84 %
KKB Grohnde/Weser	01.02.85	1.430	200,90	2017	11,75	94 %
KKP Philippsburg II/Rhein	18.04.85	1.424	198,61	2017	11,48	92 %
Mülheim-Kärlich/Rhein*	14.03.86	1.302	107,25			
KKBr.-Brokdorf/Elbe	22.12.86	1.440	217,88	2018	11,48	91 %
KKI II Isar / Isar	09.04.88	1.455	231,21	2020	11,40	89 %
Emsland/Dortmund-Ems-Kanal	20.06.88	1.363	230,07	2020	11,23	94 %
GKN II Neckarwestheim/Neckar	15.04.89	1.365	236,04	2021	11,08	93 %

* seit September 1988 aus juristischen Gründen außer Betrieb

Quelle: Anlage 3 AtG, BMWi (2000), eigene Berechnungen

Dabei ist zu beobachten, dass der Ausstieg durch zwei besonders starke Wellen gekennzeichnet ist (Abb. 2-1). Insbesondere in den Jahren von 2008 bis 2012 und von 2015 bis 2018 ist der relativ größte Anteil an den Erzeugungsmengen durch alternative Energieträger zu ersetzen.

Abbildung 2-1: Abbau Kapazitäten und damit verbundener Leistungswegfall

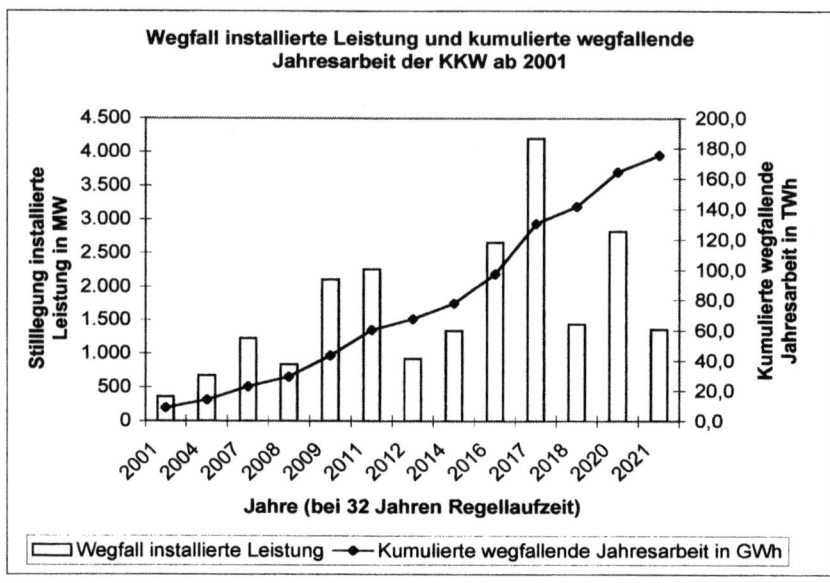

Quelle: eigene Berechnungen, VDEW (1999), AG Energiebilanzen (2001)

Am 5. September 2001 schließlich ist der Entwurf zur Novellierung vom Bundeskabinett beschlossen worden. Die Verabschiedung durch den Bundestag erfolgte am 14. Dezember 2001.

2.1.2.2 Kernenergieerzeugung unter Wettbewerbsbedingungen

Mit der Frage der wirtschaftlichen Rentabilität der Elektrizitätserzeugung auf nuklearer Basis haben sich eine Vielzahl von Studien beschäftigt (Pfaffenberger und Gerdey, 1998; Pfaffenberger und Gerdey, 2000; Hensing, 1997; Wuppertal Institut für Klima, Umwelt, Energie, 2000; Hillebrand, 1997a; WISE, 2001 u. a.), die aus betriebswirtschaftlicher Sicht in der Bewertung der Kosteneffizienz zu differierenden Ergebnissen gelangen. Bei derartigen Studien und Analysen kommt es entscheidend auf die Methodik und die zugrunde gelegten Annahmen an. Unbestritten ist, dass die Kernenergie im Vergleich zu konventionellen Wärmekraftwerken eine sehr kapitalintensive Technologie darstellt. Unter Wettbewerbsbedingungen kann sich eine Technologie mit hoher Kapitalbindung nur durch einen möglichst hohen Auslastungsfaktor durchsetzen.

Die Beurteilung der volkswirtschaftlichen Auswirkungen eines Ausstieges fällt je nach Adressat der Studien erwartungsgemäß ebenfalls unterschiedlich aus. Die Tatsache, dass in den vergangenen zwölf Jahren keine Kernkraftwerke geplant und gebaut wurden, könnte allerdings die Schlussfolgerung zulassen, dass auch von Betreiberseite ein wirtschaftlicher Betrieb unter Wettbewerbsbedingungen nicht eindeutig erwartet wird.

2.1.2.3 Kernenergie unter Umweltschutz- und Versorgungsaspekten

Die hauptsächlichen Einflüsse der Kernenergienutzung auf die Umwelt resultieren aus einer möglichen radioaktiven Strahlung, der Flächennutzung und der Vermeidung von Treibhausgasen im Vergleich zu Erzeugungstechnologien auf fossiler Basis. Die Strahlenbelastung als wesentlicher negativer Effekt atomarer Energieversorgung folgt aus dem operativen Betrieb einer Anlage, kann bedingt sein durch Unfälle oder Transport und Lagerung der Brennelemente.

Negative Einflüsse des kommerziellen Einsatzes von Kernenergie lassen sich dabei sehr schwer abschätzen. Schrittweise Risikoanalysen müssen dabei die Quellen radioaktiver Strahlung identifizieren, mögliche Schäden an Fauna und Flora quantifizieren und letztendlich Annahmen hinsichtlich der Wahrscheinlichkeit von Unfällen und dem Ausmaß der radioaktiven Strahlung treffen. Sämtliche Annahmen sind indes mit der gesamten Bandbreite an Zweifeln bezüglich der statistischen Methoden, der generellen Extrapolation vergangener Schadensfälle und ihrer technischen bzw. menschlichen Ursachen behaftet. Ein äußerst sensibles Problem liegt zudem in der Monetarisierung der Schadensgrößen, z. B. der Bewertung menschlichen Lebens oder eines bestimmten Grades an Umweltqualität. Grundsätzlich ist die Risikobewertung des Einsatzes der Kernenergie jedoch von der politischen und gesellschaftlichen Akzeptanz sowie der sozialen Präferenzrate zwischen unterschiedlichen Umweltbeeinflussungen aufgrund von Energieerzeugung abhängig. Aus den genannten Gründen soll hier nicht näher auf mögliche negative Aspekte der Kernkraft eingegangen werden.

In Bezug auf die Emissionsvermeidung ist die Stromerzeugung aus Kernenergie sämtlichen fossilen Energieträgern überlegen. Die in aktuellen Alternativrechnungen im Zusammenhang mit dem Kernenergieausstieg erstellten Vermeidungsbilanzen von klimarelevanten Gasen basieren allerdings größtenteils auf einer angenommenen Zusammensetzung fossiler Energieträger der vergangenen Perioden (Pfaffenberger und Gerdey, 1998). In gleichem Maß können Energieeffizienzsteigerungen und je nach geographischer Lage erneuerbare Energien ein hinlängliches Substitut für fossile Energieträger darstellen.

Aufgrund der geringen physischen Bedarfsgrößen hinsichtlich nuklearer Brennstoffe erscheint der Versorgungsaspekt für die Kernenergieerzeugung gesichert. Im Fall der Preisentwicklung für Kernbrennstoffe ist in den vergangenen zwanzig Jahren nur eine geringe Volatilität mit Tendenz zu sinkenden Spotmarktpreisen zu beobachten (Drillisch und Riechmann, 1998; LBD, 1999). Diese relative Preisstabilität stellt einen Vorteil im Vergleich zu den Preisschwankungen der dominierenden fossilen Energieträger Erdöl, Erdgas und Kohle dar. Die bis zum Jahr 2005 gegebene Wiederaufbereitungsmöglichkeit abgebrannter Elemente hat zusätzlich in der Vergangenheit einen „quasi-heimischen" Charakter von Kernbrennstoffen suggeriert.

2.2. Vereinbarungen und Instrumente zum Schutz des Klimas

2.2.1. *Völkerrechtliche Vereinbarungen zum Klimaschutz*

2.2.1.1 Die Klimarahmenkonvention und die Arbeit des IPCC

Als die Vereinten Nationen 1983 die Weltkommission für Umwelt und Entwicklung gründeten, war deutlich geworden, dass die Erhaltung der Umwelt eine Überlebensfrage für die gesamte Menschheit ist. Die von der Norwegerin Gro Harlem Brundtland geleitete Kommission betonte, dass Umweltschutz und Wirtschaftswachstum gemeinsam gesichert werden müssen, um gegenwärtige Bedürfnisse befriedigen zu können, ohne die Überlebensfähigkeit zukünftiger Generationen einschränken zu müssen (United Nations, 1987). Aufgrund des „Brundtland-Berichtes" berief die Generalversammlung der Vereinten Nationen die UNO-Konferenz über Umwelt und Entwicklung (UNCED) ein. Die Konferenz gilt als Wendepunkt in den internationalen Verhandlungen über Fragen von Umwelt und Entwicklung.

Um das wachsende wissenschaftliche Verständnis des Systemes der Erdatmosphäre und daraus gewonnene Erkenntnisse stärker in das öffentliche Bewusstsein zu transportieren, wurde im Jahr 1988 durch die Weltorganisation für Meteorologie (WMO) und das Umweltprogramm der Vereinten Nationen (UNEP) der Zwischenstaatliche Ausschuss über Klimaveränderungen (IPCC) gegründet. Mit seinen drei Arbeitsgruppen, die sich mit dem wissenschaftlichen Kenntnisstand über Klimaveränderungen, deren Auswirkungen und Anpassungsstrategien sowie mit Strategien zum Schutz des Klimas beschäftigen, veröffentlicht der IPCC regelmäßig die Ergebnisse seiner Arbeit. Die Resultate dieser Arbeiten sind die Basis für die internationalen Klimaverhandlungen im Rahmen der Vereinten Nationen. Diese Berichte (Assessment Reports) werden nach Erstellung im Rahmen der Vereinten Nationen nach Prüfung durch Wissenschaftler und Experten verabschiedet.

Im Jahr 1990 hat der IPCC seinen ersten Bericht veröffentlicht (Houghton et al., 1990). Der zweite folgte 1996 (Watson et al., 1996, Houghton et al. 1996), fünf Jahre später, 2001, erschien die aktuelle Darstellung des derzeitigen Erkenntnisstandes. Die wesentlichen Aussagen des letzten Syntheseberichtes (Watson, 2001) sind u. a.:

➢ Modelle und statistische Studien haben gezeigt, dass der Einfluss des Menschen auf beobachtete Klimaveränderungen im Laufe der vergangenen fünfzig Jahre im Vergleich zu natürlichen Einflüssen dominierend war. Klimatische Veränderungen sind insbesondere in ansteigenden Temperaturen, steigendem Meeresspiegel, Abschmelzen des arktischen Eises sowie von Inlandgletschern, Zunahme von Niederschlägen und von Starkniederschlägen u. a. festzustellen.

➢ Abhängig von den Annahmen hinsichtlich der sozioökonomischen Entwicklung erhöht sich die atmosphärische CO_2-Konzentration bis zum Jahr 2100 um 47 bis 164 Prozent. Dies entspricht einer Temperaturerhöhung von 1,4 bis 5,8 Grad Celsius im Vergleich zu 1990.[43]

➢ Die Niederschlagsmengen werden im globalen Mittel um etwa fünf bis zwanzig Prozent ansteigen. Starke regionale Schwankungen kennzeichnen diese Entwicklung. Infolge der thermischen Ausdehnung der Ozeane und des Abschmelzens der Gletscher aufgrund der Temperaturerhöhung steigt der Meeresspiegel bis 2100 um 0,09 bis 0,88 Meter.[44] Basierend auf Modellrechnungen ist zu erwarten, dass Hitzeperioden, Starkniederschläge, Dürregefahr in einigen Regionen sowie die Intensität tropischer Wirbelstürme zunehmen.

➢ Auch nach Stabilisierung der atmosphärischen Konzentration von Kohlendioxid steigen die Temperaturen über mehr als hundert Jahre, der Meeresspiegel über Jahrhunderte weiter an.

➢ Die Schätzungen der Kosten von Minderungsmaßnahmen differieren je nach methodischem Ansatz und zugrunde liegenden Annahmen hinsichtlich sozioökonomischer Entwicklung. Die Einführung des Handels mit Emissionszertifikaten trägt danach zu einer deutlichen Senkung der Kosten bei. Die Umsetzung des Kyoto-Protokolles für die Annex B-Staaten verursacht bis zum Jahr 2010 demzufolge mit Emissionshandel Kosten von höchstens 0,05 bis 1,14 Prozent des Bruttosozialproduktes p. a., ohne Einführung desselben nahezu doppelt so hohe Kosten.

Der erste Bericht des IPCC erzielte große Wirkung auf Politik und die allgemeine Öffentlichkeit und beeinflusste in hohem Maße die Verhandlungen über die anstehende Klimarahmenkonvention. Diese wurde nach einer Reihe von zwischenstaatlichen Konferenzen über Klimaveränderungen 1992 in Rio de Janeiro verabschiedet. Nach der Verabschiedung wurden vom Zwischenstaatlichen Verhandlungsausschuss Fragen der Reduktionsverpflichtungen, die finanziellen Vorkehrungen, die technische und finanzielle Unterstützung für die Entwicklungsländer sowie verfahrenstechnische und institutionelle Angelegenheiten geklärt. Nach Auflösung des Ausschusses im Jahr 1995 übernahm die Konferenz der Vertragsstaaten (COP) die weitere Arbeit. Die erste Tagung dieser Konferenz fand 1995 in Berlin statt. Aufgabe der ersten Vertragsstaatenkonferenz war zu prüfen, ob die Verpflichtung der Industriestaaten zur Reduzierung ihrer Emissionen auf das Niveau von 1990 bis zum Jahr 2000 ausreichend ist, um die Ziele der Konvention zu erreichen. Die Vertragsstaaten kamen dabei überein, dass neue Minderungsverpflichtungen für die Zeit nach dem Jahr 2000 formuliert werden müssen. Es wurde eine Ad-hoc-

---

[43] Der zweite IPCC-Bericht (Second Assessment Report - SAR) prognostiziert eine Temperaturerhöhung von lediglich 0,9 bis 3,5 Grad Celsius (Houghton et al., 1996).

[44] Der SAR geht noch von einem Anstieg von 0,13 bis 0,94 Metern aus (Houghton et al., 1996).

Gruppe zum Berliner Mandat eingesetzt, die ein Protokoll oder anderes Rechtsinstrument erarbeitete, das anschließend auf der 3. Vertragsstaatenkonferenz verabschiedet werden sollte. Die Verhandlungen aufgrund des Berliner Mandates sollten alle Treibhausgase einschließen und quantifizierte Begrenzungs- und Minderungsziele innerhalb bestimmter Zeithorizonte festlegen.

2.2.1.2 Das Kyoto-Protokoll – 3. Vertragsstaatenkonferenz in Kyoto

Auf der 3. Vertragsstaatenkonferenz 1997 vereinbarten die Teilnehmerländer des Weltklimagipfels in Kyoto das Protokoll zur Klimarahmenkonvention der Vereinten Nationen, das sog. „Kyoto-Protokoll" (UNFCC, 1997). Darin war man übereingekommen, die Emissionen von Kohlendioxid und fünf weiteren klimarelevanten Treibhausgasen bis 2012 weltweit um mindestens 5,2 Prozent gegenüber einem festgelegten Referenzjahr (1990 oder 1995) zu reduzieren[45]. Die Europäische Union erklärte sich hierbei zur Reduktion des Kohlendioxid-Ausstoßes um 8 Prozent bereit. Den größten Anteil im Rahmen der europäischen Minderungsverpflichtung („burden sharing") übernimmt dabei Deutschland mit etwa 75 Prozent. Deutschland hat sich auf ein Reduktionsziel von 25 Prozent bis 2005 im Vergleich zum Jahr 1990 verpflichtet.

Die Intention der Klimavereinbarung bestand darin, das Problem der globalen Klimaveränderung durch marktwirtschaftliche Steuerungsinstrumente einzudämmen und zu kontrollieren. Neben länderspezifischen Maßnahmen zum Atmosphärenschutz dürfen danach drei Instrumente genutzt werden: Emisson Trading (Artikel 17), Joint Implementation (Artikel 6) und der Clean Development Mechanism (Artikel 12). Im Rahmen des Emission Trading ist es jedem Emittenten freigestellt, ob er seinen Emissionsauflagen durch eigene Anstrengungen oder durch Teilnahme am Zertifikatehandel nachkommt. Dabei kann den Emissionsauflagen durch unterschiedlichste Vermeidungsstrategien wie z. B. die Verwendung anderer Energieträger, die Umstellung des Produktionsprozesses oder aber auch die Installation neuer Rückhaltetechnologien entsprochen werden.

Neben dem Emission Trading ermöglicht das Kyoto-Protokoll durch die Joint Implementation, Emissionsreduktionen aus gemeinsamen Projekten zwischen Ländern, die Reduktionsverpflichtungen eingegangen sind (Annex I-Staaten), zu über-

---

[45] Dabei erweist sich insbesondere die Zielbestimmung als relativ problembehaftet: Nach wissenschaftlichen Untersuchungen ist davon auszugehen, dass sich CO_2-Emissionen und sonstige Treibhausgase erst mit einer Wirkungsverzögerung von 50 bis 70 Jahren negativ auswirken. Der daraus zu erwartende Klimawechsel kann bei Betrachtung der Auswirkungen auf nichtmonetäre Umweltgüter je nach Art der Aggregation unterschiedliche Ergebnisse hervorbringen. Die Aggregation bei gleicher Bewertung der Ausprägungen über alle Regionen zeitigt negative Auswirkungen; erfolgt die Bewertung hingegen einkommensinduziert, werden nur graduelle Abweichungen zum Status quo ersichtlich (Tol, 2002a). Zusätzlich hängt die Beurteilung der Effekte der Klimaänderung von der betrachteten Region bzw. Ausprägung ab (Tol et al., 2001a). Dies gilt auch für die Einbeziehung dynamischer Effekte in die Betrachtung (Tol, 2002b).

tragen. Das Emissionsbudget des Empfängerlandes verringert sich in Höhe der dem Investorenland zugute kommenden Emissionsgutschrift. Eine rein buchhalterische Umbuchung sichert die Einhaltung der Emissionsobergrenze.

Während die Joint Implementation nur den Handel und Technologietransfer zwischen sich verpflichtenden Staaten zulässt, können auch Entwicklungsländer durch den Clean Development Mechanism teilhaben. Annex I-Staaten können Emissionsgutschriften für Projekte in Nicht-Annex-I-Staaten erwerben, sofern durch diese die Treibhausgasemissionen in dem Empfängerland gesenkt werden.

Auf der Konferenz in Kyoto konnten allerdings viele Einzelbereiche nur sehr pauschal angesprochen werden. Deshalb zielen seitdem die Verhandlungen auf die Konkretisierung der Bestimmungen. Im Einzelnen geht es dabei um die Instrumente, die die Zielerreichung erleichtern sollen, deren Überwachung, die Einbeziehung von Senken zur Einbindung von Kohlenstoff etc.

Während einige wenige Länder sich bereits ihrem Reduktionsziel angenähert haben, vergrößert sich für die Mehrzahl der Teilnehmerstaaten der Abstand zwischen Reduktionsziel und wahrscheinlicher Emissionsmenge, basierend auf den bis 2000 erreichten Werten.

2.2.1.3 Der „Buenos Aires Plan of Action" – Die 4. Vertragsstaatenkonferenz in Buenos Aires

Die 4. Vertragsstaatenkonferenz fand vom 2. bis 13. November 1998 in Buenos Aires statt. Auf der Konferenz wurde ein Zwei-Jahres-Aktionsplan verabschiedet, um die noch ausstehenden Details des Protokolles abschließend zu klären (UNFCCC, 1999). Dabei einigten sich die Regierungen darauf, bis zur COP6 die Ausgestaltung der flexiblen Mechanismen abschließend zu definieren. Darunter fallen z. B. die Definition der relevanten Prinzipien und Regeln für den Handel mit Emissionszertifikaten, die der Verfahrensregeln für Joint Implementation zwischen Industrieländern und die des Clean Development Mechanism sowie die Ausgestaltung der Regeln, falls Verpflichtungen durch Staaten nicht eingehalten werden. Weiterer offener Verhandlungspunkt ist die Methodologie zur Behandlung von Senken von Treibhausgasen. Die Formulierung des Aktionsplanes erfolgte allerdings in unverbindlicher Manier, so dass dieser vom Exekutivsekretär des Klimasekretariates vielmehr als „politischer Fahrplan" bezeichnet wurde (Ott, 1999).

Allgemein umstritten war bei allen flexiblen Mechanismen eine Obergrenze für ihre Anrechenbarkeit auf das Klimaschutzziel eines Staates. Während die EU sowie die G77-Gruppe eine Obergrenze von maximal 50 Prozent forderten, verlangten die Staaten der JUSSCANNZ-Gruppe, allen voran die USA, eine unlimitierte Anrechenbarkeit. Dieser Streitpunkt wurde auch während der COP5 1999 in Bonn nicht gelöst und war auf der COP6 im November 2000 in Den Haag ein Grund für den

Abbruch der Verhandlungen, da die Vereinigten Staaten auf einer maximalen Anrechenbarkeit der flexiblen Mechanismen beharrten.

Für den Bereich des Emissionshandels wurde festgelegt, dass Detailregelungen bis spätestens zu Beginn der ersten Verpflichtungsperiode im Jahr 2008 vorliegen müssen. Für die Clean Development Mechanismen ist ein zügigerer Abschluss der Verhandlungen notwendig, da laut Kyoto-Protokoll bereits ab dem Jahr 2000 eine Gutschrift der durch Industrieländer in Entwicklungsländern durch Projekte erzielten Emissionsminderungen erfolgen soll. Da bis zu diesem Zeitpunkt u. a. weder Fragen des Monitoring, der Verifikation oder Maßstäbe zur Ermittlung der erzielten Reduktionen bei den Projektmaßnahmen geklärt sind, war hier besonderer Handlungsdruck geboten. Diese Detailregelungen waren gemeinsam mit den Regelungen zum Emissionshandel und den JI-Maßnahmen bis zur COP6 zu erstellen.

Hinsichtlich der Überprüfung von Verpflichtungen konnte der im Kyoto-Protokoll fixierte Termin für eine zweite Überprüfung bis spätestens zum 31. Dezember 1998 nicht eingehalten werden.[46] Zudem konnte keine Einigung über einen dritten Überprüfungstermin erzielt werden. Dieser war bis zum Ende des Jahres 2002 geplant und hätte im Zusammenhang mit dem dritten Bericht des IPCC auf der Basis neuester klimawissenschaftlicher Erkenntnisse eine Entscheidung bzw. Revision über die Angemessenheit der Verpflichtungen erwirken können.

Hinsichtlich der Entwicklung eines Systemes zur Sanktion bei Nichteinhaltung der eingegangenen Verpflichtungen wurde in Buenos Aires ein Procedere eingeleitet, um bis zur COP6 im Jahr 2000 eine Entscheidung über die Annahme eines geeigneten Verfahrens fällen zu können.

Weitere wichtige Entscheidungen befassten sich mit der Rolle der Global Environment Facility (GEF), der Methodologie zur Behandlung von Senken von Treibhausgasen und den Maßnahmen zur Förderung des Transfers klimafreundlicher Technologien in die Entwicklungsländer.

2.2.1.4 Die 5. Vertragsstaatenkonferenz in Bonn

Die 5. Vertragsstaatenkonferenz, die vom 25. Oktober bis zum 5. November 1999 in Bonn stattfand, diente primär einer Zwischenbilanz auf dem Weg zur Ratifizierung des Kyoto-Protokolles. Die 5. Vertragsstaatenkonferenz (COP5) in Bonn 1999 war letztendlich nur eine Zwischenkonferenz auf dem Weg zur 6. Vertragsstaatenkonferenz. Nichtsdestotrotz ist von dieser Konferenz ein wichtiges Signal ausgegangen: Viele der dort vertretenen Umweltminister haben sich für das Inkraft-

---

[46] Nach der Klimarahmenkonvention müssen die Verpflichtungen der Industrieländer einer zweimaligen Begutachtung unterzogen werden, um zu beurteilen, ob die eingegangenen Verpflichtungen ausreichen, die Gefahren eines Klimawandels zu beseitigen. Die erste Überprüfung erfolgte 1995 in Berlin; als Termin für die zweite wurde das Jahresende 1998 festgelegt.

treten des Kyoto-Protokolles spätestens 2002 ausgesprochen. Es wurden dabei Fortschritte in methodischen und technischen Fragen des Kyoto-Protokolles erzielt.

Eine Reihe von Entscheidungen, die in Bonn getroffen wurden, haben wichtige inhaltliche Fragen geregelt. Übereinstimmung herrschte darin, wie zukünftig die nationale Berichterstattung der Industrieländer verbessert und die Richtlinien zur Messung ihres Treibhausgasausstoßes wirksamer gemacht werden können. Die Vertragsparteien sind gemäß Protokoll verpflichtet, der internationalen Staatengemeinschaft regelmäßig über ihre Maßnahmen zur Umsetzung der Konvention zu berichten. Weitere Beschlüsse wurden getroffen, um Engpässe bei der Vorlage und Behandlung nationaler Berichte von Entwicklungsländern zu vermeiden sowie die regelmäßige Prüfung der Treibhausgasinventare der Annex I-Staaten einzuführen.

Andere Entscheidungen legten den weiteren Verlauf der Verhandlungen bis zur nächsten COP fest z. B. das Vorgehen bei Nichteinhaltung von Vertragsbestimmungen, den Aufbau von Institutionen sowie die Festlegung von Kriterien zur Auswahl von JI- und CDM-Projekten.

Wichtigste Entscheidung der 5. Vertragsstaatenkonferenz war die Verabschiedung der Forderung, dass das Kyoto-Protokoll spätestens bis zum Jahr 2000, d. h. bis zur Konferenz zehn Jahre nach der UNCED in Rio („Rio+10"), in Kraft treten soll.

2.2.1.5 Das „Bonn Agreement" – Die 6. Vertragsstaatenkonferenz in Den Haag/Bonn

Vom 16. bis 17. Juli 2001 fand in Bonn die Fortsetzung der im November 2000 in Den Haag ergebnislos vertagten 6. Vertragsstaatenkonferenz der Klimarahmenkonvention statt.[47] Zentraler politischer Erfolg war der „Bonner Beschluss" (Bonn Agreement), der trotz Ausstieges der USA und des zögerlichen Verhaltens einiger Länder die Voraussetzungen für die Ratifizierung und Umsetzung des Kyoto-Protokolles schuf.

Deutschland und die Europäische Union haben im Verhandlungsprozess weitreichende Zugeständnisse gemacht: u. a. umfangreiche Anrechnung von Senken, unklare Formulierungen, in welchem Maß die Industrieländer ihre Reduktionsverpflichtungen durch Maßnahmen im eigenen Land erbringen müssen. Über den rechtlichen Charakter von Sanktionsmaßnahmen im Fall der Verfehlung des Klimaschutzzieles sollte erst auf einer späteren Sitzung entschieden werden.

---

[47] Dies war im Wesentlichen auf die Forderung der EU zurückzuführen, mindestens 50 Prozent der Reduktionsziele durch nationale Maßnahmen zu erbringen und damit die flexiblen Mechanismen zur Senkung der Minderungskosten in umfangreichem Maße einzuschränken (Brandt und Svendsen, 2002).

Bei den Verhandlungen über Kohlenstoffsenken und -quellen im Bereich der Land- und Forstwirtschaft forderten Japan und insbesondere große Flächenstaaten eine unbegrenzte Anrechnung von Senken als Klimaschutzmaßnahmen im Rahmen des Kyoto-Protokolles, um ihre eingegangenen Minderungsziele einhalten zu können. Die EU, die sich für eine starke Begrenzung der Anrechenbarkeit von Kohlenstoffsenken eingesetzt hatte, musste allerdings bei der Höhe der Anrechenbarkeit Zugeständnisse machen. Für die vier Teilbereiche des Kyoto-Protokolles, die Möglichkeiten zur Anrechnung der Kohlenstoffaufnahmefähigkeit von Ökosystemen bieten, wurden folgende Regelungen getroffen:

➤ Der im Kyoto-Protokoll unter Artikel 3.3. vorgesehene Verlustausgleich von Nettoemissionen durch Entwaldung wird pro Vertragspartei auf 8,2 Mio. t Kohlenstoff pro Land und Jahr begrenzt.
➤ Steigerungen der in Wäldern gebundenen Kohlenstoffmengen nach Artikel 3.4. können nur bis zu einer länderspezifischen Höchstmenge angerechnet werden.
➤ Maßnahmen im Bereich der Acker- und Grünlandbewirtschaftung sowie der Ödlandbegrünung nach Artikel 3.4. können als Klimaschutzmaßnahmen angerechnet werden.
➤ Im Rahmen des „Clean Development Mechanism" können (Wieder-) Aufforstungsprojekte in Entwicklungsländern bis zu einer Obergrenze von einem Prozent der Emissionen des Jahres 1990 des beteiligten Industrielandes angerechnet werden.

Insbesondere die Anrechnung von Senken aus forst- und landwirtschaftlicher Tätigkeit sowie aus CDM hat damit eine erhebliche Senkung im Vergleich zu den vormals im Kyoto-Protokoll vereinbarten Reduktionszielen zur Folge.

Tabelle 2-4: Senkung der Reduktionsverpflichtungen nach COP 6 für AnnexB-Länder

	Reduktionsziel lt. Kyoto-Protokoll 1997 (in % vom Basisjahr 1990)	Angepasste Emissionserlaubnis nach Bonn und Marrakesch (in % vom Basisjahr 1990)
USA	93,0	96,8
Europa	92,2	94,8
Japan	94,0	99,2
Kanada	94,0	107,9
Australien, Neuseeland	106,8	110,2
Zentral-/Osteuropa	92,9	96,1
Ehemalige UdSSR	100,0	107,6

Quelle: Böhringer (2002), S. 56

Ein weiterer Verhandlungspunkt beschäftigte sich mit der Ausgestaltung der sog. „flexiblen Mechanismen". Diese ermöglichen eine teilweise Erbringung der Emissionsminderungen im Ausland. Innerhalb des „Bonn Agreement" wurde zu den Elementen „Joint Implementation" (JI) und „Clean Development Mechanism" (CDM) folgender Kompromiss gefunden:

➢ Kernkraftwerke sind von JI- und CDM-Projekten ausgeschlossen.
➢ Die Möglichkeit, Senkenprojekte im Rahmen von JI und CDM durchzuführen, wird begrenzt.[48]
➢ Ein signifikanter Anteil der Emissionsreduktionen der Industriestaaten muss im eigenen Land erzielt werden.[49]
➢ Das Verfahren für kleine CDM-Projekte in den Bereichen erneuerbare Energien (bis zu 15 MW), Effizienzverbesserung (bis zu 15 GWh) und sonstige Projekte außer Senken mit Emissionen von bis zu 15.000 t CO_2/Jahr soll beschleunigt werden.

Für das Gebiet Erfüllungskontrolle vereinbarte die Konferenz bindende Konsequenzen, falls Vertragsparteien ihre Emissionziele verfehlen. Bei Nichterfüllung der Reduktionsziele in der ersten Verpflichtungsperiode (2008-2012) gelten für die jeweiligen Länder folgende Regelungen:

- In der folgenden Verpflichtungsperiode (2013-2017) muss das 1,3 fache der bis 2012 zu viel ausgestoßenen Emissionen zusätzlich vermieden werden.
- Es muss ein Erfüllungsplan erarbeitet und vorgelegt werden, der die Strategien zur Zielerreichung in der zweiten Verpflichtungsperiode darlegt.
- Für das entsprechende Vertragsland entfällt die Möglichkeit zur Teilnahme an den „flexiblen Mechanismen".

---

[48] Dabei soll insbesondere der technologische Transfer unterstützt werden, der zwar kostenintensiver für die „donor countries" ist, jedoch eine signifikante Verbesserung des Technologiestandes des Gastlandes mit sich bringt. Ohne Einschränkung der Senkenaktivitäten würden von Seiten der AnnexB-Länder vorrangig kostengünstige Aufforstungsprogramme betrieben; zukünftige Minderungsauflagen der Entwicklungsländer müssten über technologische Senkungsmaßnahmen mit weitaus höherem finanziellen Aufwand selbst erbracht werden (Rose et al., 1999). Wichtigste Voraussetzung für eine erfolgreiche Realisierung von JI-Projekten bleibt jedoch die Berücksichtigung der umweltpolitischen Ziele des Empfängerlandes (host country) und deren Präferenz hinsichtlich geplanter Projekte (Ipsen et al., 2001).

[49] Probleme für die Anerkennung und Umsetzung von JI-Projekten bieten vor allem die strategische Manipulierbarkeit von energiepolitischen Planungen in Entwicklungsländern, die durch Ansatz ineffizienter energierelevanter Anlagen die Höhe von Emissionsgutschriften für die Annex I-Staaten in die Höhe treiben (Wirl et al., 1998; Bohm, 1994; Begg et al., 2001). Neben den genannten Nachteilen wird jedoch eine höhere Emissionsminderung, geringere Transaktionskosten sowie eine größere politische Akzeptanz von CDM- und JI-Projekten im Vergleich zum internationalen Emissionshandel erwartet (Woerdman, 2000).

Der völkerrechtliche Status dieser Sanktionen wurde allerdings noch nicht geklärt. Dieser sollte erst auf der 1. Vertragsstaatenkonferenz nach Inkrafttreten des Kyoto-Protokolles entschieden werden.

Ein wichtiges Element der Einigung in Bonn bildeten umfangreiche Unterstützungsmaßnahmen für Entwicklungsländer. Zusätzlich in Aussicht gestellte Finanzmittel erbrachten die Zustimmung der Entwicklungs- und Schwellenländer (sog. „Gruppe der 77 und China") zum vorgetragenen Kompromissvorschlag. Eine von der EU vorgeschlagene, von Norwegen, Neuseeland, der Schweiz, Island und Kanada mitgetragene politische Erklärung bezüglich höherer jährlicher Finanzbeiträge im Klimaschutz ab 2005 trug maßgeblich dazu bei, dass die Entwicklungsländer ihre ursprüngliche Forderung nach rechtsverpflichtenden Finanzbeiträgen fallen ließen. Der genannte Betrag von jährlich 410 Mio. US$ umfasst dabei den Anteil der beteiligten Länder am Gesamtziel von 1 Mrd. US$ jährlich für Klimaschutzmaßnahmen. Die USA, Australien und Japan haben keine Beiträge zur Erreichung des Finanzzieles von 1 Mrd. US$ angemeldet.

2.2.1.6 „The Marrakesh Accords" – Die 7. Vertragsstaatenkonferenz in Marrakesch

Vom 29. Oktober bis 9. November 2001 fand in Marrakesch (Marokko) die 7. Vertragsstaatenkonferenz der Klimarahmenkonvention (COP7) statt. Zentrales Ergebnis waren die „Übereinkommen von Marrakesch" („The Marrakesh Accords"), die Entscheidungen u. a. zum System der Erfüllungskontrolle, zur Nutzung der sog. „Kyoto-Mechanismen", zur Anrechenbarkeit der Senken sowie zur Förderung des Klimaschutzes in Entwicklungsländern enthalten.

Im Bereich der Erfüllungskontrolle konnten die Verhandlungen in Marrakesch erfolgreich abgeschlossen werden. Neben Regularien zur Kontrolle der Umsetzung der Reduktionsverpflichtungen wurde die regelmäßige und korrekte Berichterstattung zu den nationalen Treibhausgasemissionen und Senkenaktivitäten determiniert. Folgende Kernpunkte wurden u. a. fixiert (UNFCCC, 2002c; Ott, 2001):

➢ Eine zehnköpfige „Enforcement Branch" entscheidet über eine mögliche Nichterfüllung der Vertragspflichten. Sie setzt sich aus sechs Vertretern aus Entwicklungs- und vier aus Industrieländern zusammen. Eine nach dem gleichen Schlüssel zusammengesetzte „Facilitative Branch" wird sich mit den Problemen bei der Umsetzung beschäftigen. Bei Nichterfüllung muss der Vertragspartner einen Aktionsplan der „Enforcement Branch" umsetzen.
➢ Vertragsparteien, die ihr Emissionsminderungsziel nicht erreichen, müssen die überschüssige Menge des vergangenen Verpflichtungszeitraumes von ihren Emissionserlaubnissen für die zweite Verpflichtungsperiode mit einem „Wiedergutmachungsaufschlag" von 30 Prozent abziehen.
➢ Bei Nichterfüllung der Reduktionsziele verlieren die jeweiligen Vertragsstaaten das Recht, Emissionserlaubnisse an andere Vertragsparteien zu verkaufen. Ist

der Vertragspartner einmal von der Nutzung der flexiblen Mechanismen ausgeschlossen worden, erfolgt seine Wiederzulassung nur nach Beantragung. Zu diesem Zweck muss der Vertragsstaat glaubhaft darstellen, dass er in Zukunft seinen Vertragsverpflichtungen nachkommen wird. Der Erfüllungskontrollausschuss kann die Wiederzulassung zurückweisen, wenn die vorgelegten Informationen nicht ausreichend sind.

Für den Verhandlungspunkt **flexible Mechanismen** konnte hinsichtlich der Punkte Teilnahmevoraussetzungen, Handelbarkeit und Übertragbarkeit von Emissionsrechten, Emissionshandel, CDM und JI Einigung erzielt werden (UNFCCC, 2002b):

➤ Um an den flexiblen Mechanismen teilnehmen zu können, muss ein Vertragsstaat das Kyoto-Protokoll ratifizieren, sich der Erfüllungskontrolle unterwerfen, ein nationales Emissionsdatenerfassungssystem etablieren, zeitnah und korrekt über die Treibhausgasemission Bericht erstatten und ein Senkeninventar vorlegen sowie ab der zweiten Verpflichtungsperiode rechtzeitig und korrekt über die Einbindung von Kohlenstoffen in Senken Bericht erstatten.
➤ Die aus den drei Mechanismen erzeugten Emissionsrechte sowie -gutschriften, die aufgrund von Senkenaktivitäten erzielt wurden, können sowohl zur Erfüllung der Emissionsminderungsverpflichtung als auch zum Handel mit anderen Vertragspartnern genutzt werden. Die Übertragung von Emissionsgutschriften in Folgeperioden („banking") ist bei Gutschriften aus Senkenaktivitäten nicht möglich; bei Gutschriften aus JI und CDM gelten gewisse Restriktionen.
➤ Generell können die Vertragsstaaten mit den vier verschiedenen Emissionsrechten untereinander handeln. Um ungedeckte Verkäufe von Emissionsrechten zu verhindern, ist jedes Land verpflichtet, eine zu berechnende Menge („Commitment Period Reserve") vorzuhalten.[50] Bei Unterschreiten der Menge wird der Staat vom Emissionshandel ausgeschlossen bis die Commitment Period Reserve wieder erreicht ist.[51]
➤ Für JI-Projekte wurden zwei Zulassungsverfahren vereinbart: Erfüllt das Gastland alle Emissionsberichtspflichten, kann es selbst das JI-Registrierungs- und Überprüfungsverfahren durchführen. Ist dies nicht der Fall, erfolgt die Registrierung und Überprüfung durch ein multinationales Aufsichtsgremium (Supervisory Committee[52]).

Eine zentrale Bedeutung nahmen auch die Verhandlungen zur Datenerfassung und Berichterstattung ein. Wichtigste Punkte in diesem Bereich waren die Anforderun-

---

[50] Die Höhe der Commitment Period Reserve beträgt entweder mindestens 90 Prozent der für die gesamte Verpflichtungsperiode zustehenden Emissionsrechte eines Landes oder das Fünffache der Emissionen des Vorjahres. Zum Ansatz kommt nur der geringere von beiden Werten.
[51] Ggf. durch Ankauf von Emissionsrechten.
[52] Das Supervisory Committee besteht aus zehn Mitgliedern: drei aus westlichen Industriestaaten, drei aus Ost- und Mitteleuropa und vier aus Entwicklungsländern.

gen und Verfahren bei der Berichterstattung und Anrechnung von Senken (Aufforstung, Waldbewirtschaftung, Emissionsminderung in der Landwirtschaft). Für Senken sollten hinsichtlich der Berichterstattung und der Führung von Senkeninventaren die gleichen hohen Standards gelten, wie sie bereits für die Erfassung der Treibhausgasemissionen von Industrie, Verkehr und Haushalten festgelegt wurden. Emissionsgutschriften aus Senkenaktivitäten werden jährlich ausgestellt; überschüssig ausgestellte Gutschriften werden wieder gelöscht, wenn am Ende der Verpflichtungsperiode ermittelt wurde, dass die Kohlenstoffeinbindung geringer ausgefallen ist, als Emissionsgutschriften ausgestellt wurden. Darüber hinaus wurde vereinbart, dass die Vertragsstaaten jährlich darüber berichten müssen, wie der Beitrag ihrer nationalen Klimaschutzmaßnahmen im Verhältnis zur Nutzung der flexiblen Mechanismen steht sowie welche Politik und Maßnahmen durchgeführt wurden. Die Überprüfung der Treibhausgasinventare und weiterer Berichte erfolgt durch so genannte „Expert Review Teams", die bei mangelhafter Berichterstattung Inventare korrigieren.

Russland konnte im Verlauf der Verhandlungen eine Erhöhung der in Annex Z des Bonner Beschlusses festgelegten landesspezifischen Höchstmenge zur Anrechnung von Senken durchsetzen (UNFCCC, 2002a). Die Vertragsstaaten stimmten der Forderung Russlands zu, da eine Ratifikation Russlands nach dem Ausstieg der USA aus dem Kyoto-Protokoll für das Inkrafttreten des Protokolles zwingend notwendig ist.

Weiterhin wurde über die Ergebnisse des dritten Sachstandsberichtes des Intergovernmental Panel on Climate Change (IPCC) diskutiert. Dieser legte im September 2001 mit dem Synthesebericht den Abschluss zum dritten Sachstandsbericht über den globalen Klimawandel vor. Danach hat der Klimawandel bereits begonnen; die Erwartungsaussagen über den Anstieg von Meeresspiegel und globaler Lufttemperatur bis 2001 wurden gegenüber dem Bericht von 1996 nach oben korrigiert (Watson, 2001; Watson et al., 1996).

2.2.1.7 Die „Delhi Declaration" – Die 8. Vertragsstaatenkonferenz in New Delhi

Vom 23. Oktober bis zum 1. November 2002 fand in New Delhi (Indien) die 8. Vertragsstaatenkonferenz der Klimarahmenkonvention statt. Am Ende der Konferenz wurde eine „Delhi-Erklärung über Klimaschutz und nachhaltige Entwicklung" (Delhi Declaration) verabschiedet. Der Kompromisstext enthält den Aufruf, das Kyoto-Protokoll umgehend zu ratifizieren und die Hervorhebung der Rolle der erneuerbaren Energien sowie der Anpassung an die Klimaveränderung für alle Länder. Auf politischer Ebene hat sich das Verhältnis zwischen den teilnehmenden Gruppen wieder verschärft: Mit der frühen Forderung der Europäischen Union nach Diskussion zukünftiger Schritte im Klimaschutz nach 2012 konfrontiert, sind die Entwicklungsländer in der Antizipation quantitativer Minderungsziele in deutliche Opposition gegangen. Potenziert wurde dieser Richtungswechsel durch die

Orientierung der G77-Länder einschließlich China hin zu den USA und den OPEC-Staaten, die einer nachhaltigen Klimapolitik äußerst kritisch gegenüberstehen.

Aus technischer Sicht sind dennoch einige Erfolge erzielt worden: Die Richtlinien für einen der drei Unterstützungsfonds (Least Developed Countries Fund), die in Marrakesch installiert wurden, konnten verabschiedet werden. Im Bereich der CDM wurden mit der Verabschiedung der Vorschriften zur Arbeit der Aufsichtsgremien sowie des Executive Boards Regelungen getroffen, die diesen damit einsatzfähig machen. Dazu gehören ebenfalls Leitlinien für die Beurteilung kleinerer CDM-Projekte. Daneben wurden die Verhandlungen über Regeln für die regelmäßige Berichterstattung der Industriestaaten abgeschlossen.

Nach der Ratifizierung Russlands ist das Kyoto-Protokoll am 16. Februar 2005 in Kraft getreten.

2.2.2. Politische Instrumente zum Klimaschutz

2.2.2.1 Ausgestaltung wesentlicher Instrumente zur Emissionssenkung

Umweltpolitische Instrumente können an jeder Stufe des Wertschöpfungsprozesses ansetzen. Neben Anreizsystemen, deren Nutzung fakultativer Natur ist, existieren restriktive Systeme, deren Einhaltung unabdingbar mit dem Produktionsprozess verbunden ist. Auf der Seite der Anreizsysteme existieren allein in der EU bis zu 40 unterschiedliche Umweltsubventionen, wie direkte Subventionen, Zuwendungen, zinsverbilligte Darlehen oder steuerliche Erleichterungen (Opschoor und Vos, 1989).[53] Auf der anderen Seite stehen Restriktionen, wie z. B. Investitionsauflagen[54] und absolute und/oder spezifische Emissionsgrenzen oder obligatorische Abgaben wie Emissionssteuern, im Vordergrund.

2.2.2.1.1 Emissionssteuern und Emissionszertifikate

Aus rein ökonomischer Sicht besteht wirksamer Umweltschutz in der knappheitsgerechten Allokation der Umweltnutzung. Sie verlangt, dass negative externe Effekte verursachungsgerecht[55], z. B. durch Erhebung einer Umweltabgabe (Emissi-

---

[53] In einem System, das nur Umweltsteuern und -subventionen zur Emissionsvermeidung anbietet, wird eine effiziente Emissionskontrolle jedoch nur durch Umweltsteuern erreicht (Fredriksson, 1997).
[54] Insbesondere sog. Investment Licenses oder Adder Systems bergen allerdings das Risiko einer mittelfristigen Erhöhung des Emissionsvolumens, da der Bau neuer energieeffizienter Anlagen in die Zukunft verschoben wird (Bigano et al., 2000).
[55] Die Bemessung der Kompensation für Umweltschäden von betroffenen Regionen und deren Bewohnern wird vielfach in der Literatur von den dortigen Einkommensverhältnissen abhängig beschrieben. Die individuelle Kompensation würde demzufolge in entwickelten Ländern höher als in Entwicklungs- und Schwellenländern ermittelt werden. Aus ethischen Gründen erscheint

onssteuern) angelastet werden. Eine andere Möglichkeit besteht darin, ein bestimmtes, einem Emittenten von Treibhausgasen zugesprochenes Kontingent für Luftverschmutzung in Zertifikaten zu verbriefen und zwischen einzelnen Wirtschaftssubjekten handelbar zu machen.

Bei der Bewertung dieser marktwirtschaftlichen Instrumente wird zwischen verschiedenen Kriterien unterschieden. Gewöhnlich werden diese nach statischer und dynamischer Effizienz, ökologischer Wirksamkeit sowie Wettbewerbskonformität analysiert. Bei der statischen Effizienz handelt es sich um eine Emissionsminderung zu den geringsten volkswirtschaftlichen Kosten. Dabei erzielen geringstmögliche Kosten eine duale Wirkung, indem sie Umweltschutzziele unterstützen und gleichzeitig Wirtschaftswachstum und Beschäftigungsanreiz ermöglichen. Diesen Kriterien werden Emissionssteuern und Emissionszertifikate gleichermaßen gerecht: Verminderte Emissionen tragen zur Senkung von Abgaben bei oder erlauben den Verkauf von Emissionsrechten am Markt und führen damit zu zusätzlichen Einnahmen. Diese Anreize bleiben für beide Instrumente auch zukünftig erhalten; sie erfüllen damit auch dynamische Effizienzkriterien.

Als ökologisch wirksam kann jedoch nur die Zertifikatelösung eingestuft werden, da hier durch Emissionsbegrenzung gleichzeitig deren Einhaltung sichergestellt wird. Steuerlich bedingte Preiserhöhungen aufgrund von Umweltabgaben werden im Gegensatz dazu ein vorgegebenes Emissionsziel nur zufällig erreichen, da ihre Wirkung auf Angebots- und Nachfragemengen kaum prognostizierbar ist.[56] Verstärkt wird die Abschwächung der Lenkungswirkung von Emissionssteuern, wenn die Besteuerung nicht direkt an den Kohlendioxid-Emissionen wie bei optimaler Besteuerung (Ekins, 1999) oder der Kohlendioxid-Intensität der Primärenergieträger als Bezugspunkt ansetzt, sondern sich allgemein am Energieverbrauch orientiert.[57] Aktuelles Beispiel dafür ist die deutsche Variante der Ökosteuer, die durch ihre Ausnahmeregelungen gerade emissionsintensive Energieträger wie die Steinkohle von der Besteuerung ausnimmt bzw. aus Wettbewerbsgründen Vergünsti-

---

eine solche Gewichtung ungerecht. Übersehen wird dabei allerdings, dass eine Gleichbehandlung die unterschiedlichen Präferenzen hinsichtlich Umweltgütern sowie ungleiche sozioökonomische Strukturen unberücksichtigt lässt (Fankhauser et al., 1997). Eine Übersicht über die wesentlichen Kritikpunkte an der Anwendung von Kosten-Nutzen-Analysen zur Ermittlung optimaler CO_2-Reduktionspfade bietet Azar (1998). Im Vordergrund stehen hierbei der Ansatz scheinbar wertneutraler Annahmen, die jedoch in nicht unwesentlichem Ausmaß subjektive Einschätzungen einbeziehen und damit ein Ergebnis fundamental beeinflussen können.

[56] Pizer (1999) hingegen sieht unter Unsicherheit Effizienz- und wohlfahrtspolitische Vorteile in einer Besteuerung gegenüber einer Limitation mit Kontrolle.

[57] Die finnische Umweltsteuer, die additiv zu der üblichen Verbrauchssteuer erhoben wird, unterscheidet im Gegensatz zu Deutschland nach Kohlenstoff- und Energiegehalt der Primärenergieträger (Ekins und Speck, 1999). Dennoch können positive Lenkungseffekte von CO_2-Steuern in der Praxis, wie z. B. in Norwegen, nachgewiesen werden (Larsen und Nesbakken, 1997).

gungen für energieintensive Industrien bereithält[58] und zusätzlich dazu den Steinkohlebergbau staatlich subventioniert.[59] Kritik dazu wird regelmäßig vom Sachverständigenrat zur Begutachtung der gesamtwirtschaftlichen Lage in seinen Jahresgutachten geäußert (SVR 1998, 2000). Nach Komen und Peerlings (1999) können derartige Ausnahmeregelungen für industrielle Bereiche unter Einführung einer niedrigen Steuer auf Energieverbrauch, die nur von Haushalten und Kleinverbrauchern erhoben wird, durchaus positive Wohlfahrtseffekte aufweisen. Dies ist im Wesentlichen auf die anschließende Umverteilung durch die Senkung der Steuern auf Arbeitseinkommen und die Vermeidung von carbon leakage-Effekten[60] zurückzuführen. Leakage-Effekte sind neben Steuererleichterungen für das produzierende Gewerbe, wie z. B. in Norwegen und Schweden, auch durch Aufbau von Handelshemmnissen für Güter, die aus Ländern ohne Emissionsminderungsverpflichtungen stammen, sowie durch Einführung von Subventionen für die Standorterhaltung heimischer Firmen zu verringern (Maestad, 2001). Anders dazu Ekins und Speck (1999), die Ausnahmeregelungen für umweltintensive Industrien für kontraproduktiv hinsichtlich notwendigen Strukturwandels und der Erreichung umweltpolitischer Zielsetzungen erachten. Auch hier werden die Gesamteffekte eines Umweltsteuersystemes mit Rückvergütung über die Senkung anderer Steuern durch Erhöhung der Beschäftigung und Verbesserung der Umweltbedingungen als vorteilhaft bewertet. Ähnlich dazu äußert sich Hoel (1996), der eine Differenzierung der CO_2-Steuer nach Branchen ablehnt, da bei Erhebung optimaler Steuern negative Handelseffekte vermieden werden könnten. Ähnliche Ergebnisse zeigen Böhringer und Rutherford (1997), wonach Lohnzuschüsse in export- und energieintensiven Branchen kostengünstiger sind und mehr Arbeitsplätze erhalten als Steuerbefreiungen für diese Industriezweige.

Aus ökonomischer Sicht kann in der Einführung von handelbaren Emissionszertifikaten ebenfalls kein Nachteil im Vergleich zur Erhebung von Emissionssteuern gesehen werden. Gemäß Kemfert (1996b, 1998) führt die Zertifikatelösung zu einem geringeren Rückgang des Bruttoinlandsproduktes als die Einführung einer 20-prozentigen Emissionssteuer auf Treibstoffe und Kohle im Vergleich zu einem Szenario ohne Emissionsminderungsinstrumente. Während Manne und Richels (1994) noch von einem BIP-Rückgang von 0,2 bis 6,8 Prozent zur Stabilisierung des CO_2-Levels von 1990 ausgehen, sehen Hakonsen und Mathiesen (1997) unter Erweiterung des oben genannten Modelles sogar Wohlfahrtsgewinne bei Umver-

---

[58] Auf der anderen Seite erfolgt die Umverteilung der Ökosteuer durch Senkung der Lohnnebenkosten auf alle Wirtschaftsbranchen in gleicher relativer Höhe, auch auf die steuerlich bereits Begünstigten. Im Gegensatz dazu erfolgt die Reallokation der CO_2-Steuer in Dänemark lediglich entsprechend ihrer Beteiligung an der CO_2-Steuer (Felder und Schleininger, 2002).
[59] Im Gegensatz dazu wird in den skandinavischen Ländern (inkl. Dänemark), den Niederlanden und der Schweiz der Einsatz von Steinkohle besteuert, wobei die Stromerzeuger in Dänemark davon ausgenommen werden (Ekins und Speck, 1999).
[60] Länder ohne bindende Emissionsverpflichtung dienen als neue Standorte für energieintensive Industrien, die aus Annex I/B-Staaten dorthin verlagert werden.

teilung der CO_2-Steuern zur Reduktion der Arbeitskosten (auch Jorgenson und Wilcoxen, 1993). Hofkes (2001) kommt sogar zu dem Schluss, dass Produktion und Konsumtion mit positiven Wachstumsraten unter Beibehaltung der Umweltqualität möglich sind. Dies sei vor allem der Tatsache geschuldet, dass im Zuge der technologischen Entwicklung auch das Wissen über eine effiziente Nutzung von natürlichen Ressourcen zunimmt. Konträr dazu zieht das Energy Modeling Forum eine negative wirtschaftliche Bilanz, indem es bei Senkung der CO_2-Emissionen der USA auf das Kyoto-kompatible Maß einen Rückgang des BIP von bis zu 1,7 Prozent in 2010 erwartet (Gaskins und Weyant, 1993). Die Reallokation erfolgt bei dieser Betrachtung als Pauschalbetrag an die Haushalte.

Hinsichtlich der Wettbewerbskonformität, sind beide Instrumente als gleichrangig zu beurteilen. Ein Kritikpunkt gegenüber dem Zertifikatesystem besteht in der Möglichkeit etablierter Unternehmen, Zertifikate über den eigenen Bedarf hinaus aufzukaufen bzw. Absprachen hinsichtlich des Zurückhaltens solcher zu treffen, um damit die Markteintrittsbarrieren für neue Anbieter zu erhöhen. Derartige Wettbewerbsbeschränkungen gehen allerdings mit einer dauerhaften und erheblichen Finanzmittelbindung in den etablierten Unternehmen einher und bieten insbesondere vor dem Hintergrund eines großen und liquiden Marktes keinerlei rationale Begründung. Die Bildung derartiger Zusammenschlüsse ist zudem kartellrechtlich verboten.

Die Erstzuteilung der Zertifikate kann mittels eines Auktionssystemes oder einer vorrangigen Zuteilung an konventionelle Emittenten erfolgen. Die Versteigerung von Emissionsrechten sichert grundsätzlich die Gleichbehandlung von etablierten Unternehmen und potentiellen Wettbewerbern. Gegenüber den Altemittenten läuft diese Art der Versteigerung allerdings auf eine Entwertung der Eigentumsrechte hinaus, was zu verfassungsrechtlichen Problemen führen könnte. Eine kostenlose Erstvergabe von Zertifikaten an die etablierten Unternehmen läuft allerdings dem Prinzip entgegen, wonach jeder Emittent für seine individuelle Verschmutzung zu zahlen hat („Polluter Pays Principle"). Um mit dem Zertifikatesystem eine dynamische Lenkungswirkung zu erzielen, ist es jedoch notwendig, schrittweise Emissionszertifikate vom Markt zu nehmen und damit eine langfristige Senkung der Emissionsmengen zu bewirken.

Die klimarelevante Wirksamkeit von Emissionssteuern und Emissionszertifikaten lässt sich anhand der folgenden Bewertungskriterien zusammenfassen:

Tabelle 2-5: Bewertung umweltpolitischer Instrumente

Bewertungskriterium	Umweltpolitisches Instrument	
	Emissions-/ Energiesteuern	Handelbare Emissionszertifikate
Berücksichtigung des Verursacherprinzipes	ja	ja[61]
Einhaltung der Emissionsziele	nein	ja
Gesamtwirtschaftliche Lenkungswirkung	gering[62]	hoch
Berücksichtigung technischer und ökonomischer Parameter	gering[63]	hoch
Dynamische Anreizwirkung	hoch	hoch[64]
Wettbewerbskonformität	hoch	hoch

Quelle: nach Drillisch und Riechmann (1998)

2.2.2.1.2 Theoretische Modelle zur Einführung des Emissionshandels

Weithin unbestritten ist, dass zur Verringerung der erwarteten Klimaschäden durch die Konzentration von Kohlendioxid und anderen klimarelevanten Gasen in der Atmosphäre eine signifikante Senkung der Treibhausgase erforderlich ist. In Untersuchungen des Intergovernmental Panel on Climate Change (IPCC) wurde dargestellt, dass bis zum Ende dieses Jahrhunderts die mittlere Globaltemperatur um mehr als zwei Grad steigt, sofern eine Reduktion der Emissionen nicht kurzfristig zu nennenswerten Erfolgen führt. Danach ist bis zum Jahr 2050 eine Reduktion um 25 Prozent erforderlich (Houghton et al. 1996; Watson, 2001).

Neben der Senkung der absoluten Emissionen (Contraction) spielt die gerechte Verteilung von Emissionsrechten unter allen weltweiten Emittenten eine Schlüsselrolle in der Erzielung eines langfristig tragfähigen Konsenses. Als Ziel ist eine Angleichung der spezifischen Emissionen pro Einwohner aller Länder bzw. Regionen postuliert (Convergence). Ein derartiger Vorschlag wurde 1996 vom Global Commons Institute mit dem „Contraction and Convergence Concept" (C&C) formuliert (Global Commons Institute, 1996). Eine langfristige Angleichung der spezifischen Emissionswerte pro Einwohner folgt dem Gleichheitsgrundsatz, der das gleiche Recht zur Verschmutzung für alle Menschen vorsieht. Dabei spielen jedoch nicht nur Gerechtigkeitsaspekte eine Rolle; vielmehr sind diese auch der Tatsache geschuldet, dass ein Verhandlungsprozess voraussichtlich ein besseres Resultat erzielt, wenn dieser von allen Beteiligten als gerecht eingeschätzt wird (Bohm und

---

[61] Sofern eine entgeltliche Abgabe an die Emittenten erfolgt.
[62] Insbesondere in Beachtung von Ausnahmeregelungen, die energieintensive Branchen begünstigen.
[63] Mengenbezogene Steuern verlieren z. B. aufgrund von Inflation ihre Anreizwirkung.
[64] Sofern zur mittelfristigen Emissionssenkung regelmäßig Zertifikate vom Markt genommen werden sowie eine Preismanipulation auf dem Zertifikatemarkt ausgeschlossen ist.

Larsen, 1994; Rose, 1998). So hängt die Zustimmung der Schwellen- und Entwicklungsländer wesentlich davon ab, ob der ihnen zugestandene Anteil an globalen Emissionen im Langfristzeitraum als fair erachtet wird. Auch in der späteren Umsetzung von emissionsmindernden Maßnahmen dominieren die auf Kooperation aufbauenden Handelsszenarien (Tol, 2001a; Kemfert et al., 2001). Eine Verteilung der Emissionsrechte per capita führt allerdings nicht per se zu einer paretooptimalen Verbesserung der Schwellen- und Entwicklungsländer und impliziert damit ein Scheitern auf dem Verhandlungsweg (Chao und Peck, 2000). Rehdanz und Tol (2002) halten vielmehr die Vereinbarung nationaler Klimaschutzziele für erfolgreicher im Vergleich zur angestrebten multinationalen Einigung. Nationale Minderungsziele weisen den Vorteil auf, dass sie die inländischen Positionen und Meinungen hinsichtlich des Klimaschutzes mit der spezifischen Kostenstruktur des Landes verbinden und somit den Weg für die politische Einigung und legislative Definition ebnen.

Gemäß Böhringer und Welsch (1999, S. 2) wird die Übernahme eines C&C-Konzeptes auf weltweiter Basis durch die Einführung des Emissionshandels wesentlich erleichtert. Dabei können über einen Zeitraum von fünfzig Jahren die spezifischen Emissionswerte pro Einwohner egalisiert und im Resultat bei Einführung handelbarer Emissionszertifikate über alle beteiligten Regionen höhere Wohlfahrtseffekte erzielt werden als bei Ausschluss eines Handelssystemes (Bernstein et al., 1999; Böhringer, 2000).

Bislang unentschieden ist die mögliche Allokation der Emissionszertifikate bei Einführung eines globalen Handelssystemes. Unterschiedliche Optionen der Zertifikatsverteilung innerhalb der beteiligten Regionen und die Redistribution der Umsätze unter Fairnessaspekten hinsichtlich ihrer weltweiten ökonomischen Effekte wurden in der Vergangenheit entwickelt. Das Kyoto-Protokoll sieht den Emissionshandel nur für die industrialisierten Länder (Annex I/B) vor und orientiert sich in der anfänglichen Verteilung an den Reduktionszielen der jeweiligen Staaten. Kritisch an dieser Beschränkung des Zertifikatehandels ist die fehlende Berücksichtigung mittelfristiger Entwicklungsszenarien, besonders der Schwellen- und Entwicklungsländer, zu beurteilen. Sollte die Wachstumsdynamik ähnlich der bereits industrialisierter Länder verlaufen, ist in den nächsten Jahren mit einem signifikanten Anstieg des Energieverbrauches in den betreffenden Ländern zu rechnen (EIA, 2002; UNCTAD, 2002). Ohne entsprechende Vereinbarung eines maximalen Emissionsbudgets kann weltweit keine Senkung der Treibhausgase erreicht werden. Zudem besteht die Gefahr, dass Staaten mit definierten Reduktionszielen energie- und emissionsintensive Fertigungsstätten in Nicht-AnnexI/B-Staaten verlegen.[65] Um derartige carbon leakages zu vermeiden, müssten die Schwellen- und Entwicklungsländer den gleichen Minderungsverpflichtungen unterworfen werden, wie die

---

[65] Ein globaler Emissionszertifikatehandel aller Staaten schwächt mögliche Verlagerungsprozesse energieintensiver Industrien in Nicht-Annex B-Länder ab (Bernstein et al., 1999).

Annex I/B-Staaten. Aus Gründen der Gerechtigkeit ist in diesem Fall auch die Teilnahme am Emissionshandel vorzusehen (Kemfert, 2001). Ohnehin birgt der uneingeschränkte Handel von Emissionsrechten innerhalb der Annex B-Länder keine Garantie für eine effektive globale Emissionsminderung. Durch den Verkaufsüberschuss an Emissionsrechten der ehemaligen Sowjetrepubliken (Russland und Ukraine) ist vielmehr ein hot air-Effekt zu erwarten, der global zu einer Erhöhung des Ausstoßes führt. Der Emissionshandel erbringt in diesem Fall negative Ergebnisse im Vergleich zu national beschränkten Minderungsinitiativen (Bernstein et al., 1999; Böhringer, 2000). Gleichwohl ist für eine möglichst kostengünstige Umsetzung der Reduktionsziele eine umgehende Realisierung von Senkungsmaßnahmen notwendig (Tol, 1998a, 1999a, c). Gleiches gilt auch für eine frühzeitige antizipatorische Anpassung langlebiger Investitionsgüter auf zukünftig evtl. stärker ausgeprägte Wetterphänomene (Fankhauser et al., 1999).

Zur Anfangsverteilung an Emissionsrechten wurden eine Reihe von Optionen formuliert: Neben dem bereits dargestellten C&C-Konzept wird der Ansatz einer Verteilung gleicher Emissionsmengen je Einwohner eines Landes auf Basis der aktuellen emittierten Gesamtmenge mehrfach vertreten (Bertram, 1992; Grubb, 1995). Demgegenüber steht die Auffassung von Fujii (1990), wonach allen Menschen, insbesondere intertemporal, die gleichen Emissionsrechte zukommen sollten. Dies führt bei Berücksichtigung der gegenwärtigen demografischen Entwicklung (UNCTAD, 2002) notwendigerweise zu einem signifikanten Anstieg des globalen Anspruches auf Emission. Daneben existieren Ansätze, die eine Anfangsverteilung entsprechend der wirtschaftlichen Leistungsfähigkeit[66] favorisieren (Bohm und Larson, 1994). Eine weitere Möglichkeit der gerechten Lastverteilung bei der Reduktion von Emissionen besteht im Kompensationsprinzip, welches eine Entschädigung der am meisten von Klimaschäden betroffenen Länder durch die Verursacherstaaten vorsieht (Polluter Pays Principle). Als Abschreckungsinstrument genutzt, bietet dies sogar unter nicht-kooperativen Kontrollsystemen positive Ergebnisse (Kemfert und Tol, 2001). Eine Übersicht über mögliche Verteilungsszenarien geben Rose et al. (1998).

Analog zu Böhringer und Welsch (1999) sowie Painuly (2001), Bernstein et al. (1999), Leimbach (2003) kommt auch Kemfert (2001) zu dem Ergebnis, dass der überwiegende Anteil der Entwicklungsländer von einer globalen Einführung des Emissionshandels profitiert, insbesondere wenn die Rechtezuteilung nach dem Anteil der Weltbevölkerung in den jeweiligen Ländern erfolgt.

---

[66] Hier als Basis das Bruttosozialprodukt.

2.2.2.1.3 Einführung des Emissionshandels auf EU-Ebene

Die EU-Kommission hat im Jahr 2000 mit dem Grünbuch zum Emissionshandel (EU-Kommission, 2000a) die Initiative für ein EU-weites einheitliches System und ein gemeinschaftliches Regelwerk ergriffen. Mit einem Richtlinienvorschlag vom 23. Oktober 2001 wurde somit ein europäischer Rechtsetzungsprozess in die Wege geleitet.

Der EU-Richtlinienvorschlag (KOM (01) 581) geht von der verbindlichen Einführung eines EU-weiten Handels mit Treibhausgasemissionen nach einem System der festen Zuteilung handelbarer Zertifikate mit absoluten Reduktionsvorgaben für die Teilnehmer (sog. „cap and trade") und jährlicher Abrechnung der Emissionszertifikate aus. Nach einer Einführungsphase von 2005 bis 2007 soll sich die erste Hauptphase für die Jahre 2008 bis 2012 anschließen. Für die Zugangsberechtigung zum Emissionshandel ist ein zweistufiges Modell aus einer anlagengebundenen Genehmigung und handelbaren Berechtigungen für Emissionen vorgesehen. Grundsätzlich soll zumindest für die Pilotphase von 2005 bis 2007 eine kostenlose Zuteilung der Zertifikate („grandfathering") erfolgen. Nationale „Green Certificate"-Handelssysteme sind geplant bzw. existieren bislang z. B. in Dänemark, Italien und den Niederlanden (Dinica und Arentsen, 2003; Meyer und Koefoed, 2003; Lorenzoni, 2003; Boots, 2003).

Im Rahmen der Umweltratssitzung am 9. und 10. Dezember 2002 haben sich die EU-Umweltminister letztlich auf die Modalitäten für ein EU-weites Handelssystem mit Emissionsrechten geeinigt. Das System startet mit der Zuteilung der Emissionsrechte. Diese erfolgt auf der Basis eines bis zum 21. März 2004 jeweils national zu erstellenden Allokationsplanes. Die erste Phase – die sogenannte EU-Vorhandelsperiode – wird von 2005 bis 2007 stattfinden; die als Kyoto-Handelsperiode bezeichnete zweite Phase ist für den Zeitraum 2008 bis 2012 vorgesehen. In der ersten Phase werden nur CO_2-Emissionen berücksichtigt. Auch werden in der ersten Phase nur die Anlagenbetreiber aus den Branchen Energie, Eisenmetallerzeugung und -verarbeitung, Mineralverarbeitung sowie Zellstoff- und Papierindustrie in Abhängigkeit von leistungsbezogenen Schwellenwerten verpflichtet, am Emissionshandel teilzunehmen. Der Allokationsplan regelt mit der Zuteilung sogenannter Emissionsberechtigungen (allowances) die jeweils zugelassenen Mengen an Treibhausgasen innerhalb eines vorgegebenen Zeitabschnittes. Damit sind für die Unternehmen Emissionsgrenzen definiert. Die Emissionsrechte sind zwischen den Emittenten handelbar. Die nationalen Regierungen haben nach Artikel 25a des EU-Richtlinienentwurfes die Möglichkeit, bestimmte Anlagen und Tätigkeiten maximal bis zum 31. Dezember 2007 auszuschließen.

Weitere wichtige Eckpunkte der Einigung betreffen folgende Probleme:
- ∞ Die einzelnen Mitgliedstaaten entscheiden über die Zuteilung der Emissionsberechtigungen im eigenen Land und entwickeln einen nationalen Allokations-

plan. Bei der Aufstellung dieser Pläne können bereits erzielte Emissionsreduktionen berücksichtigt werden (early action). Für Deutschland ist mit der Kommission vereinbart worden, dass als Basisjahr für die Allokation der Emissionsrechte das Jahr 1990 gewählt werden kann. Weiterhin sollen in der ersten Phase die Emissionsrechte durch die Mitgliedstaaten kostenlos zugeteilt werden.

∞ In der zweiten Phase 2008-2012 können die einzelnen EU-Mitgliedsländer über die Einbeziehung zusätzlicher Branchen und weiterer Treibhausgase in das Handelssystem entscheiden. Dieses „opt in" betrifft insbesondere die Einbeziehung der Chemie- und Aluminiumindustrie. In dieser Phase sollen lediglich 90 Prozent der Emissionsrechte kostenlos an Unternehmen verteilt werden, während die restlichen 10 Prozent versteigert werden können.

∞ Jede natürliche oder juristische Person kann Emissionsberechtigungen erwerben und am Handel teilnehmen, auch wenn sie nicht Betreiber einer der genannten Anlagen ist.

∞ Die einzelnen Mitgliedstaaten können Anlagenbetreibern erlauben, sich innerhalb ihrer Branche zu einem Pool zusammenzuschließen, um mittels eines Treuhänders im Emissionshandel gemeinsam aufzutreten.

∞ Die Mitgliedstaaten müssen dafür sorgen, dass die Anlagenbetreiber jährlich über die Emissionen ihrer Anlagen der zuständigen Behörde Bericht erstatten.

Die Einbeziehung von Emissionsreduktionen aus Projekten des JI oder CDM soll in einer weiteren Richtlinie geregelt werden und ab 2005 möglich sein.

Neben den direkten staatlichen Eingriffen zur Produktionssteuerung durch Einschränkung von Primärenergieoptionen, wie dem Kernenergiekonsens, sind gleichwohl positive Impulse zur Förderung alternativer Erzeugungstechnologien gefordert.

2.2.2.2 Förderung regenerierbarer Energien und Energieeffizienzsteigerungen

Eine Reihe europäischer Länder haben bislang nationale, energiepolitische Richtungsänderungen eingeschlagen. Diese sind sowohl in konzertierten Plänen zur Energiepolitik zusammengefasst, als auch als Einzelmaßnahmen im Rahmen eines Gesamtkonzeptes definiert.[67]

Die Ausweitung des Nutzungsumfanges erneuerbarer Energien wird in Deutschland derzeit durch verschiedene staatliche Fördermaßnahmen unterstützt. Dazu gehören das

1. Erneuerbare-Energien-Gesetz, mit dem die Verstromung erneuerbarer Energien gefördert wird,
2. das Markteinführungsprogramm für erneuerbare Energien, das insbesondere dem Einsatz von Solarkollektoren, aber auch der rationellen Energieanwendung zugute kommt und

---

[67] Hier z. B. der Danish Energy Plan Energy 21, der mittelfristig nationale Minderungsziele realisiert und gleichzeitig positive Beschäftigungs- und Wohlfahrtseffekte ermöglicht (Lund, 1999).

3. das 100.000-Dächer-Programm, mit dem Investitionen in Photovoltaikanlagen erleichtert werden.

Bislang noch nicht in ausreichendem Umfang berücksichtigt ist hingegen die Möglichkeit des Technologietransfers hinsichtlich erneuerbarer Energien in Entwicklungsländern. Dabei kann außerdem eine doppelte Dividende erzielt werden, die sich durch sinkende Herstellungskosten für diese neuen Technologien aufgrund von Lerneffekten als auch durch frühzeitige Weichenstellung der zukünftigen Energiepolitik der betreffenden Regionen auszeichnet. Technologische Kooperationen und Subventionen von Technologietransfers sind aus dem Blickwinkel einer effektiven Emissionsminderung hierbei die probatesten Optionen (Tol et al., 2001b) und erzeugen im überwiegenden Teil der Entwicklungsländer bessere Ergebnisse bei der Verringerung der Klimafolgen als klassische Entwicklungshilfe (Tol, 2002c). Werden Verhandlungen über Treibhausgasemissionen zudem im Zusammenhang mit denen über Technologietransfers geführt, steigt der Anreiz zur Kooperation der Vertragspartner wesentlich (Tol et al., 2000). Voraussetzung für die Stabilität derartiger Koalitionen ist allerdings das Interesse aller Koalitionspartner an der entsprechenden Technologie und das Nutzungsverbot bei Austritt aus der Koalition.

2.2.2.2.1 Das Erneuerbare-Energien-Gesetz

Die größten Wachstumsimpulse gehen derzeit von dem „Gesetz für den Vorrang Erneuerbarer Energien" (EEG) aus. Das Ziel des EEG besteht in der Förderung des Ausbaues der erneuerbaren Energien zur Stromerzeugung als zentralem Element des Klimaschutzes und der Erhöhung des Anteiles erneuerbarer Energien an der Stromversorgung mit der Intention, bis 2010 mindestens eine Verdopplung des Anteiles zu erreichen. Kernpunkt der Neuregelung ist die Mindestpreisregelung mit der Pflicht der nächstgelegenen Netzbetreiber zur Aufnahme und Vergütung des Stromes aus erneuerbaren Energien. Das Gesetz schreibt zusätzlich die Weiterleitung der Vergütungen an die Übertragungsnetzbetreiber (Hochspannungsnetz) mit Pflicht zum bundesweiten Ausgleich der unterschiedlichen Belastungen vor (§ 11 EEG) und hebt damit die Fünfprozentdeckelung des alten Stromeinspeisungsgesetzes auf, die eine überdurchschnittliche Belastung der norddeutschen Netzbetreiber vermeiden sollte, andererseits aber auch ein Hemmnis in der weiteren Markteinführung z. B. der Windenergie in dieser Region, darstellte. Ferner sieht das Gesetz eine Kaufpflicht der Energieversorgungsunternehmen in anteiliger Menge vor, die Endverbraucher beliefern (§ 11 Abs. 4). Damit wird erreicht, dass regional unterschiedliche Belastungen aus der Einspeisung erneuerbarer Energien bundesweit verteilt werden. Neu im Vergleich zum Stromeinspeisungsgesetz, welches durch das EEG abgelöst wurde, ist die Zuordnung der Kosten des Netzausbaues zum Netzbetreiber, der diese bei der Ermittlung des Netznutzungsentgeltes in Ansatz bringen kann. In der Vergangenheit wurden diese Kosten i. d. R. den Anlagenbetreibern zusätzlich zu den Netzanschlusskosten zugerechnet, so dass auch aus diesem

Grund die Wachstumsdynamik bei den erneuerbaren Energien vergleichsweise geringer ausfiel.

Bei der Mindestvergütung an die Einspeiser wird die Vergütungshöhe differenziert nach Sparten der erneuerbaren Energien, nach Größe der Anlagen und bei Windenergie nach Windstandort. Vergütet werden sämtliche Einspeisungen, die im Geltungsbereich des Gesetzes oder in der Ausschließlichen Wirtschaftszone (AWZ) gewonnen werden. Damit wird die Einspeisung von Strom aus Wind-Offshore-Anlagen außerhalb der Zwölfmeilenzone ermöglicht. Durch eine maximale Laufzeit von 20 Jahren und die Garantie fester Sätze pro eingespeister Kilowattstunde wird die Planungs- und Investitionssicherheit gewährleistet. Neben der Beibehaltung des Ausbaues der Windenergienutzung auf hohem Niveau zielt das EEG auf eine ähnliche Dynamik bei der Biomasse sowie den Start der Nutzung der Photovoltaik und der Geothermie zur Stromerzeugung. Ab 2002 werden degressive Vergütungssätze für dann neu zu errichtende Anlagen eingeführt. Regelmäßige Überprüfungen der Vergütungssätze für Neuanlagen sind alle zwei Jahre vorgesehen.

Für die Vergütungssätze der Windkraft hat die neue Regelung notwendigen Standortdifferenzierungen Rechnung getragen. Mit der Neufassung wird eine technikneutrale Differenzierung der Vergütungshöhen je nach Ertragskraft des Standortes eingeführt. Über eine zwanzigjährige Betriebszeit gerechnet, führt die Neuregelung an sehr guten Standorten zu einer nachhaltigen Absenkung der Vergütungshöhe auf 6,9 Cent pro Kilowattstunde, an durchschnittlich windgünstigen Standorten zu einer Stabilisierung des 1999 erreichten Niveaus von 8,4 Cent pro Kilowattstunde und an Binnenlandstandorten zu einer geringfügigen Anhebung auf 9,1 Cent pro Kilowattstunde. Auf diese Weise soll vermieden werden, dass an windstarken Standorten eine höhere als betriebswirtschaftlich notwendige Vergütung gezahlt wird sowie ein Anreiz zur Investition an Binnenlandstandorten geschaffen werden. Die Divergenz der durchschnittlichen Vergütung resultiert aus der unterschiedlich langen Zeitdauer, in der die erhöhte Anfangsvergütung[68] gezahlt wird. Die Degression der Vergütungssätze beträgt jährlich 1,5 Prozent ab 2002 für neu in Betrieb gehende Windkraftanlagen.

Langfristig unzureichend geregelt ist die Vergütung für Strom aus solarer Strahlungsenergie. Danach werden 50,6 Cent pro Kilowattstunde vergütet mit einer jährlichen Degression der Vergütungssätze von fünf Prozent. Diese Regelung gilt allerdings nur bis zur Erreichung von 350 MW bundesweit installierter Leistung,

---

[68] Die Zeit, in der eine erhöhte Anfangsvergütung von 9,1 ct/kWh gezahlt wird, beträgt regelmäßig fünf Jahre (für Offshore-Anlagen neun Jahre). Danach beträgt die Vergütung 6,2 ct/kWh, sofern die Anlage einen definierten Referenzertrag erreicht hat. Wird dieser unterschritten, was bei weniger windstarken Standorten der Fall sein dürfte, tritt eine Verlängerung der Zahlungsdauer der erhöhten Vergütung ein, die sich nach einem festgelegten Schema berechnet (siehe hierzu die Erläuterungen in § 7 Abs. 1).

die sich auf die bis zur Einführung des 100.000-Dächer-Programmes installierten 50 MW zuzüglich der durch das o. g. Förderprogramm initiierten Neuinstallation von weiteren 300 MW beziehen. Eine geeignete Anschlussregelung, deren Vergütungssätze sich an einer wirtschaftlichen Betriebsführung unter Berücksichtigung der erreichten Kostendegression in der Anlagentechnik orientiert, wird erst vor Entfallen der Vergütungsverpflichtung nach § 8 Abs. 1 getroffen.

Die für die Vergütung von Strom aus Biomasse geregelte Differenzierung nach der elektrischen Leistung trägt den höheren Stromgestehungskosten kleinerer dezentraler Anlagen Rechnung. Danach werden für Strom aus Anlagen bis einschließlich einer elektrischen Leistung von 500 Kilowatt mindestens 10,2 Cent pro Kilowattstunde gezahlt, bis einschließlich einer elektrischen Leistung von 5 Megawatt mindestens 9,2 Cent pro Kilowattstunde und ab einer elektrischen Leistung von 5 Megawatt mindestens 8,7 Cent pro Kilowattstunde.[69] Die Mindestvergütungen sind degressiv ausgestaltet und werden ab 2002 jährlich um ein Prozent für neu zu errichtende Anlagen gesenkt.

Insgesamt bietet das EEG eine verlässliche Grundlage zur Marktdynamisierung im Bereich der Stromerzeugung aus erneuerbaren Energien. Ausdrücklich sei hier darauf hingewiesen, dass unter den gegebenen rechtlichen und ökonomischen Rahmenbedingungen eines liberalisierten Strommarktes ein Betrieb bzw. der Neubau von auf erneuerbaren Energien basierenden Stromerzeugungsanlagen ohne die Vergütungsregelungen des EEG nach dem derzeitigen Technikstand nicht wirtschaftlich ist.

2.2.2.2.2 Das 100.000-Dächer-Solarstromprogramm

Anfang 1999 startete in Verlängerung des „1.000-Dächer-Programm" das erweiterte „100.000-Dächer-Solarstromprogramm". Dieses Programm hatte zum Ziel, rund 100.000 Photovoltaikanlagen mit einer durchschnittlichen Spitzenleistung von 3 kW, d. h. insgesamt rund 300 MW zu installieren. Bis Ende 2002 wurde mit diesem Programm insgesamt eine installierte PV-Leistung von über 200 MW erreicht.

Für die Errichtung und Erweiterung von Photovoltaikanlagen ab einer installierten Spitzenleistung von ca. 1 kW_p werden zinsverbilligte Darlehen gewährt, die bis zu 100 Prozent der Investitionskosten abdecken. Die förderfähige Höhe der Darlehen sinkt ab 2001 um jährlich 5 Prozent. Das 100.000-Dächer-Programm dient in seiner Ausgestaltung zwar der Förderung der Solarenergienutzung, wesentlichstes Element einer Investitionsentscheidung zugunsten einer Photovoltaikanlage dürfte allerdings das EEG mit seinen Einspeisevergütungen darstellen.

---

[69] Die Vergütung innerhalb der größten Leistungsklasse erfolgt allerdings erst ab In-Kraft-Treten der Verordnung zur Bestimmung von Biomasse, welche ab dem 22. Juni 2001 in Kraft getreten ist (Verordnung über die Erzeugung von Strom aus Biomasse).

Die Schwerpunkte des Förderprogrammes für „Maßnahmen zur Nutzung erneuerbarer Energien" liegen im Wesentlichen im Bereich der Wärmenutzung und -erzeugung aus erneuerbaren Energien sowie Energieeinsparungsmaßnahmen. Darauf soll an dieser Stelle nicht näher eingegangen werden.

2.2.2.2.3 Förderung von Energieeffizienzsteigerungen

Energieeffizienz entspricht im gewählten Zusammenhang der insgesamt erreichten Energieausnutzung unter Einschluss aller Umwandlungsstufen vom Energieerzeuger bis zum Endverbraucher. Die Förderung von Effizienzsteigerungen kann also an vielen Stufen ansetzen.

An dieser Stelle soll auf lediglich zwei Ansatzpunkte der Erhöhung der Energieeffizienz im Stromsektor eingegangen werden: Am Beginn der Umwandlungskette stehen die Kraftwerke, die entsprechend ihrer technischen Auslegung eine partielle Umwandlung des energetischen Gehaltes des Brennstoffes in Elektrizität vornehmen. Neben der drastischen Senkung der klassischen Luftschadstoffe wurde mit der Großfeuerungsanlagen-Verordnung aus dem Jahr 1983[70] eine umfangreiche Modernisierung des Kraftwerksparkes angestoßen. Zur Energieeffizienzsteigerung tragen die Verbesserungen von technischen Parametern und die Einführung neuer Technologien bei Kraftwerksneubauten sowie Maßnahmen zur Ertüchtigung und Optimierung der Betriebsführung bei bestehenden Anlagen bei. Im Zuge der Modernisierung wurden die Wirkungsgrade der Kraftwerke erhöht und damit die spezifischen CO_2-Emissionswerte verringert. Die Sanierung wurde in den alten Bundesländern 1993 abgeschlossen. Einen weitaus größeren Effizienzschub erfuhren die Kraftwerke der neuen Bundesländer. Mit Ausweitung der Gültigkeit der Emissionsgrenzwerte auf die 275 Großfeuerungsanlagen der neuen Bundesländer im Jahr 1990 wurde ein Teil der Kraftwerke aufgrund der Altersstruktur und der sehr niedrigen Wirkungsgrade stillgelegt. Die verbleibenden Anlagen wurden umfangreich modernisiert. Daneben erfolgten eine Reihe von Kraftwerksneubauten auf Braunkohlebasis, die weltweit zu den modernsten gehören und teilweise höhere Effizienzindikatoren aufweisen als der Durchschnitt der bestehenden Steinkohlekraftwerke.

Zweites Beispiel sind die im privaten und kommerziellen Bereich auftretenden Leerlaufverluste. Sie sind ein Beispiel für die nichtenergetische Nutzung von Strom. Leerlaufverluste treten auf, wenn Geräte ihre eigentliche Funktion nicht erfüllen, z. B. die Bereitschaftshaltung (sog. Stand-by-Schaltung), und dennoch Strom verbrauchen. In deutschen Büros und privaten Haushalten werden mindestens 20 Milliar-

---

[70] 13. Verordnung zur Durchführung des Bundes-Immissionsschutzgesetzes – 13. BImSchV. Mittlerweile ist auch auf EU-Ebene eine Verschärfung der emissionsrechtlichen Bestimmungen durchgesetzt worden: Am 4. Juli 2001 wurde dem EU-Parlament eine Richtlinien-Novelle zur bislang geltenden Großfeuerungsanlagen-Richtlinie zur Verabschiedung vorgelegt.

den kWh pro Jahr im Leerlauf verbraucht (Bundesumweltamt, 2000). Dies entspricht rund 4,4 % des gesamten Stromverbrauches in Deutschland.

Eine wirksame Senkung von Leerlaufverlusten erreicht man durch ausschaltbare Steckdosen bei Geräten, die in den Stand-by-Modus übergehen, bei Steckernetzteilen oder Modems. Internationale Gruppierungen entwickelten in diesem Zusammenhang einfache Kennzeichnungen zur Klassifizierung von Energieeffizienzindikatoren, wie z. B das Energiesparzeichen der europäischen Group of Efficient Appliances (GEA). Die jährlich der Marktentwicklung angepassten Grenzwerte werden so gewählt, dass etwa ein Viertel der angebotenen Geräte die Anforderungen erfüllt. Die Kennzeichnung der Geräte mit Energielabels wird zukünftig durch die im April 2005 verabschiedete EU-Rahmenrichtlinie flankiert, die der Industrie mit entsprechenden technischen Vorgaben vorschreibt, Energieverbräuche im Betrieb und Stand by-Modus zu senken und entsprechende Grenzwerte einzuhalten (Gack, 2005).

2.2.2.3 Nationale und sektorale Klimaschutzinitiativen

2.2.2.3.1 Das nationale Klimaschutzprogramm der Bundesregierung

Das vom Bundeskabinett im Oktober 2000 verabschiedete nationale Klimaschutzprogramm (BMU, 2000) hat eine über zehn Jahre währende Historie. Die Bundesregierung formulierte mit den Kabinettsbeschlüssen zur Verminderung energiebedingter CO_2-Emissionen bereits am 13. Juni und 7. November 1990, am 11. Dezember 1991 und 29. September 1994 die Reduzierung der energiebedingten CO_2-Freisetzung bis 2005 um 25 bis 30 Prozent, bezogen auf das Jahr 1987, als politisches Ziel. Anlässlich der 1. Vertragsstaatenkonferenz zur Klimarahmenkonvention in Berlin wurde auf der Basis des international üblichen Bezugsjahres 1990 das Mengenziel auf 25 Prozent Minderung bis 2005 festgelegt. Gleichzeitig sollten auch die Emissionen anderer Treibhausgase – insbesondere Methan, Lachgas und FCKW – zurückgeführt werden.

Vormals definierte Maßnahmen zur Energieeinsparung (z. B. Anreize zur Änderung des Verbraucherverhaltens, Niedrigenergieverbrauchsstandards für Elektrogeräte, Erhöhung von Kraftwerkswirkungsgraden) sowie zur Substitution (z. B. verstärkte Nutzung von fossilen Energieträgern mit geringerem Kohlenstoffanteil, stärkere Einbindung von regenerativen Energien) wurden im Nationalen Klimaschutzprogramm (Beschluss der Bundesregierung vom 18. Oktober 2000) konkretisiert. Danach sind u. a. folgende Maßnahmen geplant:

∞ Gebäudebereich: Verminderung der CO_2-Emissionen im Gebäudebereich um ein Viertel bis 2005 (Basis 1990) durch
- Energieeinsparverordnung zur Reduzierung des Energiebedarfes von Neubauten gegenüber dem bisherigen Standard um rund 30 Prozent sowie Nachrüstverpflichtungen im Gebäudebestand und die Verschärfung der Anforderungen bei baulichen Veränderungen
- Ausweitung und Fortführung der Förderprogramme zur besseren Erschließung der technischen Potentiale zur CO_2-Minderung im Gebäudebestand

∞ Energiewirtschaft:
- Verdopplung des Anteiles erneuerbarer Energien am Primärenergieverbrauch auf 5 Prozent und in der Stromerzeugung auf 10 Prozent bis 2010
- Erhöhung des Anteiles der erneuerbaren Energien am Primärenergieverbrauch auf 25 Prozent bis 2030 und auf 50 Prozent bis 2050
- Ausbau der Kraft-Wärme-Kopplung

∞ Industrie:
- Konkretisierung der Vereinbarung zwischen der Bundesregierung und der deutschen Wirtschaft zur Klimavorsorge durch Zusagen der einzelnen Branchen, um die bisherigen Minderungsziele zu verbessern.

2.2.2.3.2 Die Selbstverpflichtung der deutschen Wirtschaft zum Klimaschutz

Die deutsche Wirtschaft hat erstmals 1995 eine Erklärung zur Klimavorsorge abgegeben. Bereits ein Jahr später wurde die Erklärung der deutschen Wirtschaft zur Klimavorsorge aktualisiert und erweitert. Gegenwärtig wird sie von fünf Spitzenverbänden der deutschen Wirtschaft und 14 Verbänden des produzierenden Gewerbes unter Federführung des BDI getragen. Daneben existiert eine separate Selbstverpflichtung der deutschen Automobilindustrie zur Reduzierung des spezifischen Kraftstoffverbrauches. In dieser ersten Erklärung wurde ein Minderungsziel von zwanzig Prozent für 2005 gegenüber dem Jahr 1990 hinsichtlich der spezifischen CO_2-Emissionen erklärt.

Mit der erweiterten und aktualisierten Erklärung der deutschen Wirtschaft, der „Vereinbarung zwischen der Regierung der Bundesrepublik Deutschland und der deutschen Wirtschaft zur Klimavorsorge" vom 9. November 2000 (Bundesregierung, 2000), hat sich diese darüber hinaus verpflichtet, die spezifischen Emissionen über alle sechs „Kyoto-Gase", ausgedrückt in CO_2-Äquivalenten, um 35 Prozent gegenüber 1990 bis 2012 zu senken und bis 2005 eine spezifische CO_2-Emissionsminderung von 28 Prozent im Vergleich zu 1990 zu erreichen. Die Umsetzung der Minderungsziele wird dabei von einem unabhängigen, wirtschaftswissenschaftlichen Institut (RWI Essen) beobachtet und die Ergebnisse in regelmäßigen Monitoringberichten zusammengefasst.

Kritik besteht am Instrument einer freiwilligen Selbstverpflichtung. Wie bereits 1995 vom DIW geäußert, bieten Selbstverpflichtungen kein geeignetes Instrumentarium zur Erreichung umweltpolitischer Ziele (Kohlhaas et al., 1995). Ihre Popularität und häufige Anwendung ist vielmehr der Tatsache geschuldet, dass Regierungen freiwillige Selbstverpflichtungen von Industrieverbänden bevorzugen, wenn eine präzise Definition der Basis für eine Besteuerung schwierig bzw. zwischen den Vertragsparteien kaum durchsetzbar ist (Nyborg, 2000). Die Zustimmung der Industrieverbände in diesen Fällen ist darauf zurückzuführen, dass sie die Einführung von Steuern antizipieren und mit einer freiwilligen Selbstvereinbarung diese abzuwenden hoffen.

Selbst bei einer nachträglichen Einführung einer Steuer stellt für energieintensive Unternehmen die Kooperation bei bilateralen Verpflichtungen im ersten Schritt ein rationales Verhalten dar, um Zeit für notwendige Anpassungsprozesse zu gewinnen (Conrad, 2001). Die Effizienz der Selbstverpflichtung hängt demnach davon ab, wie alternative gesetzliche Regelungen ausgestaltet und vollzogen werden sowie deren Umsetzung geregelt und kontrolliert wird. Für eine optimale Verhandlungsposition erweist sich dabei ein möglichst großes und realistisches Drohpotential als zielführend (Knebel und Wicke, 1999). Die Unternehmensverbände als Vertragspartner müssten erreichen, dass Reduktionsmaßnahmen an der wirtschaftlich effektivsten Stelle vorgenommen werden und deren Umsetzung gewährleisten. Die Unternehmensverbände verfügen bei Einsatz eines derartigen Instrumentariums allerdings genauso wenig wie der Staat über geeignete Sanktionsmechanismen, die eine Durchsetzung garantieren. In der abgegebenen Form werden von den Industrieverbänden Reduzierungen von spezifischen Emissions- und Energieverbrauchswerten angeboten (Bundesregierung, 2000 und 2001). Die Bundesregierung hat jedoch ein absolutes CO_2-Reduktionsziel formuliert (BMU, 2000). Bei einer Ausweitung der Produktion können die Freisetzungen daher absolut noch zunehmen.

Kritik wurde in der Vergangenheit von der EU-Wettbewerbskommission über den Beihilfecharakter[71] der Ausnahmeregelungen der Ökosteuer geäußert (o. V., 2001d). Da die Selbstverpflichtung der deutschen Wirtschaft auf freiwilliger Basis erfolgte, sind nach Ansicht der EU-Kommission die zahlreichen, bislang geltenden Ausnahmetatbestände nicht legalisiert. Eine Legalisierung könnte durch die Umwand-

---

[71] Die ursprüngliche Intention der Steuererleichterungen für einige Branchen bestand darin, diese vor komparativen Nachteilen im internationalen Wettbewerb zu schützen (Böhringer und Rutherford, 1997; Böhringer et al., 2001). Die Ausnahmeregelungen der Ökosteuer begünstigen energieintensive Branchen wie Bergbau, Chemie- sowie Eisen- und Stahlindustrie mit einem Steuernachlass von bis zu 80 Prozent und stellen nach Ansicht der EU-Kommission eine unerlaubte Beihilfe dar. Diese Steuerermäßigungen sind auf Dauer eine ungerechtfertigte Subventionierung der heimischen Industrie. Da die Ökosteuer in den nächsten Jahren weiter steigen soll, würde dies eine Erhöhung der gewährten Steuernachlässe bedeuten und die steigende Subventionierung einem Grundsatz der europäischen Wettbewerbspolitik zuwiderlaufen, nach dem Beihilfen grundsätzlich degressiv ausgestaltet sein müssen.

lung der Selbstverpflichtung in ein Gesetz erfolgen, das die Verwirklichung international anerkannter Klimaschutzziele zum Inhalt hat (Goffart, 2001; o. V., 2001d; Goffart et al., 2001). Diesen Weg sind die Niederlande bereits gegangen, wo die Selbstverpflichtung der holländischen Industrie in gesetzliche Bestimmungen verwandelt wurde. Mit dieser Umwandlung wurden die Ausnahmetatbestände der Ökosteuer für das produzierende Gewerbe legalisiert und mit dem EU-Wettbewerbsrecht in Einklang gebracht.

2.2.2.3.3 Der Beitrag der Elektrizitätserzeuger zur Emissionsminderung

Im Rahmen des 1995 von der deutschen Wirtschaft definierten Reduzierungspotentials hatten sich die Elektrizitätsunternehmen der öffentlichen Versorgung[72] zu einem absoluten Minderungsziel von zwölf Prozent bis zum Jahr 2015 verpflichtet. Basis für die angekündigte Reduktion war das Jahr 1990 mit einem Gesamtausstoß von 289 Mio. t. Daraus ergab sich für 2015 ein Maximalausstoß an Kohlendioxid von etwa 254 Mio. t. p. a.

1990 wurden bei der Stromerzeugung durch die öffentlichen Stromversorger bundesweit etwa 289 Mio. t CO_2 ausgeschieden (VDEW, 2001b). Diese Menge konnte bis 2000 auf 267 Mio. t CO_2 (-7,6 Prozent) gesenkt werden (VDEW, 2001c). Der Hauptanteil der Minderung entfällt dabei auf die Umstrukturierung der ostdeutschen Energiewirtschaft und den Rückgang aller anderen industriellen Wirtschaftssektoren im Beitrittsgebiet. Die relative Emissionsminderung wird nach Abschluss der Neuinvestitionen und Vitalisierung der Erzeugungskapazitäten in der Zukunft erwartungsgemäß geringer ausfallen.

---

[72] Hier vom VDEW als Vertreter der öffentlichen Stromversorger.

Abbildung 2-2: Entwicklung des CO_2-Ausstoßes der öffentlichen Stromversorger

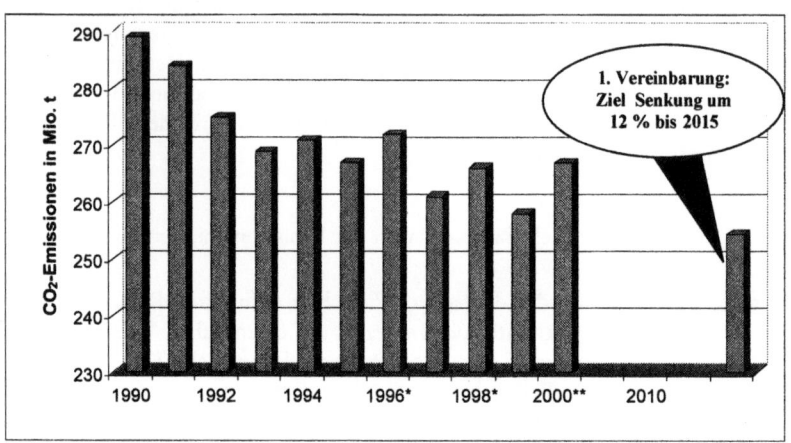

*vorläufig, **geschätzt
Quelle: VDEW (2001c), eigene Berechnungen

Mit der Konkretisierung der gesetzlichen Rahmenbedingungen zur Beendigung der kommerziellen Nutzung der Kernenergie zur Stromerzeugung wurde indes durch die Stromwirtschaft seitens des VDEW die bestehende Selbstverpflichtung relativiert und in wesentlichen Aussagen modifiziert. Am 25. Juni 2001 erfolgte die Unterzeichnung einer Ergänzung zur Klimavereinbarung vom 9. November 2000. Die vormals in 1995 getroffene Verpflichtung zur Reduzierung absoluter CO_2-Emissionen wurde in diesem Zusammenhang aufgekündigt.

Stattdessen wurde das Minderungsziel, entsprechend der Schwerpunktsetzung der Bundesrepublik hinsichtlich des KWK-Ausbaues, neu definiert. Durch den Erhalt, die Modernisierung und den Zubau von KWK-Anlagen[73] soll bis 2010 ein Minderungsziel von mindestens 20 Mio. t pro Jahr (Basis 1998 mit 266 Mio. t) erreicht werden. Zusätzlich wurde die Reduktion von 25 Mio. t bis 2010 vereinbart, die auf sonstigen Maßnahmen wie der Modernisierung des Kraftwerksparkes, des beschleunigten Ausbaues erneuerbarer Energien u. a. beruhen. In der Summe hätten die genannten Minderungen einen Absolutausstoß von 221 Mio. t in 2010 erreicht. Die Relativierung dieses absoluten Wertes wurde jedoch durch die folgende Einschränkung postuliert: *„Bei diesen CO_2-Minderungen sind die infolge der Kernenergie-Verständigung möglichen CO_2-Emissionserhöhungen nicht berücksichtigt..."* (Bundesregierung, 2001) . Nach Unterzeichnung der Ergänzung wurde der Anstieg der absoluten Emissionen aus diesem Grunde bereits angekündigt (VDEW, 2001d).[74]

---

[73] Einschließlich kleiner Blockheizkraftwerke und der Markteinführung von Brennstoffzellen.
[74] Gleiche Aussagen enthält der Energiereport des Bundeswirtschaftsministeriums, der von einer Erhöhung der CO_2-Emissionen bis zu 74 Mio. t p. a. ausgeht (BMWi, 2001).

2.3. HORIZONTALE MARKTSTRUKTUR UND MARKTMACHT IN DEUTSCHLAND

2.3.1. Die Marktstruktur in dem Erzeugungssektor

Der Elektrizitätsmarkt in Deutschland ist durch eine scheinbar dezentrale und pluralistische Struktur gekennzeichnet. Insgesamt betätigen sich etwa 900 Stromversorger in den Bereichen Erzeugung, Transport und Verteilung.

Auf der überregionalen Verbundebene sind jedoch im Wesentlichen vier[75] EVUs tätig, die Kraftwerke und Anlagen zur Fortleitung der bereitgestellten Energiemengen (Übertragungs- und Verteilernetze) betreiben. Diese Verbundunternehmen sind in der Deutschen Verbundgesellschaft e. V. (DVG)[76] zusammengeschlossen und betreiben in dieser Funktion zu 90 Prozent die Höchst- und Hochspannungsnetze.

Diese Unternehmen vereinen alle drei Geschäftsbereiche Erzeugung, Übertragung (Hochspannungsnetze) und Verteilung (Mittel- und Niederspannungsnetze) in sich, wobei nach der Einführung des neuen Energiewirtschaftsgesetzes eine organisatorische Trennung in eigenständige Gesellschaften vollzogen wurde, durch unveränderte Eigentumsstruktur jedoch keine wettbewerblichen Rahmenbedingungen initiiert wurden. Die Verbundunternehmen treten in ihrem Versorgungsgebiet mittels eigener Verteilungsanlagen als Direktversorger auf und/oder versorgen als Vorlieferanten regionale EVUs, die eigene Verteilernetze besitzen. Im Bereich der Erzeugung haben die Unternehmen der DVG 1998 rund 80 Prozent der von öffentlichen Kraftwerken (Verbundunternehmen und sonstige öffentliche Kraftwerke) erzeugten Arbeit erbracht.

---

[75] Dabei handelt es sich um RWE, E.ON, Vattenfall sowie EnBW.
[76] Die DVG versteht sich als Verband der systemverantwortlichen Übertragungsnetzbetreiber in Deutschland, die allerdings über keine eigenen Betriebsmittel verfügt. Die Höchstspannungsnetze stehen jeweils im Eigentum der Verbundunternehmen.

Abbildung 2-3: Anteile der Stromerzeuger an der erzeugten Arbeit zum Zeitpunkt der Marktöffnung 1998

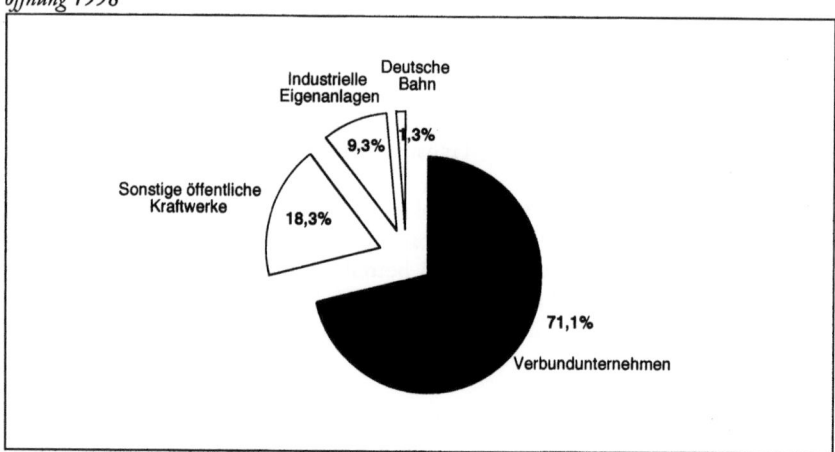

Quelle: VDEW (1999), Geschäftsberichte der Verbundunternehmen

Neben der Versorgung im traditionellen Liefergebiet erfüllen die Verbundunternehmen zugleich Aufgaben im nationalen (DVG) und europäischen Stromverbund (UCPTE)[77], die im Wesentlichen das Betreiben von Erzeugungs- und Übertragungsanlagen im nationalen und europäischen Verbund, die Beteiligung an der Frequenz-Leistungsregelung des Verbundes sowie die Reservevorhaltung an Erzeugungs- und Netzkapazitäten beinhalten.

Die ca. 80 regionalen EVUs sind größtenteils durch die Zusammenfassung der Stromversorgung von mehreren, wirtschaftlich leistungsschwachen Gemeinden entstanden. Dabei nehmen die Regionalversorger nicht nur Aufgaben der Stromversorgung wahr, sondern betätigen sich ebenfalls in den Bereichen Wasser-, Fernwärme- und Gasversorgung sowie in der Wasser- und Abfallentsorgung. Dabei wird häufig die Organisationsform des Querverbundunternehmens gewählt.

Die Arbeitsgebiete der Lokalunternehmen beschränken sich in der Regel auf das jeweilige Stadt- oder Gemeindegebiet. Von den über 900 kommunalen Versorgungsunternehmen (Zenke, 1998) sind knapp 60 Prozent direkt in der Elektrizitätsversorgung tätig. Dabei übernehmen die kommunalen Unternehmen im Wesentlichen die Verteilung des vom Regionalversorger bezogenen sowie des selbst erzeugten Stromes zu den Endverbrauchern. Auf lokaler Ebene bezieht sich die Stromerzeu-

---

[77] Mitgliedsländer der UCPTE (Union pour la Coordination de la Production et du Transport de l'Electricité) sind: Belgien, Deutschland, Spanien, Frankreich, Griechenland, Italien, Slowenien, Kroatien, Bosnien, die südöstlichen Gebiete Ex-Jugoslawiens, Luxemburg, Niederlande, Österreich, Portugal sowie die Schweiz.

gung vorwiegend auf die auf Kraft-Wärme-Kopplung basierenden Anlagen sowie regenerative Energien. Die lokalen Unternehmen agieren vielfach als kommunale Querverbundunternehmen, in denen die kommunalen Betätigungsfelder der öffentlichen Ver- und Entsorgung sowie des öffentlichen Personennahverkehres oder sonstiger kommunaler Geschäftsfelder[78] gebündelt werden.

2.3.2. Kraftwerkspark und Reservekapazitäten

Der installierte Kraftwerkspark der öffentlichen Versorgung spiegelt in seiner Zusammensetzung im Wesentlichen den Einsatz der verschiedenen Kraftwerkstypen in den unterschiedlichen Lastbereichen wider (Abb. 2-4):

Abbildung 2-4: Installierte Kraftwerksleistung und Bruttostromerzeugung (Stand 1998)

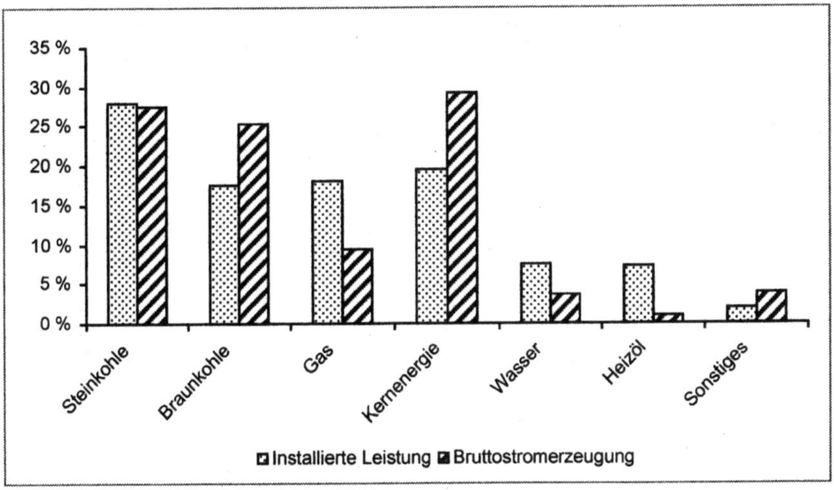

[Diagramm: Balkendiagramm mit Kategorien Steinkohle, Braunkohle, Gas, Kernenergie, Wasser, Heizöl, Sonstiges; Legende: Installierte Leistung, Bruttostromerzeugung]

Quelle: VDEW (1999)

Für die verschiedenen Kraftwerkstypen wurden je nach Brennstoffeinsatz durchschnittliche Nutzungsintensitäten ermittelt. Zur Berechnung wurde für jede Brennstoffart die installierte Kraftwerksleistung mit der höchstmöglichen Einsatzzeit pro Jahr (8.760 Stunden) multipliziert und die daraus resultierende Maximalabgabe der tatsächlichen Bruttostromerzeugung des jeweiligen Jahres gegenübergestellt:

Nutzungsintensität = Bruttostromerzeugung / installierte Leistung (GW) × 8.760 h

Die berechnete Nutzungsintensität charakterisiert dabei deutlich den Einsatz der Kraftwerke in den einzelnen Lastbereichen: Kern- und Braunkohlekraftwerke mit

---

[78] Z. B. Sport- und Freizeitanlagen, Bäder, Krematorien, Häfen.

den durchschnittlich meisten Einsatzstunden werden im Grundlastbereich eingesetzt, während Steinkohlekraftwerke mit einer durchschnittlichen Nutzungsintensität von rund 50 Prozent im Mittellastbereich verwendet werden.

Abbildung 2-5: Durchschnittliche jährliche Nutzungsintensität der Kraftwerkstypen nach Primärenergieeinsatz

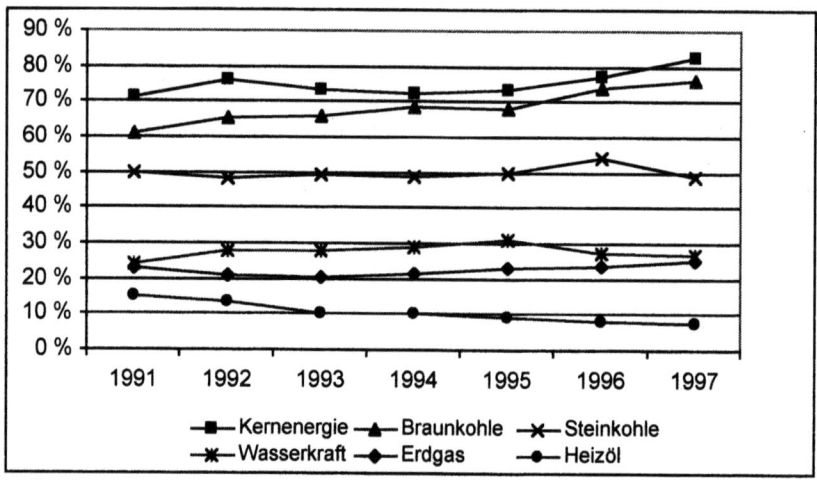

Quelle: VDEW (1999), eigene Berechnungen

Auf die unterschiedlichen Lastbereiche Grundlast, Mittellast und Spitzenlast entfielen folgende Kraftwerkskapazitäten (Tab. 2-6):

Tabelle 2-6: Installierte Kraftwerksleistung der Stromversorger in Deutschland 1998

	Netto-Leistung in MW	Leistungsanteil in %
Grundlast		
Wasserkraft (Laufwasser)	2.625	3
Braunkohle	18.540	19
Kernenergie	22.178	22
Zusammen	43.343	44
Mittel- und Spitzenlast		
Steinkohle (inkl. Mischfeuerung)	26.605	27
Erdgas und sonstige Gase	15.246	15
Heizöl	7.487	7
Speicherwasser und Pumpspeicher	5.760	6
Sonstige	911	1
Zusammen	56.009	56
Insgesamt	99.352	100

Quelle: VDEW (1999)

Dabei hat die installierte Leistung in ihrer Zusammensetzung deutliche Veränderungen erfahren. Während die Bruttokapazitäten bei Wärmekraftwerken auf Steinkohlenbasis in den siebziger Jahren drastisch abgebaut wurden, sind seit Beginn der achtziger Jahre massiv Kapazitäten auf Basis der Kernenergie zugebaut worden.

Abbildung 2-6: Anteile an der installierten Kraftwerksleistung in Deutschland

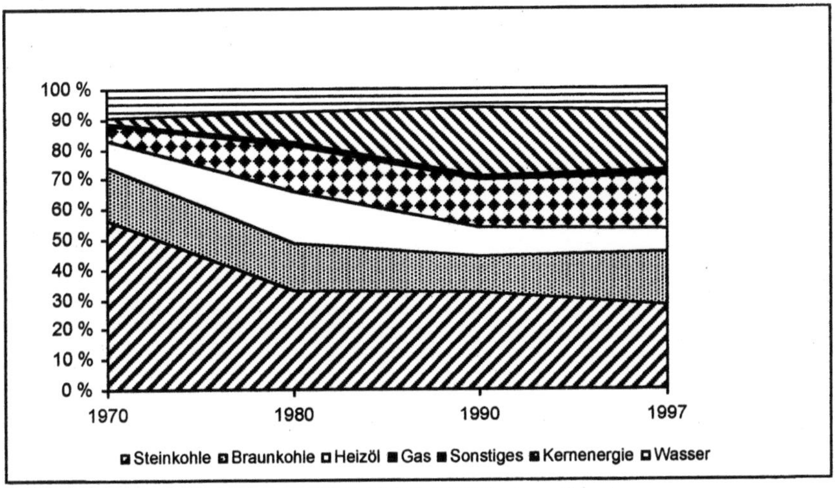

[Diagramm: Flächendiagramm mit Anteilen 1970, 1980, 1990, 1997]

■ Steinkohle ■ Braunkohle □ Heizöl ■ Gas ■ Sonstiges ■ Kernenergie □ Wasser

Quelle: VDEW (1999), Michaelis (1986), BMWi (1999b), eigene Berechnungen

Allerdings ist der deutsche Erzeugungsmarkt trotz der eingeleiteten Konsolidierungsmaßnahmen weiterhin durch Überkapazitäten gekennzeichnet.

Die Deutsche Verbundgesellschaft (DVG) ermittelt jährlich den Tag mit der höchsten Beanspruchung aller Kraftwerke. Diese Höchstlast tritt regelmäßig in den Wintermonaten auf und kennzeichnet das Anforderungsniveau in der gesamten Winterperiode. Bezogen auf die installierte Bruttoleistung wird durchschnittlich über ein Viertel der maximalen Kapazität nicht zur Leistungserzeugung eingesetzt.[79] Dabei bezeichnet die nicht in Anspruch genommene Reserveleistung auf der Bedarfsseite einen meteorologisch und/oder konjunkturell bedingten Mehrbedarf, die auf der Deckungsseite ein Defizit durch Blockausfälle oder Revisionen, schlechte

---

[79] Dies liegt hauptsächlich an dem in Deutschland angestrebten hohen Maß an Zuverlässigkeit der Stromversorgung. Untersuchungen einer Arbeitsgruppe der DVG haben ergeben, dass die Reservequote der Verbundunternehmen signifikant gesenkt werden kann, wenn das Zuverlässigkeitsniveau jedes einzelnen Verbundunternehmens auf 93 Prozent gesenkt werden würde. Die Aggregation dieser Gruppe der Stromversorger durch Vermaschung und gegenseitige, uneingeschränkte Unterstützung resultiert auf Ebene des Gesamtsystemes letztendlich in einem Zuverlässigkeitsniveau von 99,9 Prozent und stellt in dieser Größenordnung ein angemessenes Maß der Versorgungssicherheit dar. (DVG, 2000).

Kühlwasserverhältnisse oder den Ausfall durch ungesicherten Fremdbezug. Bezogen auf die prognostizierte Spitzenlast einer Periode wird von den Erzeugungsunternehmen dementsprechend eine Reserve aus Erfahrungswerten und dem gewünschten Sicherheitsgrad der Versorgung vorgehalten.

3. DIE VERFÜGBARKEIT VON ENERGIETRÄGERN

3.1. THEORETISCHE MODELLE ZUR NUTZUNG ERSCHÖPFBARER ENERGIETRÄGER

3.1.1. Das ökonomische Modell von Hotelling

Das Denken über die Wertigkeit unterschiedlicher Energieträger ist überdurchschnittlich durch die ressourcenökonomische Sichtweise bestimmt. Danach bestimmt sich der Wert eines Energieträgers nach seiner jeweiligen Knappheit. Demgemäß muss sein Preis steigen, je stärker die erschöpfbare Ressource abgebaut wird. Als grundsätzliches Problem erwächst neben der Mengenverknappung und Qualitätsverschlechterung auch die Entwicklung des technischen Fortschrittes. Dieser muss einerseits gewährleisten, dass die Ressourcen durch akzeptable Substitute abgelöst und andererseits die Explorations- und Abbaukosten hinreichend gesenkt werden können.

Hotelling beschrieb bereits 1931 das ökonomische Modell zur Nutzung erschöpfbarer Energieträger. Für die Formulierung des Modelles wurden verhältnismäßig restriktive Annahmen getroffen:
1. Jedes Unternehmen verfügt über Förderrechte einer homogenen Rohstofflagerstätte, die zu konstanten Kosten c pro Einheit abgebaut werden kann.[80] In den Kosten sind dabei neben den Förderkosten Aufbereitungs- und Transportkosten sowie die marktübliche Verzinsung des eingesetzten Kapitales zuzüglich einer Abgeltung für das unternehmerische Risiko enthalten.
2. Alle Rohstoffproduzenten agieren auf einem vollkommen transparenten Markt hinsichtlich Preisen und zukünftig nachgefragten Mengen mit freiem Marktzugang für alle Teilnehmer.
3. Ziel der Unternehmen ist die Maximierung des Barwertes aus den Gewinnen der Lagerstätte.

Unter Berücksichtigung der genannten Annahmen ergeben sich für das Unternehmen folgende Alternativen:
- Schonung der Ressource in der Erwartung steigender Marktpreise
- Abbau und Verkauf der Ressource zum Marktpreis $\overline{p}$.

---

[80] Realistischer erscheint jedoch, dass sich die Qualität einer erschöpfbaren Lagerstätte mit zunehmender kumulierter Förderung verschlechtert bzw. die Förderbedingungen für gleiche Qualitäten schlechter werden und damit die Förderkosten ansteigen, bis sie die Marktpreise erreicht haben.

Ressourcenschonung ist nur dann vorteilhaft, wenn der Preis in der Zukunft steigt, d. h. $\Delta \bar{p} = \bar{p}_{t+1} - \bar{p}_t > 0$. Dadurch wächst das Vermögen des Eigentümers um $\Delta \bar{p} \cdot R$ mit R als Restbestand der Lagerstätte. Bei Verkauf der Ressource fließt dem Unternehmen zum Zeitpunkt t ein Erlös von $\bar{p}_t$ pro geförderte Einheit zu. Bei Anlage von $\bar{p}_t$ in Periode t zum Marktzins r steht dem Lagerstätteninhaber in Periode t+1 ein Ertrag von $\bar{p}_{t+1} = \bar{p}_t (1+r)$ zur Verfügung.

Für die Entscheidung des Förderzeitpunktes sind daher Prognosen über die Preisentwicklung notwendig. Sofern

$$\bar{p}_{t+1} > \bar{p}_t (1+r) \qquad (3-1)$$

lohnt es sich für den Eigentümer des Förderrechtes, die Gewinnung des Rohstoffes in eine spätere Periode zu verschieben. Anderenfalls ist es lohnenswerter, sich für die zweite Investitionsalternative zu entscheiden und die Ressource zu fördern.

Als Gleichgewichtsbedingung für alle Anbieter der Reserve gilt somit

$$\frac{\Delta p}{p} = r \qquad (3-2)$$

Im Gleichgewicht steigt der Erlös $\bar{p}$ in der gleichen Höhe wie der Marktzins r und der Unternehmer ist zwischen beiden Investitionsalternativen indifferent.

Die Hotelling-Regel besagt nun, dass bei Annahme eines rationalen Verhaltens der Rohstoffunternehmen hinsichtlich der Maximierung ihrer Vermögen der Erlös $\bar{p}$ exponentiell mit dem Marktzins r ansteigt.

$$P_{t+1} = P_t e^{rt} \qquad (3-3)$$

und die Nachfrage gemäß X(P(t)) fällt. Bedingung für den Preispfad ist dabei (in ähnlicher Notation u. a. Hotelling, 1931; Gordon, 1967; Schneider und Schulz, 1976)

$$\int_0^T X(P(t))dt = S \qquad (3-4)$$

mit S als Gesamtressourcenbestand und

$$P(T) = \bar{P} \quad \text{mit } P_t = P_0 e^{rt} \qquad (3-5)$$

Mit steigendem Marktpreis nimmt folglich die Nachfrage $x^D(P)$ ab. Entsprechend sinkt das Angebot x^S wegen $x^D = x^S$.

Werden nun zusätzlich Abbaukosten und Royalties[81] wie in Abbildung 3-3 in das Modell integriert, ergibt sich für die Royalty bei Annahme konstanter Abbaukosten c für q_R

$$q_R = P - c \quad \text{mit c = Abbaukosten der Ressource} \qquad (3\text{-}6).$$

Abbildung 3-1: Preispfad bei konstanten Förderkosten

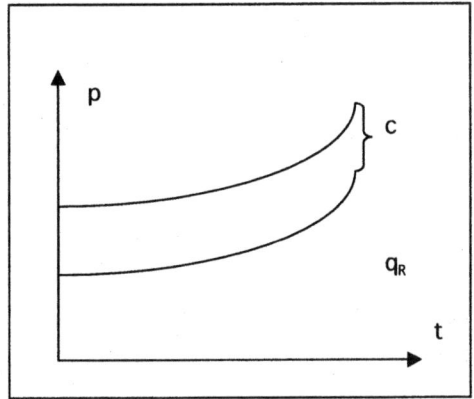

Der Kapitalgewinn der Ressource im Boden stellt sich bei steigendem Marktpreis folgendermaßen dar:

$$\Delta q_R = \Delta P - \Delta c \qquad (3\text{-}7)$$

Bei Annahme konstanter Abbaukosten beträgt der Vermögenszuwachs im Fall der Schonung der Ressourcen (Abb. 3-3)

$$\Delta q_R . R \text{ und damit } \Delta q_R = \Delta P \text{ da c = const.} \qquad (3\text{-}8)$$

oder im Fall des Ressourcenabbaues

$$r \cdot q_r \cdot R \qquad (3\text{-}9)$$

Gemäß der Hotelling-Regel muss der Wert der Ressource im Boden steigen, d. h. $\Delta q / q_R = r$ wie im Fall des kostenlosen Abbaues. Die Hotelling-Regel setzt also bei konstanten Abbaukosten

---

[81] Mit Royalties werden Nutzungskosten oder Ressourcenrenten bezeichnet, die für die Überlassung der im Boden befindlichen Rohstoffe an den Lagerstätteninhaber abzuführen sind oder bei Eigennutzung als Rente zufallen (Endres und Querner, 1993; Perman et al., 2003; Wacker und Blank, 1999).

$$r = \frac{c + q_r(0)e^{rt}}{q_r(0)e^{rt}} \cdot \frac{\Delta P}{P}$$ voraus. (3-10)

Der Wert einer Lagerstätte kann mithilfe der Nutzenfunktion des Eigentümers ermittelt werden:

$$\pi = px - cx = q_r \cdot x \qquad (3\text{-}11)$$

mit q_r als Nettonutzen des Lagerstätteninhabers.

Der Gegenwartswert der Lagerstätte berechnet sich als

$$V = \int_{t=0}^{T} e^{-rt}\pi(t)dt = \int_{t=0}^{T} e^{-rt}(p-c)xdt = \int_{t=0}^{T} e^{-rt}q^r(t)x(t)dt \qquad (3\text{-}12)^{82}$$

Zur Maximierung des Gegenwartswertes der Mine wird die Hotelling-Regel herangezogen, wonach

$$q_R(t) = q_R(0)e^{rt} \qquad (3\text{-}13)$$

$$\rightarrow \quad V = \int_0^T e^{-rt} q_R(0)e^{rt} x(t)dt = \int_0^T q_R(0)x(t)dt \qquad (3\text{-}14)$$

unter der Abbaubedingung (3-4).

Als einfache Faustregel der Industrie gilt, dass das Verhältnis der Fördermenge pro Tag zu den restlichen Reserven einer Lagerstätte ungefähr konstant bleibt (Thompson, 2001).

Das Modell von Hotelling wurde in der Folgezeit vielfach erweitert.[83] Mit der Anwendung der ursprünglichen Hypothese auf die Entwicklung ausgewählter Bodenschätze hat sich eine Reihe von Autoren beschäftigt (Adelman et al., 1991; Pindyck, 1981; Smith, 1994). Abweichungen des realen Preispfades mit negativen Wachstumsraten im Gegensatz zum theoretischen Modell wurden mit sinkenden Förderkosten begründet (Pindyck, 1978). Andere Begründungen für sinkende Rohstoffpreise werden in der Tatsache gesehen, dass es sich bei dem abzubauenden Rohstoffvorrat nicht um ein Fixum handelt, sondern ständig neue Reserven zum Bestand hinzugefügt werden (Adelman, 1990). Unter Berücksichtigung technologischer Innovationen kommt auch Wils (2001) zu einem ähnlichen Ergebnis.

---

[82] Hotelling (1931) verwendet statt p in seiner Notation ein u.
[83] Einen Literaturüberblick bieten Devarajan und Fisher (1981).

3.1.2. Der Einfluss von Backstop-Technologien

Nach der Hotelling-Regel würde der Preis eines Rohstoffes über den Zeitverlauf auf einen unendlich hohen Wert ansteigen. Maddox (1971) vermutet im Gegensatz dazu, dass steigende Preise für unverzichtbare Rohstoffe Entrepreneure auf den Markt rufen, die nach billigeren Substituten suchen. Der Rohstoff und die damit verbundene Technologie wird folglich im Zeitpunkt T* (Abb. 3-2) durch eine andere substituiert, sobald die Kosten der herkömmlichen, auf dem erschöpfbaren Rohstoff basierenden Produktionsart die Kosten einer neuen Technologie übersteigen.[84] Derartige Technologien werden Backstop-Technologien genannt.[85] Ihr wesentliches Merkmal ist, dass die substitutive Ressource in unbegrenzter Menge zur Verfügung steht.[86] Der Preis der Backstop-Technologie gibt somit implizit einen maximalen Preis $\bar{P}$ für den erschöpfbaren Rohstoff vor, für den noch eine Nachfrage D existiert (Abb. 3-2). Das Förderunternehmen wird so lange produzieren, bis die Förderkosten des bisherigen Produktes den Preis $\bar{P}$ erreicht haben. Dabei ist es aus Konsumentensicht vorzuziehen, wenn die Backstop-Technologie von vielen, wettbewerblich agierenden Unternehmen angeboten wird (Fishelson, 1993).

Abbildung 3-2: Maximalpreis Rohstoff bei Existenz von Backstop-Technologie

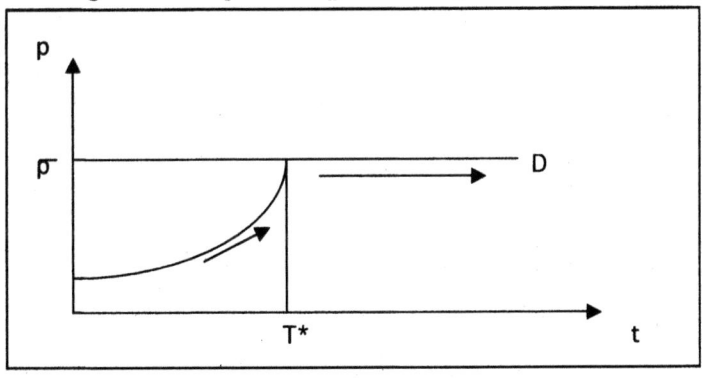

Dabei wird der Preis des Substitutes mit
$P(T) = \bar{P}$ bezeichnet. (3-15)

---

[84] Dies negiert nicht die Hotelling-Regel, sondern weist darauf hin, dass in der Realität von der Existenz von mehr als einem unverzichtbaren Rohstoff ausgegangen werden kann, der auch substitutionsfähig ist.
[85] So können z. B. derzeit unrentabel erscheinende Investitionen in Stromgewinnung aus erneuerbaren Energien in wirtschaftliche Ebenen aufsteigen, wenn die Preise für fossile Rohstoffe drastisch steigen würden.
[86] Unbegrenzt bezeichnet dabei die permanente Entwicklung neuer Technologien in der zeitlichen Abfolge, die gegenwärtig unverzichtbare Rohstoffe zu entbehrlichen in der Zukunft werden lassen (Dasgupta und Heal, 1974).

Bedingung für den Preispfad bezüglich T der Lagerstätte ist

$$P(t) = P(0)e^{rt} \qquad (3\text{-}16)$$

unter der Nebenbedingung (3-4).

Zur Bestimmung des optimalen Abbaupfades bis zur Erschöpfung der Ressource müssen P(0) und T* bestimmt werden. Wegen des unbekannten Umfanges der Lagerstätte und der zukünftigen Zinsentwicklung ist die Berechnung des Abbaupfades problematisch. Bei Ansatz eines zu hohen Marktzinses steigt der Preis schneller mit entsprechendem Rückgang der Abbaumengen. Mit Erreichen des Substitutpreises verbleibt ein Teil der Ressource im Boden. Durch Ansatz eines niedrigen Anfangspreises wird somit ein Teilabbau vermieden. In der Realität wird dieser jedoch nie vermieden werden können, da abnehmende Lagerstättenqualität die Förderkosten und damit die Preise erhöht, in deren Folge auch die Nachfrage sinkt und ein Teil der Ressource im Boden verbleibt (Tilton, 1996). Schneider und Schulz (1976) zeigen, dass der Zeitpunkt der Fördereinstellung mit Erreichen von p_{subst} vom Zinssatz abhängig sein kann, wenn die Begrenztheit der Ressource nicht einbezogen wird und eine gleich bleibende Nachfrage unterstellt wird. Bei optimalem zeitlichem Angebotsprofil auf einem Markt mit vollkommenem Wettbewerb wird bei hohem Zinssatz die Ressource als freies Gut betrachtet und schneller ausgebeutet als bei Berücksichtigung von intertemporaler Gerechtigkeit. Mit Annäherung an den Erschöpfungszeitpunkt wirkt sich die Knappheit der Ressource auf den Marktpreis aus und nähert sich dem Preis des Rohstoffsubstitutes an. Die Förderung erfolgt nur noch für die Bestände, deren Förderkosten durch den Marktpreis gedeckt werden.

Allerdings zeigt sich bereits bei der Definition des Begriffes Knappheit und der Auswahl eines entsprechenden Indikators die große Bandbreite in der ökonomischen Literatur. Cleveland und Stern (1993) unterscheiden zwischen Marktknappheit und Produktionsknappheit. Als Indikator für die Marktknappheit dienen dabei der Preis des Fördergutes oder entsprechende Renten aus der Vergabe von Förderrechten. Produktionsknappheit wird danach an der Quantität an Produktionsfaktoren gemessen, die zur Förderung notwendig sind. Für Smith (1978) ist der Preis der beste Indikator für die Knappheit einer Ressource bei Annahme fehlenden technologischen Fortschrittes. Stern (1999) nutzt als Knappheitskategorien hingegen Marktknappheit und Nutzwert als Indikator für soziale Knappheit. Allen Indikatoren ist gemeinsam, dass sie kein perfektes Maß für die Knappheit einer Ressource darstellen können, da diese jeweils verschiedene, nicht vergleichbare Aspekte von Knappheit darstellen und soziale Präferenzen und ökologische Schäden der Nutzung ausschließen (Stern, 1999; Norgaard, 1990).

3.1.3. Sonstige Erweiterungen des theoretischen Modells

Dergleichen ist jedoch nicht realistisch anzunehmen. Unsicherheit besteht vielmehr über Volumen und Qualität der Lagerstätten sowie über zukünftige Förderkosten und Marktpreise. Die Risikoaversion des Lagerstätteninhabers hinsichtlich zukünftiger Entwicklungen muss sich daher im Gleichgewicht in einem höheren Gewinn im Vergleich zu einer risikolosen Investitionsentscheidung niederschlagen (Gaudet und Howitt, 1989). Young und Ryan (1996) haben empirisch belegt, dass die Risikoaufschläge bei Metallen einige Prozentpunkte betragen. Allerdings muss auch bei den Risikoprämien von einem volatilen Verlauf ausgegangen werden.[87]

Stellen sich die erwarteten Preis- und Marktentwicklungen nicht wie erwartet ein, versuchen die Marktteilnehmer durch Korrekturen gegenzusteuern. In der Folge entstehen mitunter instabile Preisentwicklungen. Die Erwartung steigender Preise löst z. B. einen Verknappungsprozess und damit einen Preisanstieg aus, die damit ggf. verbundene spekulative Nachfrage verstärkt die Instabilität. Umgekehrt forciert ein erwarteter Preisrückgang die Ausweitung von Angebotsmengen und damit sinkende Preise. Die Exploration weiterer Lagerstätten mit höherer Qualität[88] und Menge beeinflusst hingegen die Preispfade bereits im Abbau befindlicher Lagerstätten (Marvasti, 2000).

Einige weitere Gründe für das Marktversagen bei der optimalen intertemporalen Allokation werden nachfolgend kurz angeführt:
1. *Bindung der Marktteilnehmer durch irreversible Investitionsentscheidungen:* Die Erschließung von Rohstofflagerstätten setzt lange Planungs- und Vorlaufzeiten mit den entsprechenden Investitionen voraus. Wegen hoher Prospektionsaufwendungen wird die Wirtschaftlichkeit oft erst nach vielen Förderperioden erreicht. Selbst wenn es nach dem theoretischen Modell sinnvoll wäre, den Abbau zurückzustellen, kann das Rohstoffunternehmen aus Gründen der Marktanteilssicherung, der notwendigen Generierung von Liquidität etc. gezwungen sein, an der Förderung festzuhalten. Die Flexibilität zur Anpassung an veränderte Preiserwartungen, Zinsen o. ä. ist in der Realität weniger groß, als vom Modell gefordert.

2. *Inhomogenität der Entscheidungsträger:* Nach Hotelling entscheidet nur das Förderunternehmen über die Förderquoten des erschöpfbaren Energieträgers; die Knappheitsrente fließt ihm alleinig zu. In der Praxis sind eine Vielzahl von stake holders am Entscheidungsprozess beteiligt, die alle ihre eigenen Interessen

---

[87] Mit dem Einfluss von Unsicherheit auf die Förderrate beschäftigen sich auch Hoel (1978), Loury (1978), Gilbert (1979), Weinstein und Zeckhauser (1975) und beschreiben dabei überwiegend eine risikoaverse Abbaustrategie zur Vermeidung eines unerwarteten Endes der Lagerstätte.
[88] Qualität hier als Zusammenfassung für mineralische Zusammensetzung, Tiefe und Dicke der Lagerstätte.

verfolgen. Auf der einen Seite steht der Inhaber des Förderrechtes, der in der Regel eine Royalty (feste Förderabgabe), die sich größtenteils am Bruttoerlös orientiert, für die Überlassung des Förderrechtes erhält. Das Rohstoffförderunternehmen versucht wiederum, durch ein optimales Förderangebot, die zu erzielende Knappheitsrente zu erhöhen.
3. *Staatliche Eingriffe*: Werden die Förderrechte an mehrere Unternehmen vergeben, ist jedes bestrebt, so schnell und so viel wie möglich zu fördern (Common Pool Problem). Dies kann staatliche Regulierung nach sich ziehen, die Fördermengen zu begrenzen oder gar technische Restriktionen vorzuschreiben. Des Weiteren werden Förderunternehmen ihre Quoten erhöhen, wenn durch wechselnde politische Verhältnisse oder Instabilitäten eine Enteignung der Förderrechte droht. Demgegenüber wird unter Monopolbedingungen tendenziell weniger gefördert, als für ein optimales Wirtschaftswachstum notwendig wäre (Scholz und Ziemes, 1999). Zusätzlich hat der Staat Eingriffsmöglichkeiten auf das Unternehmen durch die Erhebung von Gewinnsteuern. Daneben können spezielle Fiskalabgaben erhoben werden, die nach steuerrechtlicher Legitimation quasi einer Teilenteignung des Förderrechtes gleichkommen. Derartige politische Risiken vermindern die Bereitschaft von Unternehmen, neue Lagerstätten aufzuschließen und dort zu investieren.

In der Realität ist demnach regelmäßig mit einem Abweichen vom optimalen Zeitpfad der Rohstoffgewinnung zu rechnen.

3.2. FOSSILE ENERGIETRÄGER

3.2.1. Die Verfügbarkeit fossiler Primärenergieträger

Die Erzeugung von Elektrizität beruht weltweit zu etwa 60 Prozent auf der Umwandlung fossiler Brennstoffe. Diese Energieträger sind nach heutiger Erkenntnis nur in endlichem Umfang vorhanden, deren Ausmaß durch regelmäßig aktualisierte Schätzungen variiert.

Zu den fossilen Rohstoffen gehören alle insgesamt vorhandenen Minerale, unabhängig davon, ob die Lagerstätten derzeit genau bekannt sind oder sich mit den bekannten Technologien wirtschaftlich fördern lassen. Dabei wird unterschieden in Ressourcen und Reserven (Abb. 3-3). Ressourcen sind dynamische Systeme, welche mit und ohne Eingriff des Menschen verringert und zugleich gebildet werden können. Ein Abbau der Ressourcen kann durch Förderung erfolgen, gleichzeitig können durch natürlichen Abbau wie Diffusion von Erdgas in benachbarte Gesteinsschichten Lagerstätten verringert werden.
Einen deutlich geringeren Umfang als Ressourcen haben Reserven: Als Reserven werden nur nachgewiesene und unter den aktuellen ökonomischen Bedingungen mit den vorhandenen Technologien wirtschaftlich gewinnbare Vorräte bezeichnet.

Reserven sind in ihrem Umfang also abhängig von menschlichen Anforderungen und Kenntnissen.

Abbildung 3-3: Qualitative Unterscheidung Reserven und Ressourcen

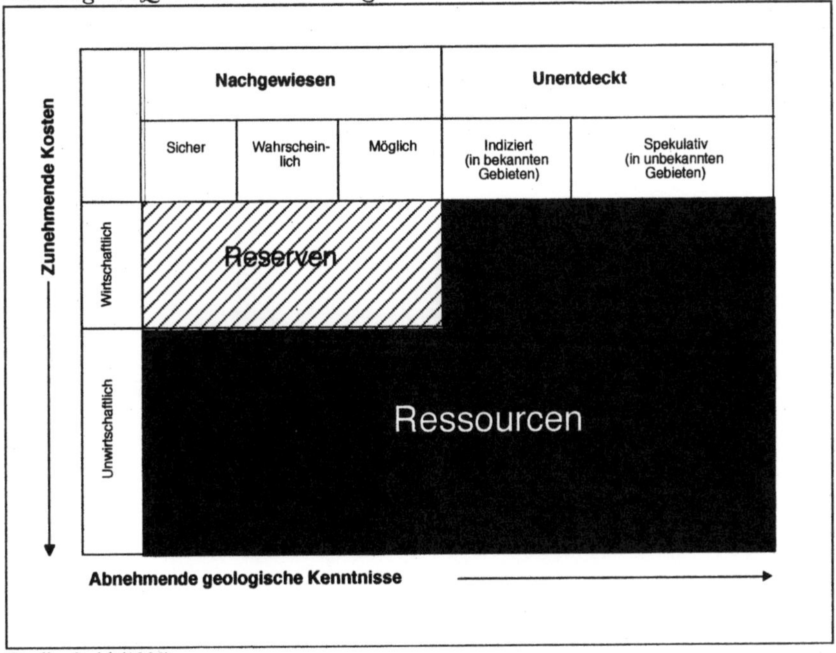

		Nachgewiesen			Unentdeckt	
		Sicher	Wahrscheinlich	Möglich	Indiziert (in bekannten Gebieten)	Spekulativ (in unbekannten Gebieten)
Zunehmende Kosten ↓	Wirtschaftlich	///// Reserven /////				
	Unwirtschaftlich	Ressourcen				

Abnehmende geologische Kenntnisse →

Quelle: Stahl (1999)

Diese Abhängigkeit kann am deutlichsten an folgenden Mechanismen veranschaulicht werden, durch welche aus Ressourcen Reserven werden:
➢ Steigende Marktpreise der Brennstoffe vergrößern die rentabel gewinnbaren Reserven (vertikale Verschiebung des Marktpreises p nach oben).
➢ Verbesserte Technologien senken die Förderkosten c für bislang unrentabel erschließbare Lagerstätten.[89]
➢ Durch erhöhte Prospektionsinvestitionen werden neue, wirtschaftlich rentable Lagerstätten erschlossen (horizontale Verschiebung der Begrenzung bekannter Vorräte).[90]

Dem weltweiten Rückgang der Reserven durch Abbau steht damit aufgrund der o. g. Prozesse ein Zuwachs der Reserven gegenüber. Dabei hat sich der Anstieg der

---

[89] Das gleiche gilt für den Verkauf von Förderrechten an Montanunternehmen, die über effizientere Technologien zur Rohstoffgewinnung als die Eigner des jeweiligen Bergrechtes verfügen.
[90] Erweisen sich die Lagerstätten mit dem jeweiligen technologischen Know-how als nicht rentabel verwertbar, erhöht sich damit der Umfang der Ressourcen.

Reserven durch die erheblichen technologischen Fortschritte der vergangenen Jahrzehnte stärker als der Abbau der fossilen Rohstoffe entwickelt (Abb. 3-4).

Abbildung 3-4: Anstieg der Reichweiten für energetische Rohstoffe (in Jahren)

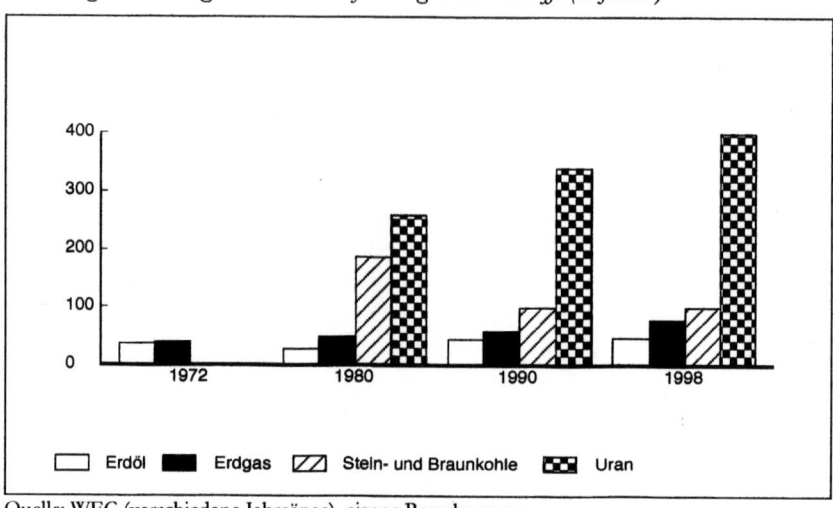

Quelle: WEC (verschiedene Jahrgänge), eigene Berechnungen

Allerdings unterliegt die Explorationsrate dem Discovery Decline Phenomenon (DDP), das mit einem Verlauf der Rohstofffunde über die Zeit abnehmende Explorationserfolge beschreibt (Cleveland und Kaufmann, 1991). Aus diesen Untersuchungen wurden von Pesaran (1990) und Favero (1992) optimale Förder- und Explorationspfade für repräsentative Firmen abgeleitet und auf einer erweiterten Datenbasis von Pickering (2002) bestätigt.

Die statistische Reichweite bemisst sich aus den gesicherten Reserven und der Jahresförderung.

$$\text{Reichweite} = \frac{\text{Reserven}}{\text{Jahresförderung}}$$

Durch technologische Entwicklungen und Preisschwankungen unterliegen auch die Reichweiten einer dynamischen Entwicklung. Die voraussichtlichen Reichweiten als Nutzungsdauer der Lagerstätten haben in den vergangenen Jahrzehnten statisch betrachtet tendenziell zugenommen. Die bloße Fortschreibung des jetzigen Verbrauchs ist jedoch in Anbetracht des schnell wachsenden Energieverbrauchs z. B. in China und Indien sowie weiteren Schwellenländern unrealistisch. Werden Wachstumsraten berücksichtigt ("dynamische Reichweite"), verringern sich die Reichweiten drastisch. Die dynamische Betrachtung hingegen dynamisiert die

Verbrauchs- bzw. Fördermenge, indem die Produktionsentwicklung der vergangenen Jahre in die Zukunft extrapoliert wird. Bei den Reserven geht auch die dynamische Betrachtung von einer statischen Situation aus, sie berücksichtigt also nur die bekannten Reserven zu einem bestimmten Zeitpunkt. Technischer Fortschritt und steigende Rohstoffe führen jedoch zu einer veränderlichen, heute noch nicht bekannten Bewertung der Klassifizierung als Reserve oder Ressource. Somit ist die Kennziffer der Reichweite immer nur eine statische Momentaufnahme eines sich dynamisch entwickelnden Systems. Isoliert betrachtet ist die Reichweitenberechnung daher wenig aussagekräftig (Vgl. Zemann, 1998, S. 48 f.; BGR, 2003, S. 296).

3.2.2. Ökonomische Aspekte der Steinkohlenversorgung

Steinkohle, während der Industrialisierung bis Mitte des 20. Jahrhunderts der Pfeiler der Energieversorgung, ist auf vielen Energiemärkten von Erdöl und Erdgas verdrängt worden. Doch in der Stahlindustrie und bei der Verstromung hat sich dieser Primärenergieträger im Wettbewerb mit anderen Energieträgern weitgehend halten können – teilweise allerdings nur angesichts erheblicher Subventionen. Zu den künftigen Herausforderungen der Kohlenwirtschaft gehören der geforderte Abbau des Protektionismus sowie die Begrenzung der Emissionen, die von der Verwendung dieses Energieträgers ausgehen.

Stein- und Braunkohle decken fast ein Viertel des Primärenergieverbrauches der Bundesrepublik. Kohle stellt dabei die einzige heimische Energiequelle in bemerkenswertem Ausmaß dar. Strategie jeder bisherigen Bundesregierung war daher der Erhalt eines hoch subventionierten „Kernbergbaues" bei der Steinkohle.[91] Bei der weitgehend subventionsfreien Braunkohle sollen wettbewerbsfähige Rahmenbedingungen gesichert werden.

3.2.2.1 Weltsteinkohlenmarkt

Im Gegensatz zu Öl und Gas liegen Rohstoffvorkommen und Verbrauchsorte bei der Kohlenförderung lokal vergleichsweise nah beieinander. Dies hat eine geringere Konzentration und wettbewerblichere Rahmenbedingungen zur Folge, als insbesondere am Rohölmarkt (Rutledge und Wright, 1993).

Im Jahr 2003 wurden weltweit 3.883 Mio. t Steinkohle (Statistik der Kohlenwirtschaft, 2005) gefördert. Die wichtigsten Steinkohlenförderländer der Welt waren im Jahr 2003 (Abb. 3-5) China mit rund 1.350 Mio. t, gefolgt von den USA (896 Mio.

---

[91] Nach Ansicht der Deutschen Steinkohle AG (DSK) sollte sich dieser Kernbergbau in einer Größenordnung um 22 Mio. t. p. a. bewegen (FTD v. 30. Mai 2001).

t), Gebiet der ehemaligen UdSSR (346 Mio. t), Indien (340 Mio. t), Australien (257 Mio. t) und Südafrika (238 Mio. t).

Abbildung 3-5: Weltsteinkohlenförderung im Jahr 2003

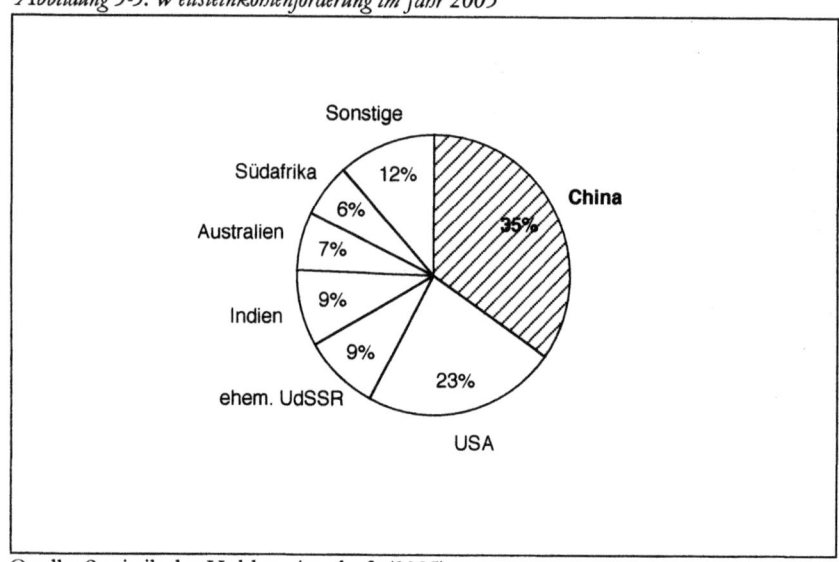

Quelle: Statistik der Kohlenwirtschaft (2005)

Bezogen auf das thermische Energieäquivalent ist der Kohlentransport im Vergleich zu anderen Energieträgern relativ aufwendig. Daraus resultierend ist ein Weltkohlenmarkt nur zögerlich entstanden. Bis heute werden lediglich 16 Prozent der jährlichen Förderung weltweit gehandelt (Statistik der Kohlenwirtschaft, 2005). Dennoch haben einige Faktoren zur Etablierung eines Weltmarktes für Steinkohle und Steinkohlenprodukte geführt:

- *Kostenunterschiede*: Selbst unter Berücksichtigung von Kosten für den See- und Binnentransport ermöglichen küstennahe, geologisch günstige Steinkohlenlagerstätten in außereuropäischen Lieferländern durch höhere Förderleistungen pro Schicht und geringere Umweltauflagen insgesamt geringere Kohlepreise als solche bei Förderung in den europäischen Steinkohlenrevieren.
- *Umschlags- und Transportkapazitäten*: In den achtziger Jahren wurde die Infrastruktur für den Steinkohlentransport vom Fördergebiet bis zu den Verbrauchsstätten massiv ausgebaut.
- *Nachfrageverlagerungen*: International gehandelte Steinkohle (vorwiegend Kokskohlen) wurde ursprünglich in küstennahen Stahlwerken zur Energieerzeugung verwendet. Mittlerweile hat sich der Schwerpunkt auf Kesselkohlen verlagert, die in Steinkohlenkraftwerken in der Nähe von Seehäfen für die Elektrizitäts-

erzeugung eingesetzt werden. Jüngstes Beispiel in Deutschland ist die Standortentscheidung für und der Neubau eines Steinkohlenkraftwerkes in Rostock.

Die größten Exporteure im Jahr 2003 waren Australien mit 233 Mio. t, gefolgt von China mit 94 Mio. t, Indonesien (82 Mio. t) und Südafrika (72 Mio. t) (Statistik der Kohlenwirtschaft, 2005).

3.2.2.2 Steinkohlenreserven und -ressourcen

Bei der Beurteilung der Reichweiten der weltweit bekannten Steinkohlenreserven bietet sich ein durchaus gespaltenes Bild. Erhebliche Reserven und scheinbar unerschöpfliche Ressourcen in den derzeitigen Förderländern lassen keine Probleme in der langfristigen Versorgung erkennen. Demgegenüber stehen die Förderkosten in Ländern mit großen Vorkommen, die bei genauer Beachtung des Wirtschaftlichkeitskriteriums zur Kategorisierung von Reserven diese nicht mehr als solche ausweisen. Die Hartkohlenreserven der Bundesrepublik von ca. 21,6 Mrd. t SKE (BGR, 2003, S. 23) sind danach wegen der hohen Förderkosten der deutschen Steinkohle nur bedingt als Reserve im Sinne der Definition anzusehen. Die größten Reserven werden in der GUS vermutet (Abb. 3-6).

Abbildung 3-6: Regionale Verteilung von Reserven und Ressourcen an Hartkohlen (Stand 1997 für Ressourcen, für Reserven 2000)

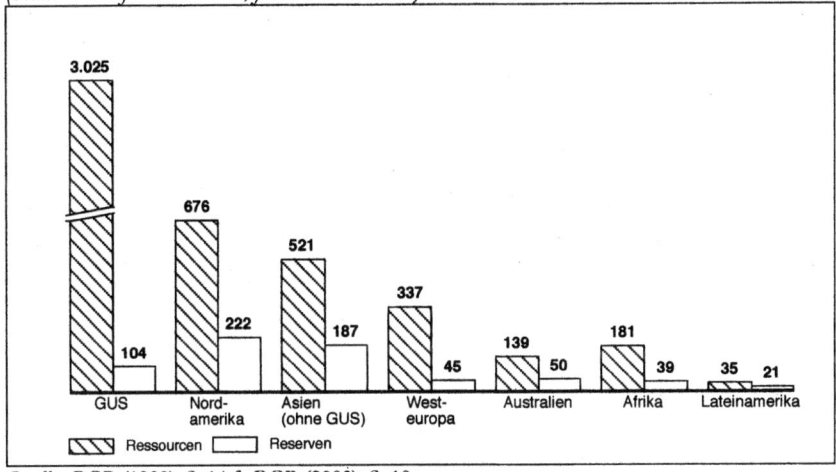

Quelle: BGR (1999), S. 14 f., BGR (2003), S. 10

Bei den weltweit bekannten, wirtschaftlich zu gewinnenden Steinkohlenvorräten von rund 603 Mrd. t (BGR, 2003, S. 23) würden diese Vorräte bei gleichbleibender Förderung analog 2001 noch etwa 207 Jahre reichen (BGR, 2003, S. 24). In der Europäischen Union wurden im Jahr 2003 71 Mio. t gefördert; 172 Mio. t wurden importiert (Statistik der Kohlenwirtschaft, 2005).

3.2.2.3 Der deutsche Steinkohlenmarkt

In Deutschland setzt sich der Rückgang der Förderung kontinuierlich fort: 2003 wurden noch 27 Mio. t unter Tage gefördert; 33 Mio. t lieferte das Ausland (Statistik der Kohlenwirtschaft, 2005). Dazu wurden noch 4 Mio. t Steinkohlenkoks importiert. Der überwiegende Teil der Einfuhren stammte aus Südafrika und Polen mit nahezu 50 Prozent des gesamten Einfuhrvolumens (Abb. 3-7).

Abbildung 3-7: Steinkohleneinfuhr der Bundesrepublik nach Lieferländern 2003

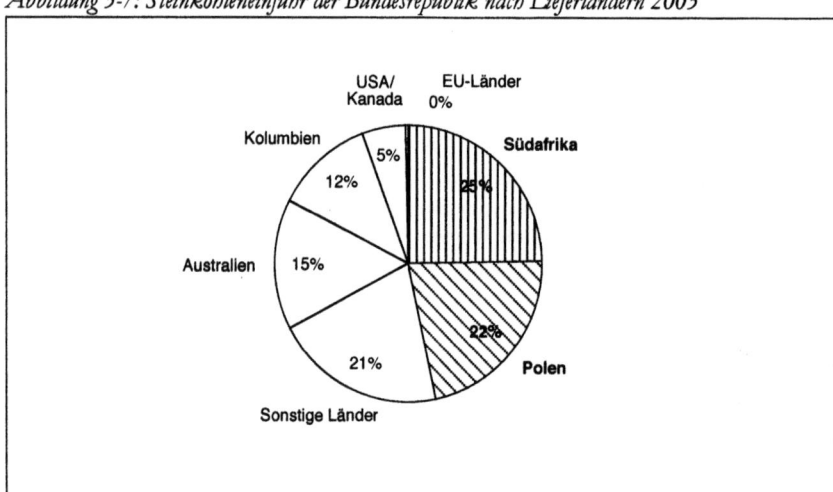

Quelle: Statistik der Kohlenwirtschaft (2005)

3.2.2.4 Kohlenvorrangpolitik

Einige traditionelle Kohlenförderländer versuchen durch protektionistische Maßnahmen, ihre inzwischen unwirtschaftlich gewordene heimische Kohlenförderung von der Weltmarktkonkurrenz abzuschotten. Als mögliche Instrumente kommen dabei mengenmäßige Einfuhrbeschränkungen in Form von Importkontingenten, Einfuhrzölle und vor allem Subventionen in Betracht. Ziel der Kohlenvorrangpolitik ist es, den inländischen Kohlenpreis auf Weltmarktniveau herunterzusubventionieren, so dass sich für die heimische Kohle die gleiche Wettbewerbssituation ergibt wie für Weltmarktkohle.

Ein Beispiel zur Darstellung derartiger Maßnahmen ist die Bundesrepublik Deutschland. Bereits im Jahr 1958 wurde z. B. ein Steinkohlenimportverbot durchgesetzt, welches in den folgenden Jahrzehnten durch eine weitreichende Subventionspolitik abgelöst wurde. Diese Form des Protektionismus wurde seit Beginn der kritischen Diskussion zu dieser Thematik mit einer Reihe von Gründen gerechtfertigt. Oberste Priorität besitzt stets das Argument der Sicherheit der heimischen Energieversorgung. Daneben wird mit dem Erhalt von Arbeitsplätzen und damit der regionalen Wirtschaftskraft der Bergbauregionen argumentiert (Steinkohlenbeihilfengesetz). Gleichermaßen soll ein notwendiger und absehbarer Strukturwandel sozial abgefedert werden. Allerdings halten diese Argumente nur einer kurzfristigen Betrachtung stand. Vielmehr lässt sich die Versorgungssicherheit auch durch die Aufrechterhaltung einer nationalen Pflichtlagerung, die Diversifikation der Bezugsquellen oder durch Beteiligung an internationalen Förderkapazitäten[92] stärken. Dagegen wurde durch die fortlaufende Subventionierung ein allmählicher Strukturwandel verhindert.

Die Rechtsgrundlagen
Staatliche Beihilfen für den Steinkohlenbergbau sind nach dem Vertrag über die Gründung der Europäischen Gemeinschaft für Kohle und Stahl (EGKS) vom 18. April 1951 durch die Europäische Kommission genehmigungspflichtig. Nach dem EGKS-Beihilfenrecht sind staatliche Zuschüsse nur zulässig, um einen Ausgleich zwischen den Produktionskosten und den erzielten Erlösen pro Tonne zu erreichen – und zwar nur in den Absatzbereichen Elektrizitäts- und Stahlerzeugung. Die Steinkohlenbeihilfen für die Jahre 2000 und 2001 wurden von der Europäischen Kommission Ende Dezember 2000 genehmigt. Diese Genehmigungspraxis hat ab dem 23. Juli 2002 durch das Auslaufen des EGKS-Vertrages eine Änderung erfahren. Zukünftig werden die Kohlenbeihilfen dann nach Beihilferecht geprüft.

Die Steinkohlenbeihilfen
Als Reaktion auf ein Urteil des Bundesverfassungsgerichtes, das die zwangsweise Entrichtung einer Ausgleichsabgabe durch alle Stromabnehmer, den „Kohlepfennig", zugunsten der Steinkohlenindustrie als nicht verfassungskonform erklärte, stellte die damalige Bundesregierung die deutsche Beihilferegelung auf eine neue Grundlage. Dieser Kompromiss vom März 1997, umgesetzt im Steinkohlenbeihilfengesetz, sieht jährlich abnehmende Zuschüsse durch den Bund und das Land Nordrhein-Westfalen vor, was zu einem Rückgang der Förderkapazitäten führt. Während 1989 noch ca. 5,6 Mrd. € an Subventionen dem Steinkohlenbergbau zuflossen, so sind für das Jahr 2005 noch 2,7 Mrd. € vorgesehen. Von allen Subventionen der Wirtschaft erhält der Bergbau nach der Landwirtschaft die meisten Subventionen (Bundesregierung, 2003). Die Mittel werden in Form von Jahresplafonds in monatlich gleichen Raten ausgezahlt. Nach dem Gesetz sind sie ausschließlich dafür zu verwenden, um
- die Differenz zwischen Produktionskosten und Erlösen aus Verkäufen von Steinkohle an Elektrizitätsunternehmen oder die Stahlindustrie auszugleichen,
- nachgewiesene Aufwendungen für Stilllegungen bei Rücknahme der Förderkapazitäten zu decken.

---

[92] Hier vorzugsweise wegen der politischen Stabilität der OECD-Länder.

Nach Ablauf des Plafondsjahres müssen die Bergbauunternehmen belegen, dass sie die zunächst pauschal gewährten Mittel ordnungsgemäß verwendet haben. Kostenprüfungen durch das Bundesamt für Wirtschaft und Ausfuhrkontrolle sowie unabhängige Wirtschaftsprüfer gewährleisten, dass nur die Menge von den Beihilfen profitiert, die durch das Beihilfegesetz unterstützt wird – und somit keine Zuschüsse an andere, nach dem Gesetz nicht beihilfefähige Absatzbereiche, wie etwa den häuslichen oder industriellen Wärmemarkt fließen (Steinkohlenbeihilfengesetz).

Abbildung 3-8: Subventionen für den Steinkohlenbergbau (inkl. Beihilfen bis 2005)

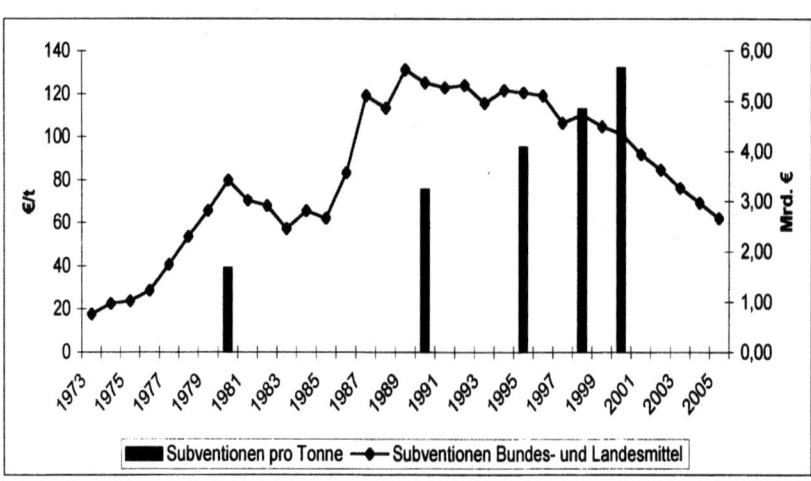

Quelle: Steinkohlenbeihilfegesetz, Statistik der Kohlenwirtschaft (versch. Jahrgänge), eigene Berechnungen

Zum Vergleich dazu beträgt der Preis für Kraftwerkskohle aus Drittländern etwa 60 € pro t SKE (Statistik der Kohlenwirtschaft, 2005).

Trotz Forderungen des deutschen Bergbaus nach einem „Kernbergbau" von 20 bis 22 Mio. t pro Jahr (o. V., 2001b)[93] ist aufgrund der geologisch ungünstigen Lagerstätten und der daraus resultierenden geringen Fördermengen pro Mitarbeiter – auch vor dem Hintergrund der vergleichsweise hohen Sozialschutznormen – zukünftig mit einem drastischen Rückgang bis zum Auslaufen der Förderung in Deutschland zu rechnen. Dazu trägt auch die mit 0,26 Prozent vergleichsweise geringe Produktivitätsentwicklung im internationalen Maßstab (Abb. 3-9) sowie im Vergleich mit dem durchschnittlichen Produktivitätsfortschritt im Industriesektor in Deutschland mit 2,3 Prozent (Maennig, Stamer, 1999) bei.

---

[93] Ende 2003 zeichnet sich im sog. Kohlekompromiss eher ein „Restbergbau" von ca. 16 Mio. t bis zum Jahr 2012 ab.

Abbildung 3-9: Produktivitätsentwicklung im Steinkohlenbergbau verschiedener Länder

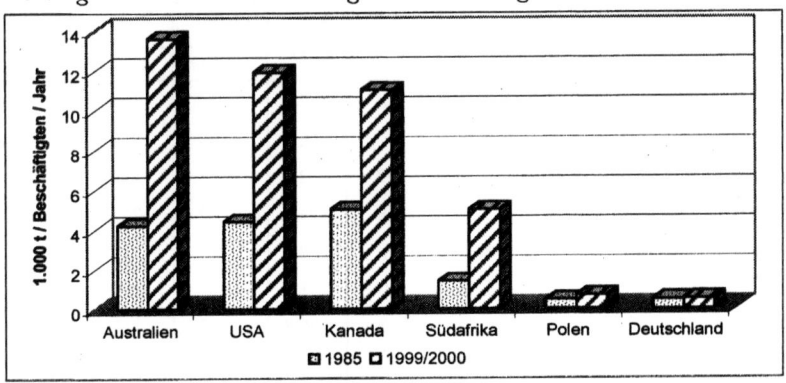

Quelle: Verein deutscher Kohlenimporteure (2001)

Allerdings sind von einer Streichung der weltweiten Subventionierung der Steinkohlenförderung auch kein signifikantes Absinken der Nachfrage und damit klimatisch positive Effekte zu erwarten (Light, 1999).

3.2.3. Ökonomische Aspekte der Braunkohlenversorgung

3.2.3.1 Braunkohlenförderung in Deutschland

Im Gegensatz zur Steinkohle benötigt die Braunkohle weitgehend keine Subventionen. Sie ist somit die einzige heimische Energiequelle von Rang, die sich im inländischen Wettbewerb behauptet. Etwa ein Viertel des Strombedarfes in der Bundesrepublik wird durch den Einsatz von Braunkohle gedeckt. Die weitaus größten Mengen fördert die Rheinbraun AG im Rheinland.

Tabelle 3-1: Braunkohlenabbau in Deutschland nach Revieren 1950-2004

Jahr	Rhein-land	Helm-stedt*	Hes-sen	Bayern	Alte Bundes-länder	Lau-sitz	Mittel-deutsch-land**	Neue Bundes-länder	Bundes-gebiet gesamt
1950	63,7	7,6	2,9	1,7	76	36,6	100,4	137	213
1960	81,4	6,8	3,7	4,3	96	83,6	141,9	226	322
1965	86,5	6,2	4,4	4,8	102	112,5	138,3	251	353
1970	93,0	5,5	4,1	5,2	108	134,3	127,2	262	369
1975	107,4	4,9	3,1	8,0	123	139,9	106,8	247	370
1980	117,7	4,2	2,6	5,4	130	161,7	96,3	258	388
1985	114,5	4,3	1,9	0,0	121	196,8	115,3	312	433
1989	104,2	4,4	1,2	0,1	110	195,1	105,7	301	411
1990	102,2	4,3	1,0	0,1	108	168,0	80,9	249	357
1995	100,2	4,1	0,2	0,1	104	70,7	17,6	88	193
2000	91,9	4,1	0,2	0,1	96	55,0	16,4	71	168
2004	100,3	2,4	-	0,0	102,7	59,0	20,2	79,2	182

* Region in Nordhessen
** Region um Halle/Leipzig
Quelle: Statistik der Kohlenwirtschaft (2005)

Ein weiterer Schwerpunkt des Braunkohlenabbaues konzentriert sich auf die mittleren Regionen Deutschlands. Insbesondere in den neuen Bundesländern bilden die Braunkohlenunternehmen der LAUBAG und MIBRAG und die im Wesentlichen auf Braunkohle beruhenden Kraftwerke der VEAG in den strukturschwachen Kohlerevieren wichtige industrielle Kerne. Trotz dieser Investitionen führt die fortschreitende „Deindustrialisierung" in weiten Teilen der neuen Bundesländer in dieser Region Oberspreewald-Lausitz zu einer Arbeitslosenquote von fast 26 Prozent (Landesbetrieb für Datenverarbeitung und Statistik, 2005). Die MIBRAG fördert Braunkohle im Mitteldeutschen Revier, während die LAUBAG im Lausitzer Revier tätig ist.

3.2.3.2 Besonderheiten des deutschen Braunkohlenmarktes

Während die Braunkohlenförderung in den alten Bundesländern in den letzten Jahrzehnten vergleichsweise stabil blieb, wurde die Förderung der einzigen heimischen Energiequelle in den neuen Bundesländern bis 1989 massiv ausgebaut. Dies resultierte einerseits aus ideellen Motiven wie dem Ziel der Importunabhängigkeit, als auch aus dem permanenten Mangel an Devisen, die den Import von alternativen Energieträgern ermöglicht hätten.

Die Autarkiebestrebungen der DDR-Regierung spiegeln sich entsprechend auch im Braunkohleneinsatz der Jahre 1950 bis 1989 wider (Mez et al., 1991, S. 49):

Annähernd 85 Prozent der Stromerzeugung in Wärmekraftwerken und Heizwerken stützte sich auf Braunkohle; dies entsprach etwa 57 Prozent der gesamten Rohbraunkohlenförderung. Der Rest wurde in Brikettfabriken weiterverarbeitet und diente danach als Hausbrand. Ein anderer Teil wurde verschwelt, vergast[94] oder verkokst.

Daneben spielten die großen Vorkommen auf dem Landesterritorium analog des Einsatzes der Steinkohle in der Bundesrepublik eine gewichtige Rolle bei der Entscheidung für eine weitgehend importunabhängige Wirtschaft. Nach dem Einigungsprozess ist die Förderung massiv zurückgefahren und ein radikaler Strukturwandel durchgesetzt worden. Durch die lagerstättennahen Standorte der Kraftwerke ist jedoch eine Ausweitung des Einsatzes von Kraft-Wärme-Kopplungssystemen, die eine Nähe von Verbrauchsstätten wirtschaftlich erfordern nur unzureichend vorangetrieben worden (Hvelplund und Lund, 1998).

Durch den Stromvertrag ist die Zukunft für die Verwendung von Braunkohle bei der Elektrizitätserzeugung in den neuen Ländern durch Mindestabnahmen von ca. 70 bis 80 Mio. t pro Jahr gesichert. Im Jahr 2000 sind gut 91 Prozent der Förderung in Kraftwerken der allgemeinen Versorgung zur Erzeugung von Strom und Fernwärme eingesetzt worden. Neben der Verstromung findet die Braunkohle noch Einsatz im Hausbrand als Brikett oder in industriellen Feuerungsanlagen als Braunkohlenstaub. Mit Garzweiler II wird auch in den rheinischen Förderregionen eine kontinuierliche, langfristige Energiepolitik weiterverfolgt. Allerdings kommt auch die Braunkohlenindustrie ohne eine Reihe von indirekten Subventionierungen und Vergünstigungen nicht gänzlich aus: Hier sind insbesondere geringe oder fehlende Grundwasserentnahmegebühren, Einsatz öffentlicher Gelder für umsiedlungsbedingte Infrastrukturmaßnahmen oder weitreichende Unterstützungen bei Vorruhestandsregelungen bzw. für die Bundesknappschaft zu nennen.

3.2.3.3 Braunkohlenförderung und -verbrauch weltweit

Die weltweiten Reserven lagen nach Einschätzung der Bundesanstalt für Geowissenschaften und Rohstoffe (BGR) im Jahr 1997 bei etwa 71 Mrd. t SKE (BGR, 1999, S. 23); Ressourcen werden in Höhe von etwa 1.090 Mrd. t SKE vermutet. In Deutschland betragen die wirtschaftlich gewinnbaren Vorräte ca. 43 Mrd. t[95]. Bei einer derzeit jährlichen Förderung von etwa 170 Mio. t ergibt sich somit eine statistische Reichweite von ca. 253 Jahren.

Wenngleich sich die Förderung von Braunkohle seit den neunziger Jahren drastisch verringert hat, repräsentiert Deutschland heute immer noch den mit Abstand weltweit größten Braunkohlenförderer der Welt (Abb. 3-10).

---

[94] Hier zum Einsatz als Stadtgas, welches statt Erdgas in dessen klassischen Einsatzgebieten Verwendung fand.
[95] Entspricht etwa 12,5 Mrd. t SKE.

Abbildung 3-10: Braunkohlenförderung weltweit im Jahr 2003

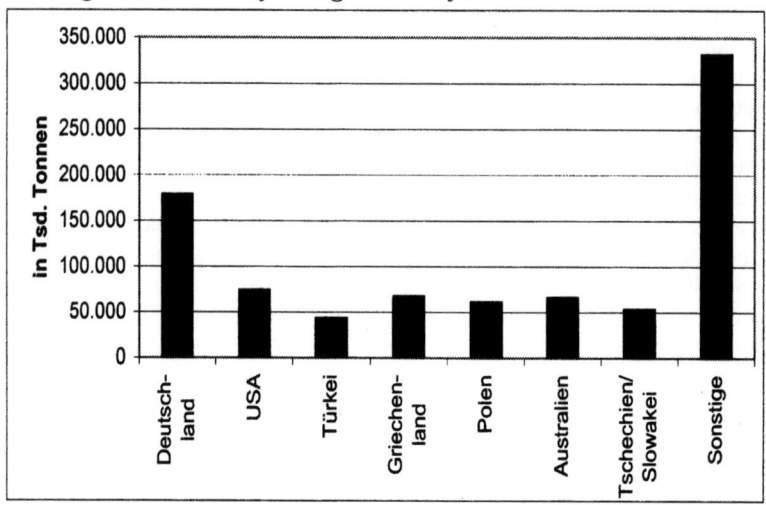

Quelle: Statistik der Kohlenwirtschaft (2005)

Allerdings eignet sich Braunkohle wegen des geringen energetischen Gehaltes und der dazu vergleichsweise hohen, volumenabhängigen Transportkosten vorwiegend zum lokalen Einsatz.[96] Aufgrund des daher fehlenden Weltmarktes bietet Braunkohle den Vorteil relativer Kostenstabilität, da globale Nachfrageschwankungen und veränderliche Währungskurse entfallen. Die Preise zwischen Großverbrauchern und Lieferanten bestimmen sich daher aus den Förderkosten, die wegen der natürlichen Bedingungen, den Abbaubedingungen und den angewandten Fördertechnologien nur geringen Schwankungen unterworfen sind. Für Deutschland ergibt sich aus den Unternehmensstrukturen im Braunkohlenbergbau eine weitere Besonderheit: Sämtliche Braunkohlenförderer befinden sich in der Hand von Energieversorgungsunternehmen, so dass zudem ein inländischer Markt de facto nicht existiert.

3.2.4. Ökonomische Aspekte der Erdgasversorgung

3.2.4.1 Historische Entwicklung

Erdgas wurde lange Zeit als Abfallprodukt der Erdölgewinnung betrachtet.[97] In den Anfängen der Gaswirtschaft stützte sich diese vielmehr auf Stadtgas und Kokerei-

---

[96] Langfristig haben daher nur Tagebaue Bestand, die Kraftwerke direkt versorgen.
[97] Die historische Gasindustrie stützte sich nicht primär auf natürliche Gasvorkommen, sondern vielmehr auf Kokereigas, ein Abfallprodukt der Kokereien (Stadtgas), und auf synthetisches Erdölgas (Raffineriegas), ein Abfallprodukt der Mineralölindustrie.

gas. Dieses wurde aus Kohle hergestellt und stammte aus städtischen Gasanstalten oder Kokereien. Mit dem Aufbau der kapitalintensiven Infrastruktur für einen großräumigen Transport von gasförmigen Energieträgern nach der Entdeckung der umfangreichen Erdgasfunde in den Niederlanden, konnte sich auch in Europa seit den 60er und 70er Jahren eine Erdgaswirtschaft etablieren. In den alten Bundesländern verbreitete sich das Erdgas seit Mitte der 60er Jahre zunehmend; 1965 deckte es mit 2 Mrd. m³ nur ein Prozent des Primärenergieverbrauches. Im Osten Deutschlands wurde Erdgas erstmals 1973 im Raum Salzwedel (Sachsen-Anhalt) gefördert. Inzwischen hat Erdgas wegen seiner vielfältigen Nutzungsmöglichkeiten Einzug in alle Bereiche des Energieverbrauches gehalten.

3.2.4.2 Internationaler Gasmarkt

Die positive Perspektive für Erdgas ist im engen Zusammenhang mit der Erdgasreservensituation und der Erreichbarkeit der Lagerstätten zu sehen. Insbesondere Europa liegt zu den größten Erdgasreserven der Welt in Westsibirien, im Iran, im Nahen Osten und in der Nordsee strategisch äußerst günstig.

Abbildung 3-11: Sicher gewinnbare Erdgasreserven der Welt (Stand 1999)

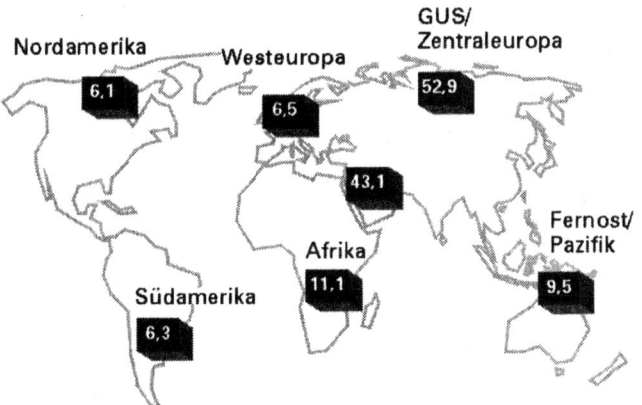

Quelle: Einschätzung Ruhrgas AG

Weltweit summieren sich die Reserven im Jahr 1999 auf 136 Billionen Kubikmeter (m³); die Ressourcen werden auf nahezu 500 Billionen m³ (BGR, 1999, S. 15) geschätzt. Dabei zeigt sich eine starke räumliche Häufung der Reserven in wenigen Regionen (Abb. 3-11). Mit ca. 36 Prozent dominiert die GUS, gefolgt von Lagerstätten im Nahen Osten mit etwa 32 Prozent. Die OPEC-Länder gebieten über etwa 42 Prozent der Reserven, während die EU über nur 3 Prozent der Reserven verfügt. Erdgasreichstes Land Westeuropas ist Norwegen mit etwa 2 Prozent der Welterdgasreserven.

Tabelle 3-2: Regionale Verteilung der Reserven und Ressourcen von Erdgas in Billionen m^3 (Stand 1997)

Region	Erdgas - Reserven			Erdgas - Ressourcen		
	konventionell	nicht-konventionell	Summe	konventionell	nicht-konventionell*	Summe
Westeuropa	7,0	0,4	7,5	5,3	7,7	13,0
Osteuropa	0,8	0,1	0,8	0,8	1,6	2,4
GUS	56,4	0,0	56,4	100,6	86,0	186,6
Naher Osten	50,8	0,0	50,8	33,4	22,4	55,8
Afrika	9,9	0,2	10,1	10,3	6,2	16,5
Nordamerika	8,0	2,3	10,3	21,6	26,5	48,1
Lateinamerika	6,2	0,0	6,2	11,1	4,2	15,3
Asien (ohne GUS)	10,9	0,3	11,3	41,7	36,0	77,7
Australien/ Ozeanien	3,1	0,1	3,1	1,4	6,4	7,8
Welt	153,1	3,4	156,4	226,1	197,1	423,2
davon EU	4,2	0,4	4,6	2,5	6,0	8,5

*nicht enthalten sind die Ressourcen für Aquifergas und Gashydrate, die von ihrer Abschätzung her nicht auf einzelne Regionen aufgeschlüsselt werden können. Für die Welt werden Ressourcen an Aquifergas und Hydraten bis ca. 3.200 Bill. m^3 angenommen.
Quelle: BGR (1999); IEA (1995), S. 207; eigene Berechnungen

Zum Vergleich betrug die weltweite Förderung im Jahr 1999 etwa 2,3 Billionen m^3 (BP, 2000). Bei gleichbleibender Förderung ergäbe sich somit eine statistische Reichweite von rund 65 Jahren (Abb. 3-12). Ergänzt man die sicher gewinnbaren Reserven um zurzeit nicht wirtschaftlich gewinnbare Lagerstätten (konventionelle Ressourcen), so erhöht sich die Reichweite um ca. 100 Jahre auf 160 bis 200 Jahre.[98]

Trotz gestiegener weltweiter Förderung sind jedoch die sicher gewinnbaren Reserven in den letzten 25 Jahren konstant geblieben bzw. leicht gestiegen. Seit 1975 hat sich die Förderung verdoppelt. Demgegenüber steht eine Steigerung der Reserven im gleichen Zeitraum um das 2,4fache. Dies dokumentiert allein der Anstieg der nachgewiesenen Reserven zum Beginn des Jahres 2001, der von der IEA (2001) mit 164 Mrd. m^3 beziffert wird und damit um etwa 5 Prozent über dem Stand von 1997 liegt (Tabelle 3-2). Von den genannten Reserven liegt rund ein Viertel offshore.

---

[98] 1998 wurden die zusätzlich gewinnbaren Ressourcen auf etwa 220 Billionen m^3 geschätzt (BMWi, 2000).

Abbildung 3-12: Statistische Reichweiten 1974-1999

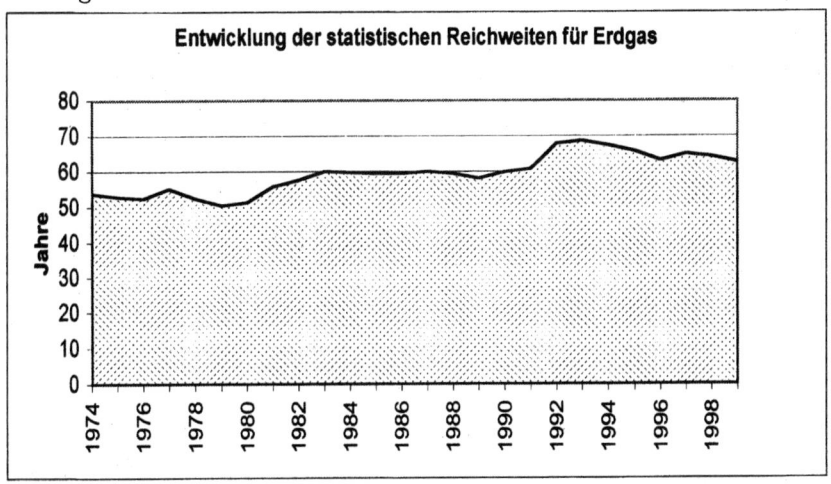

Quelle: eigene Berechnungen nach BP (2000), IEA (2000)

Hinsichtlich der Vorräte aus nicht-konventionellen Vorkommen sind die Schätzungen noch mit erheblichen Unsicherheiten belastet. Als Reserven definiert wurden bisher nur Gaslagerstätten in Kohlenflözen und dichten Speichergesteinen, für deren Gewinnung bereits Technologien vorhanden sind und deren wirtschaftliche Förderung regional gegeben ist. Im Gegensatz dazu sind die Ressourcen mit ca. 200 Billionen m^3 wesentlich höher veranschlagt. Noch höher werden die Erdgasmengen in Hydraten und Aquiferen eingeschätzt.[99] Aktuelle Forschungen der GEOMAR-Gruppe[100] verdeutlichen, dass heute Erdgashydrate[101] die größten Kohlenwasserstoffspeicher der Erde darstellen. Hydratlagerstätten befinden sich in den Meeren sowie in Permafrostgebieten. Über die Lagerstättenbedingungen und Fördermöglichkeiten ist bisher wenig bekannt.

Entsprechend der kontinentalen Gegebenheiten bestehen weltweit drei große, regionale Erdgasmärkte, innerhalb derer sich Förderunternehmen und Verbraucher durch langfristige Verträge aneinander gebunden haben. Dazu gehören der europäische Markt mit Russland, Nordafrika, Norwegen und den Niederlanden als Lieferländer, der nordamerikanische Markt aus den NAFTA-Staaten und der asiatische Markt, der aufgrund der maritimen Voraussetzung durch Flüssiggastrans-

---

[99] Hier wird von Mengen von jeweils 1.500 Billionen m^3 ausgegangen (BGR, 1999, S. 22).
[100] GEOMAR-Technologie GmbH, Kiel.
[101] Gashydrate sind feste Substanzen aus Wasser und Methan. Gasmoleküle bilden zusammen mit Wassermolekülen Käfigstrukturen und formen feste, schneeartige Gebilde. Dadurch verkleinert sich das Gasvolumen. Ein m^3 Methanhydrat enthält ca. 160 m^3 Erdgas.

porte (Liquefied Natural Gas = LNG) gekennzeichnet ist.[102] Zukünftig wird aufgrund der liberalisierten Erdgasmärkte und partieller Überkapazitäten mit einer Zunahme des bislang relativ geringen Spotmarktes gerechnet (BGR, 1999, S. 21).

3.2.4.3 Erdgasreserven für den europäischen und deutschen Markt

Die europäische Erdgasnachfrage wird heute durch Erdgasvorkommen aus Zentraleuropa, der Nordsee, Russland und Nordafrika gedeckt. Dabei legt Erdgas aus Westsibirien mit mehr als 4.000 km Transportentfernung bis Zentraleuropa den weitesten Weg zurück. Vor dem Hintergrund der Wirtschaftlichkeit selbst großer Entfernungen im Gastransport kommen zusätzlich auch Erdgasvorkommen im Mittleren Osten für eine europäische Nachfrageerhöhung in Betracht. Voraussetzung dazu ist allerdings eine stabile politische Ordnung in den betreffenden Regionen.

Den für den europäischen Markt zugänglichen Erdgasvorkommen in Höhe von rund 87.000 Mrd. m³ stand im Jahr 1999 eine europäische Nachfrage in Höhe von 375 Mrd. m³ gegenüber. Diese Erdgasvorkommen würden die jährliche Nachfrage rein rechnerisch um mehr als das 200fache übersteigen. Dies setzt allerdings einen Status quo in der derzeitigen Abnehmerstruktur der Förderländer voraus. Es zeichnen sich jedoch Bestrebungen ab, dass insbesondere Transportkapazitäten von Russland/Westsibirien nach Asien errichtet und ausgebaut werden sollen, um durch Diversifikation der Verbraucherseite größere Macht und Unabhängigkeit der Förderländer zu erreichen. Des Weiteren wird aufgrund sinkender Preise bei strikter Marktöffnung ein Nachfrageschub ausgelöst (Ellis et al., 2000).

Tabelle 3-3: Für den europäischen Markt zugängliche Erdgasreserven (in Mrd. m³)

1. Westsibirien	38.050	10. Libyen	1.212
2. Iran	21.200	11. Wolga/Ural	1.090
3. Katar	7.850	12. norwegische See	620
4. Algerien	3.424	13. Großbritannien	574
5. russische Barentsee	3.132	14. Deutschland	331
6. norwegische Nordsee	2.950	15. Italien	300
7. Turkmenistan	2.650	16. norwegische Barentsee	229
8. Kasachstan	1.670	17. Dänemark	95
9. Niederlande	1.668		
		Summe in Mrd. m³	87.045

Quelle: LBD (1999)

Mit etwa 40 Prozent der Erdgaseinfuhren stellt Russland den größten Lieferanten im europäischen Erdgasmarkt. Dies gilt gleichermaßen für den deutschen Erdgas-

---

[102] Zwischen den Hauptverbrauchern Japan, Südkorea und Taiwan und den Produzenten Indonesien, Malaysia und Brunei.

markt, wo Russland und Norwegen in den vergangenen zwanzig Jahren zu den größten Importeuren Deutschlands gewachsen sind (Abb. 3-13).

Abbildung 3-13: Entwicklung der Einfuhr von Erdgas in die Bundesrepublik

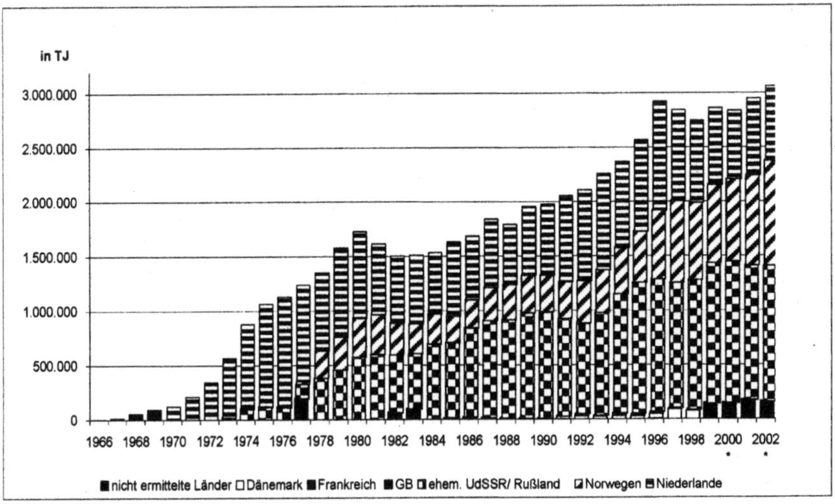

Quelle: Bundesamt für Wirtschaft und Ausfuhrkontrolle (2005)

Zum Transport des Erdgases zu Land, auf dem Meeresgrund oder per Tanker werden unterschiedliche Techniken genutzt.

Erdgaslieferungen über Land betreffen in Europa im Wesentlichen das Leitungssystem, das Westeuropa mit Sibirien verbindet. Des Weiteren ist das deutsche Ferngasleitungsnetz mit dem belgischen und niederländischen Leitungsnetz verbunden sowie an dänische und französische Versorgungsleitungen angeschlossen. [103]

---

[103] Auch die Lieferungen von Erdgas aus Offshore-Gebieten durch Unterwasserpipelines haben sich seit langem bewährt. Seit 1977 gelangt Erdgas aus dem Ekofisk-Gebiet in der norwegischen Nordsee nach Emden. Ebenfalls 1977 wurde eine Doppelpipeline aus dem weiter nördlich gelegenen Frigg-Feld nach St. Fergus in Schottland in Betrieb genommen. Die Unterwasserpipeline vom britischen Brent-Feld nach St. Fergus wurde 1978 fertiggestellt. Das Statpipe-System (1985), die Zeepipe (1993) und die Europipe I und II (1995 und 1996) bilden die Infrastruktur für den Transport von Gas aus Feldern der norwegischen Nordsee zum Kontinent. Der Interconnector, die Leitungsverbindung zwischen Bacton/Großbritannien und Zeebrügge/Belgien, ist im Oktober 1998 in Betrieb gegangen. Auch Deutschland bezieht seit der Inbetriebnahme des Interconnectors Erdgas aus Großbritannien. Mittelfristig ist jedoch mit einem Auslaufen der Importe aus Großbritannien zu rechnen, das innerhalb der nächsten fünf Jahre voraussichtlich selbst zum Gasimporteur wird (o. V. 2001e). Zusätzlich ist eine Pipeline von Algerien über Tunesien nach Italien in Betrieb. Eine zweite Pipeline-Verbindung von Algerien nach Europa wurde 1996 fertiggestellt.

Erdgas kann auch per Tanker in verflüssigter Form (LNG) bezogen werden. Rund ein Viertel des Welterdgashandels entfällt auf LNG. Wichtigstes Importland ist Japan, mit deutlichem Abstand vor Südkorea und Frankreich. Den westeuropäischen Markt bedienen vorwiegend Algerien, Libyen, Australien und Abu Dhabi. Die Wirtschaftlichkeit weiterer LNG-Projekte und der Zeitpunkt der Lieferaufnahme sind wesentlich durch die künftige Energiepreisentwicklung bestimmt. So genießt die LNG-Kette wegen der Kosten der Verflüssigung und der Wiedervergasung erst bei größeren interkontinentalen Distanzen wirtschaftliche Vorteile. Der Branchenverband Internationale Gas Union prognostiziert ein Anwachsen des LNG-Anteiles am Gesamtverbrauch um bis zu 17 Prozent im Jahr 2030 (Flauger et al., 2003).

Langfristig kann die Erdgasversorgung in Deutschland als sicher angesehen werden. Die hohe geographische Diversifikation der bisherigen leitungsgebundenen Bezüge sowie erhebliche weitere Mengen in diesen Förderregionen gelten neben den guten Emissionswerten als Vorteil für den zukünftigen Einsatz.

3.2.5. Ökonomische Aspekte der Uranversorgung[104]

Nukleare Energieträger sind Uran und Plutonium, ein Zerfallsprodukt des Uranes. Sie werden als Brennstoff in Kernkraftwerken eingesetzt. In einer kontrollierten Kettenreaktion wird durch Kernspaltung ein Teil der Bindungsenergie des atomaren Kernes frei. Auch die Uranvorräte sind begrenzt und müssen bergmännisch erschlossen werden.

Für das Jahr 1997 waren weltweite Reserven (abbaubar bis zu einem Preis von 80 US-\$/kgU) in Höhe von 2,34 Mio. t Uran (BGR, 1999; WEC, 2000; BP, 2000) nachgewiesen. Diese sind geographisch ungleichmäßig verteilt: Australien besitzt mit großem Abstand die bedeutendsten Vorkommen, gefolgt von Kasachstan, Kanada, Südafrika, Brasilien, Namibia, Russland und den USA (Abb. 3-14). Diese Länder verfügen zusammen über 86 Prozent der weltweiten Uranvorkommen. Die Reserven bis 40 US-\$/kgU gewinnbar wurden 1997 mit ca. 1,37 Mio. t Uran beziffert (BGR, 1999).

---

[104] Einschließlich anderer spaltbarer Stoffe.

Abbildung 3-14: Regionale Verteilung der weltweiten Uranreserven

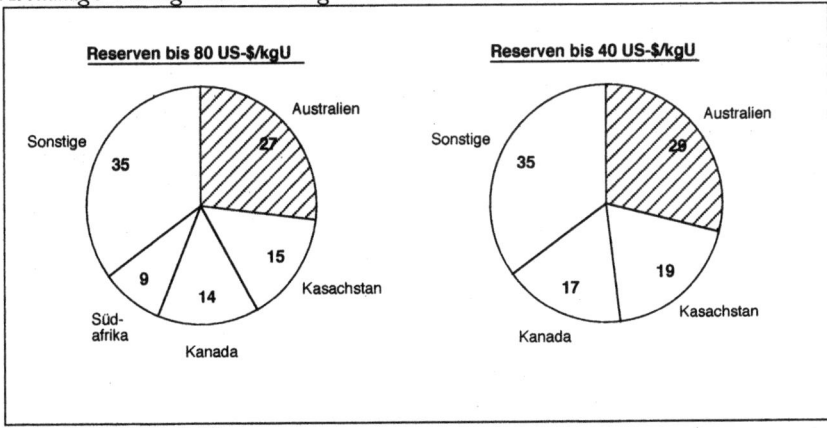

Quelle: BGR (1999), S. 25

Unter Einbeziehung der Ressourcen stellt sich der konventionelle Uranvorrat wie in Abbildung 3-15 dar. Unter Reserven sind hierbei die bis 80 US-$/kgU gewinnbaren Vorräte zu verstehen, während die entdeckten wirtschaftlichen Ressourcen die Vorräte zu Kosten von 80 bis 130 US-$/kgU mit einschließen.

Abbildung 3-15: Konventionelle Gesamtressourcen von Uran

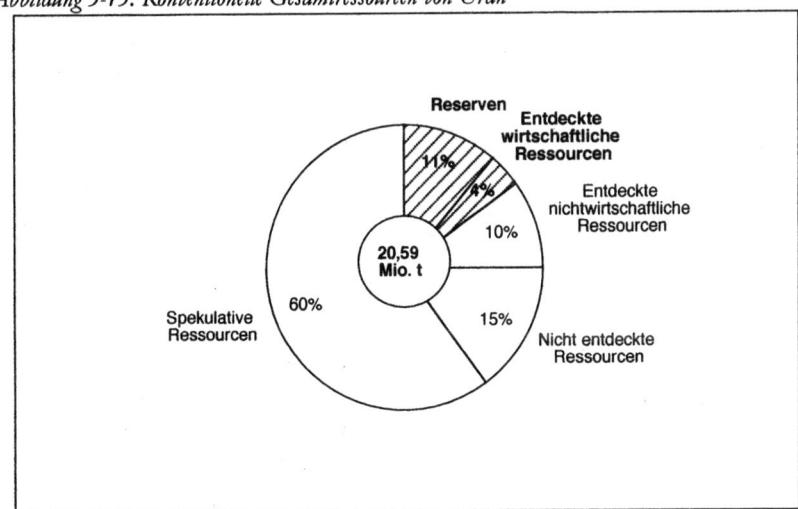

Quelle: BGR (1999), S. 26

Die Welturanerzeugung hat seit 1991 insgesamt abgenommen, die Entwicklung in den einzelnen Ländern unterscheidet sich jedoch erheblich. Australien hat in besagtem Zeitraum seine Förderung nahezu verdoppelt, während die Förderung in Westeuropa fast vollständig eingestellt wurde (Tab. 3-4).

Tabelle 3-4: Entwicklung der Welturanerzeugung (in t Uran)

Land	1991	1993	1995	1997	1999	2000	2001	2002	2003
Australien	3.776	2.256	3.712	5.488	6.445	7.579	7.720	6.854	7.680
Kanada	8.160	9.155	10.473	12.031	8.500	10.683	12.522	11.607	10.459
Frankreich	2.477	1.730	1.016	572	465	296	120	18	9
Gabun	540	556	652	470	350	0	0	0	0
Namibia	2.451	1.679	2.016	2.905	2.905	2.715	2.239	2.334	2.037
Niger	2.964	2.914	2.974	3.487	2.910	2.911	2.692	3.075	3.141
Südafrika	1.687	1.699	1.421	1.100	950	838	923	824	758
USA	3.060	1.180	2.324	2.170	1.800	1.522	1.012	925	788
Ehem. SU	10.500								
Russland		2.697	2.160	2.580	2.600	2.760	2.910	2.750	3.073
Kasachstan		2.700	1.630	1.090	2.000	1.870	2.050	2.822	2.656
Ukraine*		1.000	1.000	1.000	1.000	1.000	1.000	1.000	800
Usbekistan		2.600	1.644	1.764	2.300	2.028	2.350	1.859	1.600
Andere Länder	6.217	3.071	2.132	2.067	2.069	1.765	1.829	1.987	1.996
Summe Welt gerundet	41.900	33.237	33.154	36.724	34.294	35.967	37.367	36.055	34.997

* geschätzte Werte
Quelle: BMWA (2004)

Der fallenden Erzeugung steht ein relativ konstanter Verbrauch von etwa 60.000 t Uran p. a. gegenüber (BP, 2000). Die Lücke zwischen dem Verbrauch und der weltweiten Erzeugung wird derzeit aus früher angelegten zivilen und militärischen Lagerbeständen, besonders Russlands, gedeckt. Wegen der Abrüstung und des geringeren zivilen Bedarfes, sind diese Mengen nicht mehr im früheren Umfang notwendig. Zusätzlich stehen weitere Mengen aus der Wiederaufarbeitung von Brennelementen zur Verfügung.

Die Kernbindungskräfte sollen künftig auch durch Kernfusion genutzt werden: Energie entsteht, wenn in einem durch Magnetfelder komprimierte, auf hohe Temperaturen aufgeheizte Plasmakerne von Wasserstoffatomen zu Helium verschmelzen. Wenn diese Technik realisiert werden sollte, stünde eine praktisch unbegrenzte Energiequelle zur Verfügung.

Allerdings ist selbst die Meinung zur friedlichen Nutzung der Kernenergie weltweit gespalten, so dass Voraussagen über Preise oder Mengen des Uranmarktes schwierig sind, weil der Aus- oder Abbau sehr stark von politischen Weichenstellungen abhängt. Wegen der in vielen Ländern fehlenden Akzeptanz in der Bevölkerung wird vielmehr mit einer mittelfristigen Stagnation des Bedarfes gerechnet.

3.3. POTENTIALE UND MARKTENTWICKLUNG ERNEUERBARER ENERGIETRÄGER

3.3.1. Einleitung und allgemeine Annahmen

Ausgangspunkt der Anstrengungen zur Nutzung erneuerbarer Energiequellen[105] ist ihr außergewöhnlich großes globales Angebotspotential und die Tatsache, dass die vorhandenen unerschöpflichen Energieströme der technischen Nutzung zugeführt werden können. Damit lassen sich die wesentlichen Kriterien einer nachhaltigen Energieversorgung erfüllen. Im Wesentlichen beruht das Potential auf der Energiezufuhr über die Sonneneinstrahlung, die das Ökosystem über die Photosynthese antreibt. Die solare Energie sorgt für großräumige Wassertransporte über Verdunstung und Niederschläge und erzeugt laufend über Temperatur- und Druckunterschiede in der Atmosphäre große Ausgleichsbewegungen von Luftmassen. Daneben spielt auch die Gravitationswirkung zwischen Erde und Mond (Gezeiten der Meere) und die Erdwärme eine Rolle. Die Sonneneinstrahlung bildet mit ihrer direkten und indirekten Nutzung allerdings die Hauptquelle der erneuerbaren Energie.

Abbildung 3-16: Natürliches Angebot und technisches Potential erneuerbarer Energieträger weltweit

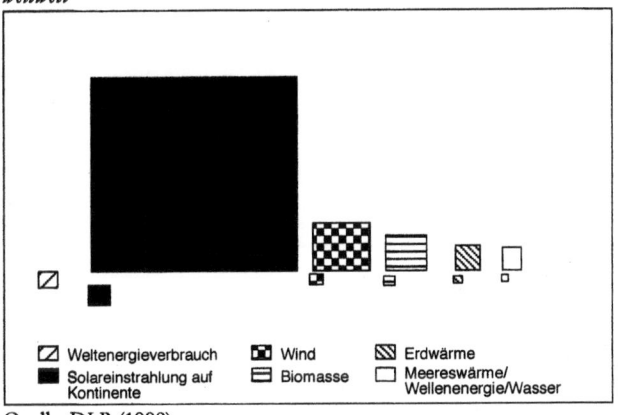

Quelle: DLR (1999)

Das natürliche Angebot der erneuerbaren Energien (jeweils hintere Quadrate) ist außerordentlich groß. Die daraus technisch gewinnbaren Energiemengen in Form von Strom, Wärme und chemischen Energieträgern (jeweils vordere Quadrate) übertreffen den derzeitigen Weltenergieverbrauch (Quadrat links) etwa um das Dreifache (Abb. 3-16).

---

[105] Als erneuerbare Energiequellen werden solche bezeichnet, deren Nutzung ihren Vorrat nicht verringert.

Diese natürlichen Energieströme entsprechen etwa dem 3.000fachen des derzeitigen jährlichen Weltenergieverbrauches (Quader im Hintergrund). Sie stellen das physikalische Potential der Nutzung erneuerbarer Energien dar. Davon abgeleitet, beschreiben die technischen Potentiale die möglichen Energieerträge in einer für den Endverbraucher nutzbaren Form – also Nutzwärme verschiedener Temperatur, Elektrizität sowie Brenn- und Treibstoffe, z. B. Wasserstoff oder Biodiesel. Dabei stellen die technischen Potentiale erneuerbarer Energien keine fixe Größe dar. Sie liefern jedoch einen abgesicherten Orientierungsrahmen für die technischen Möglichkeiten innerhalb eines mittel- bis langfristigen Betrachtungszeitraumes.

Das global insgesamt technisch nutzbare Potential der erneuerbaren Energien liegt in der Größenordnung des Dreifachen des derzeitigen weltweiten Verbrauches an Endenergie. Etwa 81 Prozent davon stellt die Strahlungsenergie. Das World Energy Council (WEC, 1989) schätzt das weltweite Potential an erneuerbaren Energien in theoretischer und technischer Hinsicht als bislang unzureichend ausgenutzt ein.

Tabelle 3-5: Weltweites Potential an erneuerbaren Energien

	Theoretisches Potential (TWa)	Technisches Potential (TWa)	Genutztes Potential (TWa)
Biomasse	100,0	5,0	1,7
Wasserkraft	5,3	2,4	0,72
Geothermie	35,	0,7	0,0045
Windenergie	345,0	0,1	0,0001
Wellen, Gezeiten	20,0	0,5	0,0001
Kontinental absorbierte Solarstrahlung	25.000	37,5	0,00001
Total	-	46,2	2,42

Quelle: WEC (1989)

Erneuerbare Energien können also auch einen noch steigenden Energiebedarf prinzipiell vollständig und auf Dauer decken. Beiträge erneuerbarer Energiequellen im Bereich von 50 Prozent und mehr am nationalen Ergieverbrauch werden dementsprechend bereits bis zur Mitte des jetzigen Jahrhundertes für möglich gehalten (WBGU, 2003; Arbeitsgemeinschaft DLR/ifeu/WI, 2004). Aufgrund der regionalen Gebundenheit bzw. der Angebotsdifferenzen ergeben sich auf Länderebene gleichwohl sehr unterschiedliche Potentialwerte. Da aber längerfristig mittels Elektrizität oder chemischer Energieträger auch ein kontinentaler Energieaustausch bzw. eine globale Versorgung auf der Basis erneuerbarer Energien technisch möglich ist, können auf mittelfristige Sicht einstrahlungs-, wind- oder wasserreiche Gebiete Exportregionen für entsprechende Energieträger werden.

3.3.2. Perspektiven für Deutschland

In Deutschland ist die Nutzung erneuerbarer Energien, bis auf die Wasserkraft, bisher nur zu wenigen Prozenten erschlossen. Zusammengenommen geht man davon aus, dass diese etwa 60 Prozent des derzeitigen Energieverbrauches decken könnten. Damit würden erneuerbare Energien die bedeutendste heimische Energiequelle stellen. Zusätzlich könnten Importe von regenerativ erzeugten Sekundärenergieträgern genutzt werden.

Die Nutzung dieser technischen Potentiale setzt spezifische Umwandlungssysteme voraus. Tabelle 3-6 zeigt die regenerativen Energiequellen und die erforderlichen Umwandlungssysteme.

Tabelle 3-6: Erneuerbare Energiequellen und erforderliche Umwandlungssysteme

ENERGIE-QUELLE	UMWANDLUNG	ERZEUGTE ENERGIE
Solarstrahlung	Photovoltaik-Anlage, Solarthermisches Kraftwerk	Strom
Wasserkraft	Wasser-, Gezeitenkraftwerk	
Windkraft	Windenergiekonverter	
Biomasse	(Heiz-) Kraftwerk	Strom und Wärme
Erdwärme	Geothermisches (Heiz-) Kraftwerk	
Solarstrahlung	Kollektor, Absorber, Passivnutzung	Wärme
Biomasse	Heizkessel	
Umgebungswärme	Wärmepumpe, Absorber	
Biomasse	Biogasanlage, Alkoholfermenter, Kompaktier-, Aufbereitungsanlage	Brennstoff
Solarstrahlung	Photoelektrochemische Zellen	

Quelle: Wagner et al. (1997)

Grundlage für die kontinuierliche Weiterentwicklung des Ausbaues der Nutzung erneuerbarer Energiequellen in Deutschland ist allerdings das Fortbestehen des EEG, das eine kostendeckende Vergütung für die kommenden Jahre garantiert. Hier müssen die im Anfangsstadium befindlichen Technologien bis zur Erreichung der Wettbewerbsfähigkeit unter ähnliche Schutzbedingungen gestellt werden, wie dies für die konventionellen Erzeugungstechnologien im Monopolmarkt bis vor der Liberalisierung durch Festlegung und Genehmigung kostendeckender Verbraucherpreise üblich war.

3.3.3. Wasser

Wasserkraft ist eine weitgehend ausgereifte Technologie. Zur Stromerzeugung wird die potentielle (Nutzung der Fallhöhe) sowie die kinetische (Nutzung der Strömung) Energie des Wassers genutzt (Kaltschmitt und Wiese, 1995), die über Turbinen und Generatoren in elektrischen Strom umgewandelt wird. Die größten Potentiale liegen demzufolge in den südlichen Bundesländern Bayern und Baden-Württemberg, da hier der Voralpenraum für ein günstiges Gefälle sorgt. Die Nutzung des Wassers erfolgt vornehmlich in Laufwasserkraftwerken an Flüssen und Bächen oder in Speicherkraftwerken an künstlich angelegten Speicherseen[106]. Die Leistungen der Kraftwerke liegen dabei in einer Größenordnung von einigen Kilowatt – insbesondere bei der Nutzung von Bächen – bis zu mehreren hundert Megawatt. Kleinwasserkraftwerke sind einige tausend in Betrieb.

Für Deutschland liegen kontinuierlich erhobene Daten zur Wasserkraftnutzung für Anlagen der allgemeinen Elektrizitätsversorgung, der Industrie sowie der Deutschen Bahn vor. Statistische Erfassungsprobleme ergeben sich dagegen für die Vielzahl von Klein- und Kleinstanlagen. Die heutige Struktur des Anlagenbestandes wird durch die ca. 400 Wasserkraftanlagen mit einer Leistung von mehr als 1 MW dominiert, die in erster Linie von Energieversorgungsunternehmen betrieben werden und mehr als 90 % des Stroms aus Wasserkraft erzeugen. Darüber hinaus werden etwa 5.500 Anlagen mit einer Leistung unter 1 MW betrieben, die sich vor allem in der Hand kleiner Unternehmen und Privatpersonen befinden. Gut 80 Prozent der Stromerzeugung stammt aus Laufwasserkraftwerken, der Rest aus Speicherwasserkraftwerken (14 Prozent) und dem natürlichen Zufluss in Pumpspeicherkraftwerken. Die installierte Leistung größerer Anlagen ist in den letzten zehn Jahren weitgehend konstant geblieben. Im Gegensatz dazu stieg die Anzahl der Kleinwasserkraftwerke mit einer Leistung bis zu 5 MW seit 1990 von etwa 3.700 auf rund 5.000 (Staiß, 2003). Dabei handelt es sich häufig um die Reaktivierung von Altanlagen, die durch die Förderung des Stromeinspeisegesetzes bzw. des EEG wieder wirtschaftlich betrieben werden konnten.

Tabelle 3-7: Wasserkraftwerke in Deutschland, Stromversorgung und private Einspeiser

Stand 2003	
Gesamtzahl Anlagen	5.461
Gesamtleistung	4.625 MW
Tatsächliche Stromerzeugung*	27.000 GWh
Technisches Potential	24.700 GWh p. a.

*Angaben für 2004, inkl. Pumpspeicherkraftwerke mit natürlichem Zufluss
Quelle: BMU (2002), Staiß (2003), Statistisches Bundesamt (2005)

---

[106] Mit oder ohne natürlichem Zufluss.

In Deutschland wurden in der öffentlichen Stromversorgung Ende 2003 rund 4.600 MW Wasserkraftleistung genutzt (Tab. 3-7). Nur für Kleinwasserkraftwerke besteht in Deutschland noch ein Ausbaupotential, welches auf 500 bis 800 MW für die nächsten Jahre eingeschätzt wird (BMU, 2002).

Im Hinblick auf die erzeugte Elektrizitätsmenge leistet die Wasserkraft unter den regenerativen Energietechnologien in Deutschland derzeit den zweitgrößten Beitrag zum Energieaufkommen. Die Wasserkraft ist eine der wenigen erneuerbaren Energien, deren Nutzung über längere Zeiträume mit hoher Zuverlässigkeit[107] eingeplant werden kann. Allerdings kann es aufgrund saisonaler Schwankungen des Wasserangebotes zu unterschiedlich hoher Stromerzeugung kommen, so dass ein Kapazitätszubau nicht automatisch zu höheren Erzeugungsmengen führt.

Abbildung 3-17: Entwicklung der Leistung und Stromerzeugung aus Wasserkraft

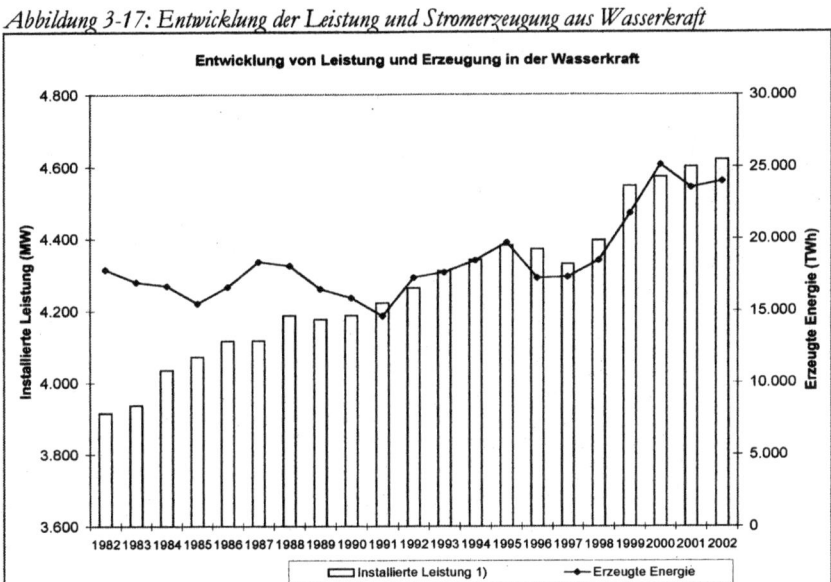

Quelle: BMU (2003)

Die Stromerzeugung aus Wasserkraft ist stark von den Witterungsverhältnissen der Region abhängig. In Relation zum technischen Potential, das in Deutschland bei etwa 24,7 TWh p. a. (Giesecke und Mosonyi, 1997)[108] liegt, wird dieses nur in wenigen wasserreichen Jahren genutzt. Verglichen mit anderen erneuerbaren Energien ist das Entwicklungspotential für einen weiteren Ausbau in Deutschland jedoch weitestgehend ausgeschöpft. Vor Neubauten dominiert daher – auch aus Umwelt-

---

[107] Insbesondere Flusskraftwerke, die im Grundlastbereich durchgängig in Betrieb sind.
[108] Der Bundesverband Deutscher Wasserkraftwerke (BDW) rechnet sogar mit einem längerfristigen Ausbau zur zusätzlichen Erzeugung von 15 TWh (Schürmann, 2002b).

und Naturschutzgründen – die Ertüchtigung und Leistungserhöhung bestehender Anlagen. Bezogen auf die Investitionskosten für ein kW stellt jedoch die Wasserkraft eine vergleichsweise kapitalintensive Technologie dar. Für Kleinwasserkraftanlagen mit einer Kapazität bis ein MW sind derzeit Neubaukosten zwischen 5.400 und 8.600 € pro kW zu veranschlagen (Arbeitsgemeinschaft DLR/ifeu/WU, 2004, S. 25). Die hohen Investitionskosten werden allerdings durch Nutzungsdauern von bis zu 100 Jahren relativiert.

Langfristig werden weitere bisher nur unwesentlich im kommerziellen Bereich eingesetzte, sonstige Technologien auf Wasserbasis[109] ausgebaut. Aufgrund der geringen Datenmenge werden diese jedoch nicht in die weitere Betrachtung einbezogen.

3.3.4. Wind

3.3.4.1 Windkraftanlagen im Küstengebiet und in Binnenlagen

Den stärksten Ausbau aller erneuerbaren Energien hat in den vergangenen Jahren die Elektrizitätserzeugung aus Windkraft erfahren. Angeschoben wurde diese Wachstumsdynamik durch die verschiedenen Förderprogramme von Bund und Ländern sowie die veränderte Gesetzgebung des Stromeinspeisungsgesetzes (StrEG) im Jahr 1991 und des seit 2001 geltenden Gesetzes zur Förderung Erneuerbarer Energien (EEG). Dies hat dazu beigetragen, dass sich eine leistungsfähige, nationale Windindustrie entwickelt hat, die in den vergangenen Jahren erhebliche Fortschritte in der technologischen Weiterentwicklung und gleichzeitig relevante Kostensenkungen erzielt hat.

Hierzu sind für einen sinnvollen Anlagenbetrieb Windgeschwindigkeiten von mindestens vier bis fünf Meter pro Sekunde (m/sec) erforderlich, die nur in einem begrenzten Teil Deutschlands vorkommen, hauptsächlich in Norddeutschland und vor den Küsten. Mit über 16.000 MW installierter Leistung werden heute über fünf Prozent des Strombedarfes[110] in Deutschland durch Windkraft gedeckt (Abb. 3-18) und damit das im Binnenland bestehende Potential zu rund 25 Prozent ausgeschöpft. Die Zahl der Anlagen stieg dabei im Zeitraum von 1995 bis 2003 jährlich um durchschnittlich 21 Prozent. Mit einem Zubau von 3.250 MW im Jahr 2002 wurde der Zubau des Jahres 2001 in Höhe von 2.650 MW nochmals weit übertroffen (BMU, 2003). Infolge der hohen Einspeisevergütung von bis zu 8,8 Cent

---

[109] In Schottland wurde im Jahr 2001 ein Wellenkraftwerk in einer Leistungsgröße von 500 kW in Betrieb genommen, das für die Versorgung von etwa 400 Haushalten konzipiert wurde. Auch im dänischen Nordseefjord Nissum Bredning wurde im 2003 ein mobiles Wellenkraftwerk zum Probebetrieb installiert (Sievers, 2003). Der aktuelle Stand der Forschung ist jedoch noch nicht ökonomisch sinnvoll umgesetzt (Sieg, 2003). Für wärmere Regionen kommen z. B. solche wie das auf Hawaii entstehende Kraftwerk in Betracht, das die Wärme des Meerwassers in elektrische Energie umwandelt.

[110] Bezogen auf ein durchschnittliches Windjahr.

pro Kilowattstunde (ct/kWh) über das EEG produzieren Anlagen an windgünstigen Standorten mit Gewinn; das Wachstum des Marktes wird voraussichtlich – wenngleich in abgeschwächter Form – auch in den Folgejahren anhalten (Donnerbauer, 2003). Sinkende Zuwachsraten sind im Wesentlichen auf die Abnahme windgünstiger Standorte zurückzuführen, deren Belegung mit 60 Prozent vom Deutschen Windenergie Institut (DEWI) eingeschätzt wird (o. V., 2003a).

Abbildung 3-18: Ausbau Windenergie 1987-2003

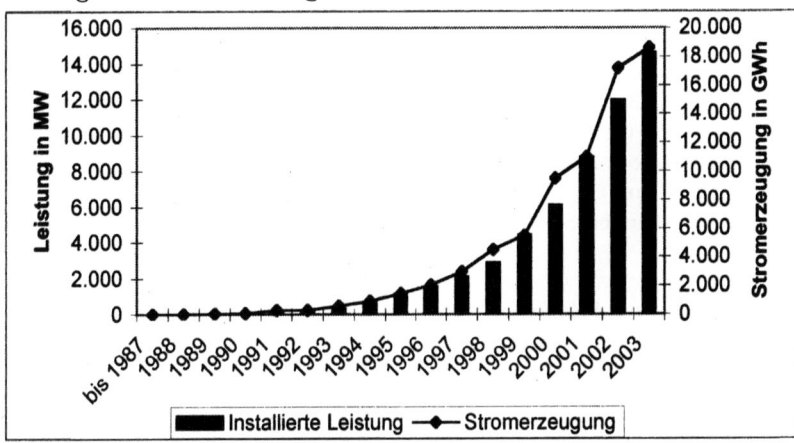

Quelle: Bundesverband Windenergie, Internationales Wirtschaftsforum Regenerative Energie (IWR), verschiedene Jahrgänge

3.3.4.2 Offshore-Windkraftanlagen

Bei der großtechnischen Nutzung der Windenergie ist zwischen Onshore- und Offshore-Nutzung zu unterscheiden. Während bei der Onshore-Nutzung durch eine Vielzahl von realisierten Windparks bereits umfangreiche Erfahrungen bei dem Betrieb der Anlagen gemacht wurden, befindet sich die Offshore-Nutzung noch im Stadium der Erschließung. Mit 3.000 bis 4.000 Volllaststunden kann allerdings im Vergleich zu Binnenstandorten die doppelte Energieausbeute erzielt werden, so dass um bis zu 60 Prozent höhere Investitionskosten durchaus amortisationsfähig erscheinen. Ein weiterer Vorteil besteht in der erheblich gleichmäßigeren Windgeschwindigkeit, welche die Planbarkeit von Einspeisungsmengen erleichtert. Neben den erhöhten Investitionskosten spielen die Betriebskosten eine weitaus wichtigere Rolle als bei Binnenstandorten, da die laufende Wartung erheblich kostenintensiver ist. Die neue Generation an Windkraftanlagen auf See wird deshalb zukünftig noch konsequenter mit Fernsteuerung und -überwachung versehen sein, um höhere Zuverlässigkeitsquoten und Wartungsfreundlichkeit zu garantieren. Verglichen mit den Binnenstandorten gibt es auf See jedoch weniger Windturbulenzen, so dass die Anlagenteile wesentlich gleichmäßiger belastet werden. Hinsichtlich der Anlagengröße geht der Trend von Leistungen von 600 bis 1.000 kW über Anlagen mit 1.300 kW (Nabenhöhe z. B. 85 m) zu Anlagen über 1.500 kW und größer. Im Offshore-Bereich werden Anlagengrößen von bis zu 5 MW geplant.

Der derzeit weltweit größte Offshore-Windpark steht im Öresund bei Middelgrunden vor den Toren Kopenhagens. Für Deutschland wird die erste Realisierung nicht vor dem Jahr 2005/2006 erwartet. Prototypen mit einer Leistung von fünf MW sind 2003 in Betrieb gegangen. Nach einer Erprobungszeit von zwei Jahren an Land sollen diese Anlagen kommerziell verfügbar sein (o. V., 2001a). Für den Bau des ersten Offshore-Windparkes in Deutschland wurde in der Nordsee 45 Kilometer nordwestlich von Borkum durch das Bundesamt für Seeschifffahrt und Hydrographie die Genehmigung erteilt. Dem Bundesamt liegen noch weitere 40 Anträge für Offshore-Anlagen vor. Mit einer prognostizierten Leistung von 20.000 bis 25.000 MW und einer Ausnutzung von 40 Prozent ließen sich 12,5 bis 15,5 Prozent des bisherigen Stromverbrauches in Deutschland produzieren (Beukert, 2002).

3.3.5. *Photovoltaik und Solarthermie*

3.3.5.1 Photovoltaische Anlagen

In photovoltaischen Anlagen wird Licht direkt in elektrischen Strom umgewandelt. Das Prinzip ist dabei relativ einfach: Ein Lichtstrahl erzeugt in einem Halbleiter wie Silizium positive und negative elektrische Ladungen. Diese werden durch ein elektrisches Feld getrennt und über Metallkontakte nach außen geleitet. Der so entstehende Gleichstrom kann direkt zum Betrieb elektrischer Geräte genutzt oder in Batterien gespeichert werden. Er kann auch in Wechselstrom umgewandelt und in das öffentliche Stromnetz eingespeist werden. Die Solarzellen werden zu Modulen zusammengeschaltet und vorwiegend auf Dächern montiert. Mehrere Solarmodule bilden einen Solargenerator. Die Photovoltaik bietet somit von der Solarzelle bis zum Solargenerator Anwendungsmöglichkeiten in den unterschiedlichsten Leistungsbereichen (Tab. 3-8).

Tabelle 3-8: Anwendungsgebiete für solare Energiegewinnung

ANWENDUNGS-GEBIETE	BEISPIELE	LEISTUNGSBEREICH IN WATT (W)
Konsumgüter	Uhren, Taschenrechner und -lampen, Werkzeuge, Ladegeräte, Radios, Pkw-Belüftung, Lampen, Haushaltsgeräte	0,001 bis einige 100
Netzfreie Anwendungen (Einzelgeräte)	Notrufsäulen, Verkehrszeichen, Leuchtbojen, Parkscheinautomaten, Sendeanlagen, Solarmobile	10 bis einige 10.000
Netzferne Stromversorgung	Wasserpumpen, abgelegene Häuser, Dorfversorgung in Entwicklungsländern, Messstationen	50 bis einige 100.000
Netzgekoppelte Stromversorgung	Ein- und Mehrfamilienhäuser, gewerbliche und kommunale Bauten	1.000 bis einige 100.000
Zentrale Stromversorgung	PV-Kraftwerke	100.000 bis einige 1.000.000
Zentrale Stromversorgung	PV-Kraftwerke	100.000 bis einige 1.000.000

Quelle: DGS (2001)

Pro Quadratmeter fallen jährlich in Deutschland etwa 850[111] bis 1.125[112] kWh Strahlungsenergie auf einer horizontalen Fläche auf. Diese ist in den südlichen Bundesländern im Jahresdurchschnitt höher als im Norden. Die Strahlungsenergie wird mit heute üblichen Solarzellen aus kristallinem Silizium, mit 70 Prozent Marktanteil in Europa derzeit führend, allerdings höchstens mit 14 Prozent Wirkungsgrad in elektrische Energie, umgewandelt. Der theoretische Wirkungsgrad von kristallinem Silizium liegt bei etwa 44 Prozent. Bei großtechnischer Erzeugung von Strom über Photovoltaik werden Wirkungsgrade zwischen 12 und 16 Prozent erreicht. Die größten Entwicklungschancen werden allerdings den sogenannten Dünnschichtzellen aus Cadmiumtellurid (CDTe) und Kupfer-Indium-Diselenid (CIS) zugeschrieben. Dies ist besonders auf die Kostendegression durch den geringeren Materialeinsatz und einfachere Fertigungsverfahren zurückzuführen. Kostensenkungen bringen insbesondere neue Fertigungsverfahren, die statt hitzebeständigen Glases als Trägermaterial den Einsatz von PET-Folien zur Aufbringung gestatten (Traufetter, 2001). Eine weitere mögliche Kostenersparnis besteht in der vereinfachten Produktion auf Basis einfacher Druckprozesse (Tintenstrahldrucker), die selbstordnende organische Substanzen auf starre oder gekrümmte Oberflächen aufbringen und damit den Herstellungsprozess auf eine Stufe reduzieren (Unger, 2001).

---

[111] In Hamburg (Schmid, 1995, S. 11).
[112] In Süddeutschland am Kaiserstuhl (Schmid, 1995, S. 11).

Neben der Senkung der spezifischen Herstellungskosten gilt jedoch der Erhöhung des Wirkungsgrades zur Verbesserung der Wirtschaftlichkeit derzeit das größte Forschungsinteresse.

Hohe Zuwachsraten bei der installierten Leistung (Abb. 3-19) täuschen jedoch nicht darüber hinweg, dass sich der Markt für Photovoltaik erst in seinem Anfangsstadium befindet. Im Jahr 2003 wurde lediglich ein Anteil von 0,06 Prozent der Bruttostromerzeugung durch netzgekoppelte PV-Anlagen erbracht.

Abbildung 3-19: Entwicklung der installierten Leistung von Solarmodulen 1990-2004

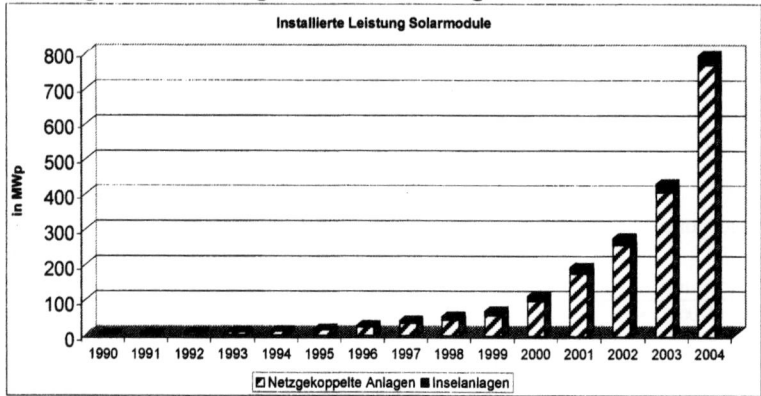

Quelle: BSi (2005)

3.3.5.2 Solarthermische Kraftwerke

Daneben gibt es noch die Technologie solarthermischer Kraftwerke. Zum Einsatz kommen derzeit zwei solarthermische Kraftwerkskonzepte: Das Parabolrinnen-Kraftwerk und das Turm-Kraftwerk (Schlaich, 1994; Schmid, 1995). Die Stromgestehungskosten liegen hier unter Idealbedingungen zwischen 15 und 20 ct/kWh. Versuchs- und Demonstrationsanlagen beider Techniken gibt es in den USA und Spanien.

Solarthermische Kraftwerke zur Stromerzeugung werden mit aller Wahrscheinlichkeit allerdings in Deutschland nie errichtet werden. Für den wirtschaftlichen Betrieb sind nur Länder südlich des 40. Breitengrades geeignet, wo die Sonneneinstrahlung sehr intensiv ist. Bei derartigen Kraftwerken wird Sonnenlicht direkt über fokussierende Spiegel zu Wärme konzentriert und die dabei entstehende 800 Grad Celsius heiße Luft in Gasturbinen-Generatoren in elektrische Energie umgewandelt. Mit Hilfe von Hochtemperatur-Wärmespeichern können diese solarthermischen Kraftwerke im Grundlastbetrieb arbeiten. Aus nordafrikanischen Standorten könnte der Strom anschließend über verlustarme Hochspannungskabel in das europäische Netz eingespeist werden (Heinloth, 1997). Die dabei anfallenden Erzeugungskosten liegen mit ca. 8,5ct/kWh bei etwa einem Fünftel der photovoltaischen Erzeugung (Blum, 1999).

3.3.6. Biogene Energieträger

3.3.6.1 Biomasse

Unter Biomasse sind im energietechnischen Zusammenhang sämtliche organischen Stoffe und deren Abfälle einzuordnen. Die Energiegewinnung durch Verbrennung von Biomasse zur Erzeugung von Wärme und Strom nutzt die Sonnenenergie, die in den Pflanzen gespeichert ist. Damit ist die Energiequelle ständig erneuerbar. Verwendet werden können eigens angebaute Energiepflanzen; weitaus häufiger ist aber der Einsatz von Resthölzern aus Durchforstungen oder Sägewerken oder von sonstigen landwirtschaftlichen Reststoffen wie zum Beispiel Stroh.

Biomasse wird weitgehend ohne Klimabeeinflussung genutzt, da bei der Verbrennung nur so viel Kohlendioxid abgegeben wird, wie vorher von den Pflanzen aufgenommen wurde. Zudem gilt Biomasse als ein für die Energieversorgung hochwertiger Energieträger, da sie direkt speicherbar ist und ihre Nutzung nicht zeitlichen und saisonalen Schwankungen wie bei Wind und Sonne unterliegt.[113]

Die thermische Nutzleistung von Biomasse-Heizwerken liegt in der Regel zwischen 100 kW und 10 MW, die Leistungen von Biogasanlagen zwischen 10 und einigen 100 kW. Biomasse-Heizkraftwerke erzeugen auch Strom. Aufgrund der Komplexität der Biomasse mit den verschiedenen Sparten soll an dieser Stelle nicht auf den gesamten Bereich eingegangen werden.[114]

Mit Biomasse wird derzeit etwa 2,3 Prozent des deutschen Endenergiebedarfes gedeckt. Bei energetischer Verwertung der gesamten jährlich anfallenden Menge an Altholz, Sägerestholz, Durchforstungsholz und Abfall aus der Landschaftspflege könnte Biomasse ein Vielfaches zur Energieversorgung beitragen. Ein gezielter Anbau von Energiepflanzen auf landwirtschaftlichen Stilllegungsflächen könnte diesen Beitrag noch erhöhen. Sowohl Biomasse-Heizwerke als auch Biomasse-Heizkraftwerke bedürfen für einen wirtschaftlichen Betrieb zumeist noch der Förderung. Durch Entgelte für die Abfallentsorgung kann die Wirtschaftlichkeit der Anlagen jedoch erhöht werden.

---

[113] Eine attraktive Option für die Zukunft ist dabei auch die Nutzung von Biogas und damit die Speicherfähigkeit in Brennstoffzellen. Diese können nicht nur im Verkehr, sondern auch zur dezentralen Elektrizitäts- und Wärmeerzeugung eingesetzt werden.

[114] Für einen ausführlichen Überblick über Verfahren zur energetischen Nutzung von Biomasse siehe Kaltschmitt und Wiese (1995), auch Hoffmann (1990).

3.3.6.2 Biogas

Impulse für die Vergärung werden vom zukünftigen Deponierungsverbot biogener Abfälle erwartet. Werden derzeit noch Siedlungsabfälle mit beträchtlichen biogenen Anteilen ohne weitere Vorbehandlung auf Siedlungsdeponien abgelagert, so wird dies ab 2005 aufgrund der Technischen Anleitung Siedlungsabfall (TASi) und der Abfallablagerungsverordnung (AbfAblV) nicht mehr möglich sein. Nach der TASi dürfen von 2005 an organische Substanzen wie Abfälle aus der Landwirtschaft, Tierkörper oder überschüssige Lebensmittel nicht mehr auf Mülldeponien gelagert werden. Das klimarelevante Methan, das dort bei der Vergärung entsteht, trägt zur Verstärkung des Treibhauseffektes bei. Organische Abfälle müssen künftig verbrannt oder in Biogas-Anlagen vergoren werden.[115] Die daraus entstehende Notwendigkeit der Vorbehandlung wird den Einsatz von Vergärungstechniken zusätzlich fördern.

Die Zahl der Biogasanlagen hat sich in Deutschland mit etwa 1.800 von 2000 bis 2003 nahezu verdoppelt (Abb. 3-20).

Abbildung 3-20: Biogasanlagen in Deutschland 1992-2003

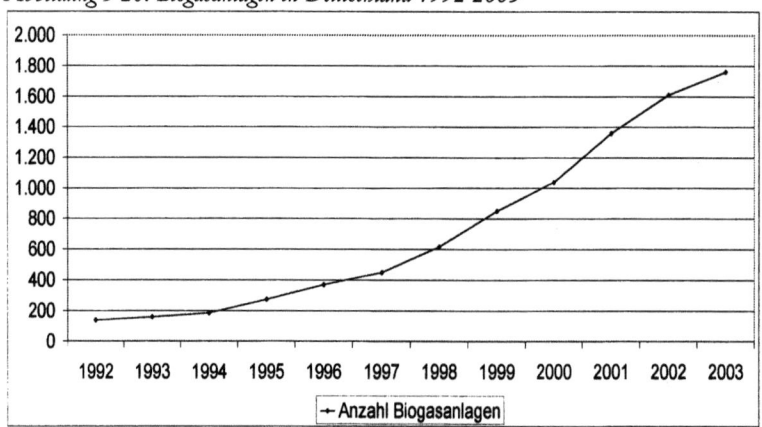

Quelle: IE (2004)

Bei Nutzung von mehr als zehn Prozent der landwirtschaftlichen Fläche zum Anbau von Biomasse für die Vergärung sowie dem Einsatz von mehr als 50 % der Gülle von landwirtschaftlichen Nutztieren könnten etwa zehn Prozent des Strombedarfes gedeckt werden. Für die Vergärung stehen neben Gülle[116] auch

---

[115] Biogase wie Methan geben bei der Verbrennung jedoch nur so viel Kohlendioxid ab, wie vorher durch die Pflanzen aufgenommen wurde.

[116] Ein weiterer Vorteil der Vergärung von Gülle liegt im Entzug des gesundheitsschädlichen Nitrats, welches bei Flächenaustrag ins Grundwasser gelangt. Vielmehr wird bei Vergärung das Nitrat in Ammonium umgewandelt; es entsteht im Endprodukt ein biologischer Dünger.

Bioabfall, Klärschlamm und organische Industrieabfälle zur Verfügung – davon werden derzeit erst rund drei Prozent genutzt. Der Betrieb von Biogasanlagen bekommt zudem in Deutschland vor allem wegen des Klimaschutzes und des Verwertungsgrundsatzes massiven Auftrieb.

Die Wirtschaftlichkeit der Biogasnutzung ist stark abhängig von der Größe der Anlage. Die Stromerzeugungskosten sinken von rund 15 ct/kWh bei sehr kleinen Anlagen (< 20 kW) bis 6 ct/kWh bei sehr großen Anlagen (> 500 kW). Durch die Einspeisevergütung von 10 ct/kWh (< 500 kW) und die Förderung durch die Kreditanstalt für Wiederaufbau können die meisten Biogasanlagen wirtschaftlich betrieben werden.

4. ENERGIEPOLITISCHES MODELL MIT DREIDIMENSIONALER ZIELSETZUNG

Ökonomische Modelle sind ein wichtiges Instrument zur Analyse komplexer Beziehungen zwischen Umweltpolitik, Technologieentwicklungen und ökonomischen Strukturen in einem definierten Grundmodell. In der Literatur gibt es eine breite Auswahl an unterschiedlichen Modellen, die diese Beziehungen beschreiben. Zur Auswahl eines geeigneten Modelles zur Untersuchung der hier gewählten Thematik werden einleitend einige Modellarten vorgestellt. Dabei soll allerdings kein kompletter Überblick über alle existierenden Modelle sowie die gewählten Modellansätze geliefert werden. Vielmehr soll der Schwerpunkt auf die Modelle gelegt werden, die für die zu untersuchende Problematik relevant sind. Die Klassifizierung in verschiedene Modellgruppen erfolgt nach den wesentlichen Modellmerkmalen, die ggf. für einige Kriterien keine eindeutige Abgrenzung bieten. Sie ermöglicht jedoch eine elementarere Eingrenzung des präferierten Modelltypes. Bei den vorgestellten Modellen wird zwischen zwei Typen unterschieden: Wirtschaftspolitische Modelle und energiepolitische Modelle. Zentrales Ziel von wirtschaftspolitischen Modellen ist die Darstellung ökonomischer Effekte, während die Modulation energiepolitischer Modelle auf die Entwicklung eines Energiesystems abzielt. Energiesysteme sind zweifellos ebenfalls Subsysteme ökonomischer Modelle; die Unterscheidung soll hier jedoch auf die veränderte Zielsetzung hinweisen. Sie schließen insbesondere eine detailliertere Beschreibung der zugrunde liegenden Technologien und deren Entwicklung im Zeitablauf ein.

Abbildung 4-1: Klassifizierung wirtschafts- und energiepolitische Modelle

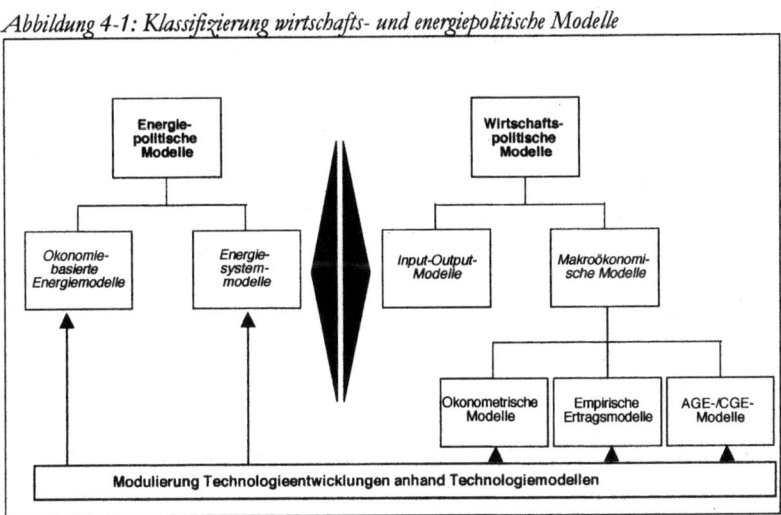

Quelle: Mulder et al. (1999)

4.1. ÖKONOMISCHE MODELLE IN DER EMPIRISCHEN WIRTSCHAFTSFORSCHUNG

4.1.1. Wirtschaftspolitische Modelle

Im folgenden Abschnitt soll in komprimierter Form auf unterschiedliche Arten von ökonomischen Modellen eingegangen werden. Eine Einschätzung der Effekte auf ökonomische Systeme wird z. B. durch Beobachtung sektoraler Zusammensetzungen einer Ökonomie, des Wirtschaftswachstums, der Arbeits- und Faktormärkte sowie weiterer makroökonomischer Variablen abgebildet. Eine erste Unterscheidung kann hier zwischen Input-Output-Modellen und makroökonomischen Modellen erfolgen.

Input-Output-Modelle beschreiben in Matrix-Form die komplexen intersektoralen Dependenzen in ökonomischen Systemen (Schumann, 1968; Leontief, 1986; Edler, 1990; Holub und Schnabl, 1994; Kemfert, 1998). Fallweise werden derartige Modelle um deren Zusammenwirken mit Umweltvariablen erweitert (Dellink et al., 1999). Input-Output-Modelle optimieren unter Annahme konstanter technologischer Parameter ausgewählte Zielfunktionen. Mikroökonomische oder Nachfrage- und Angebotsänderungen können dabei berücksichtigt werden. Der Vorzug von derartigen Modellen besteht in der hohen sektoralen Disaggregation. Negativ wirkt sich allerdings die starre Definition der Einflusskoeffizienten aus, die nicht für Langzeituntersuchungen geeignet ist.

Makroökonomische Modelle bilden die Märkte für alle Produktionsfaktoren einschließlich des Außenhandels sowie die Auswirkungen von Preis- und Mengenanpassungen ab. Neben der Berücksichtigung von Wirtschaftswachstum werden auch Nachfrage- und Angebotsverhalten in die Betrachtung einbezogen. Die sektorale Unterscheidung fällt jedoch bei makroökonomischen Modellen gering aus. Innerhalb der Gruppe von makroökonomischen Modellen kann eine weitere Unterscheidung zwischen ökonometrischen und empirischen Ertrags- und AGE/CGE-Modellen[117] vorgenommen werden. Ökonometrische Modelle umfassen Gleichungssysteme, die auf aggregierten, statistischen Zeitreihen basieren. Das bestimmende Moment dabei bildet die Nachfrage der innerhalb des Systems Agierenden. Ertragsmodelle untersuchen die Änderungen von technologischer und Produktivitätsentwicklung. Eindeutiger Vorteil dieser Modelle ist, dass sämtliche Änderungen im Faktoreinsatz, Beschäftigung, Produktivität, Investitionen sowie sonstige Einflussgrößen zueinander in Beziehung gesetzt werden können. Im Gegensatz zu den vorangegangenen Modellen schließen AGE-/CGE-Modelle mikroökonomisch fundiertes Verhalten der Marktakteure mit ein. Dabei werden Wirtschaftssysteme in unterschiedlichen Gleichgewichtsstadien, die aus Politikwechsel oder Kostenänderungen resultieren, untersucht. Die Effekte verschiedener Umweltinstrumente in

---

[117] Applied General Equilibrium (AGE) und Computable General Equilibrium Modelle (CGE).

AGE-/CGE-Modellen wurden z. B. von Bergman (1988, 1991), Kemfert (1998), Tol (1999c) sowie Conrad und Schröder (1991, 1993) untersucht.

4.1.2. Energiepolitische Modelle

Energiepolitische Modelle legen den Schwerpunkt auf die Beschreibung des Energiesektors mit der Entwicklung von Angebot und Nachfrage, den eingesetzten Technologien und deren Weiterentwicklung sowie den Auswirkungen auf die genannten Größen, die aus politischen Maßnahmen resultieren.[118] Auch bei energiepolitischen Modellen kann im weitesten Sinne zwischen zwei Ausprägungen unterschieden werden: Energiesystemmodelle beziehen makroökonomische Variablen lediglich als exogen vorgegebene Parameter mit ein. Ziel ist die Minimierung der Kosten der Energiebereitstellung unter Einhaltung vorgegebener Standards wie z. B. Marktnachfrage oder Emissionsobergrenzen. Klassisches Beispiel für ein Energiesystemmodell ist das MESSAGE-Modell von Messner und Strubegger (1995). Ökonomiebasierte Energiemodelle hingegen schließen eine, wenn auch aggregierte, Beschreibung der Ökonomie mit ein, indem das Angebot und die Nachfrage nach Energie sowie die zugrunde liegenden Technologien in makroökonomische Strukturen eingebunden werden. Sie nehmen damit eine Zwischenstellung zwischen reinen makroökonomischen und Energiesystemmodellen ein. Hier ist das MARKAL-MACRO-Modell oder GLOBAL2100 zu nennen.

4.1.3. Technologiemodelle

Wirtschafts- und energiepolitische Modelle, berücksichtigen in unterschiedlicher Tiefe die technologische Entwicklung. Top down-Analysen werden auf einem hochaggregierten Niveau mit verhältnismäßig restriktiven Annahmen über die eingesetzten Technologien und deren Wachstums- und Entwicklungsgeschwindigkeit angewandt. Technologische Aspekte werden dabei in wirtschaftswissenschaftlichen Begriffen wie Input-Output-Relationen und den dazugehörigen Substitutionselastizitäten beschrieben. Demgegenüber verfolgen Bottom up-Modelle einen technologieorientierten Ansatz: Hier werden makroökonomische Größen vorzugsweise höher aggregiert, während die eingesetzten Technologien des Energiesystems mit hohem Disaggregationsgrad beschrieben werden. Einen ausführlichen Überblick über Technologiemodelle liefern u. a. Kemp (1997), Stoneman (1983, 1995) und Jaffe et al. (2002).

Häufig werden zur Darstellung der technologischen Entwicklung Modelle herangezogen, die den Innovations- oder den Diffusionsprozess einer Technologie abbilden.

---

[118] Für einen Überblick sei u. a. auf Messner und Strubegger (1995) verwiesen.

Abbildung 4-2: Klassifizierung von Technologiemodellen

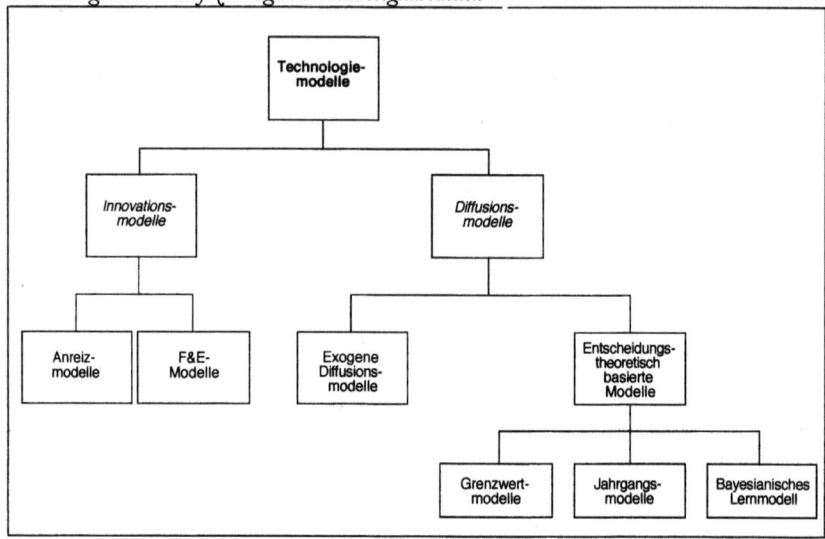

Quelle: Mulder et al. (1999)

Innovationsbasierte Modelle beschäftigen sich mit den Faktoren und Mechanismen, die einen derartigen Prozess bestimmen. Eine Unterscheidung innerhalb von Innovationsmodellen kann in Anreizmodelle und F&E-Modelle erfolgen. Anreize sind für die Investoren gegeben, wenn die Einsparungen durch Einsatz modernerer Technologien und/oder die Einhaltung von Umweltstandards im Rahmen politischer Regulierungen die im Vorlauf durch geänderten Technikeinsatz entstandenen Kosten mindestens kompensieren (Milliman und Prince, 1989) und dadurch Technologieentwicklungen in einem nicht determinierten Umfang initiieren. Andere Modelle untersuchen die Einwirkungen von umweltpolitischen Maßnahmen, wie z. B. CO_2-Steuern oder Emissionszertifikate sowie F&E-Subventionen auf Höhe und Ausrichtung von Forschungs- und Entwicklungsvorhaben (Mendelsohn, 1984; Goulder und Schneider, 1999; Bovenberg und Smulders, 1995).

Diffusionsmodelle hingegen konzentrieren sich maßgeblich auf die Verbreitung bereits vorhandener Technologien innerhalb einer Ökonomie. Die Diffusion der Technologien hat dabei maßgeblichen Einfluss auf die Verbesserung der Effizienzmessgrößen (Jacobsen, 2000). Exogene Diffusionsmodelle unterstellen einen Prozess der Technologieverbreitung, der unabhängig von individuellen Entscheidungen der Akteure erfolgt. Die Marktdurchdringung erfolgt nach einer einfachen Wachstumsfunktion der Form

$$\frac{dA_t}{dt} = w \cdot \left(\frac{A_t}{X_t}\right) \cdot \left(1 - \frac{A_t}{X_t}\right) \qquad (4.1\text{-}1)$$

mit A als Anzahl der Firmen, welche die Technologie zum Zeitpunkt t bereits adaptiert haben, X als Anzahl potentieller Einführungskandidaten und w der Wahrscheinlichkeit, mit der eine Einführung der Technologie bei neuen Marktakteuren stattfindet. Der Parameter w stellt hierbei die Diffusionsgeschwindigkeit eines Adaptionsprozesses dar. Klassischerweise wird in diesem Zusammenhang stets auf die Arbeiten von Griliches (1957) und Mansfield (1961, 1995) verwiesen. Einen ähnlichen Ansatz, unterschieden in Innovatoren und Imitatoren stellen Bass (1969) und Köllinger (2003) dar. Einen Überblick über technologische Diffusionsprozesse zeigen u. a. Panth (1997) und Stoneman (2002).

Demgegenüber stehen Modelle, in denen die Entscheidung zur Einführung einer technologischen Neuerung auf der Kenntnis mikroökonomischer Daten basiert. Grenzwertmodelle unterstellen, dass die Einführung einer neuen Technologie von der Überschreitung eines exogenen, kritischen Wertes abhängig ist (Davies, 1979). Dies kann z. B. die Firmengröße eines Unternehmens oder der ggf. sinkende Umsatzanteil einer konventionellen Technologie sein. Dies wäre eine Erklärung für die unterschiedlichen Einführungszeitpunkte von Technologien bei den entsprechenden Unternehmen.

Eine andere Variante stellen Modelle dar, die auf Bayesianischen Lernprozessen beruhen. Diese gehen davon aus, dass Firmen ein Mix an Technologien für ihr Produktionsportfolio auswählen, die ihnen eine Maximierung des Gewinns garantieren. Der Gewinn wird als Funktion des Ertrages je Technologie, des damit verbundenen Risikos sowie der notwendigen Anpassungskosten definiert. Aufgrund von Lerneffekten bei Anwendung von Technologien unterliegen die Erträge sowie die ursprünglich prognostizierten Risiken einem Veränderungsprozess, der in der Folge zu einer Neubewertung des Produktionsportfolios führt (Stoneman 1983, 2002). Eine weitere Form entscheidungsbasierter Diffusionsmodelle sind sogenannte Jahrgangsmodelle (vintage model), die davon ausgehen, dass der in einem Unternehmen gebundene Kapitalstock aus unterschiedlichen Jahren stammt. Dementsprechend unterscheiden sich diese Jahrgänge in Preis[119] und/oder Faktorintensität. Diese unterscheiden weiter zwischen materiellem und immateriellem technischen Fortschritt: Während der materielle technische Fortschritt die Verschrottung alter und Investition in neue Produktionsanlagen (eines Jahrganges) einschließt, wirkt der immaterielle technologische Fortschritt auf die Investitionen aller Jahrgänge gleichermaßen.

---

[119] Zum Beispiel in Form eines Anschaffungspreises oder von Finanzierungskonditionen.

4.2. DAS MODELL

4.2.1. Modellspezifikation

Zur Untersuchung der Kompatibilität von Klimaverträglichkeit, Versorgungssicherheit und Preisstabilität soll ein Energiesystemmodell als simultanes Gleichungsmodell zur Anwendung kommen, das die Spezifikationen der Größen Verbrauch, Erzeugung, Emissionen, Kosten und Versorgungsgrad integriert. Die Zielgröße des dargestellten simultanen Gleichungsmodells ist ein Erzeugungsportfolio der öffentlichen Elektrizitätsunternehmen, das vorgegebenen Standards wie Emissionsobergrenzen entspricht und grundlegend auf der Prognose der Entwicklung der Stromerzeugung aus erneuerbaren Energien basiert. Die Residualgröße der Erzeugungsmenge $\overline{X}$ der öffentlichen Versorgung ÖV, die aus fossilen Brennstoffen (F) gewonnen wird

$$\overline{X}^F_{ÖV} = \sum x^F_{ÖV,i} \qquad (4.2\text{-}1)$$

ist aufgegliedert in die jeweiligen Erzeugungsanteile $x^F_{ÖV,i}$ mit i=BK, SK, K und G. Der Index i bezeichnet dabei die eingesetzten Primärenergieträger Braunkohle (BK), Steinkohle (SK), Erdgas (G) und Kernenergie (K). Das Erzeugungsportfolio muss die Restriktionen der Emissions- und der Versorgungsfunktion erfüllen und einer Minimierung der Erzeugungskosten entsprechen.

4.2.2. Die Auswahl der Variablen und einer geeigneten Datenbasis

Die Wahl der Variablen erscheint mit Ausnahme der Verbrauchsfunktion durch ökonomische Funktionen in Grundzügen vorgegeben. Es wurden daher lediglich relevante exogene Variablen in das Model integriert, die direkte Auswirkungen auf die abhängige Variable haben. Für die nachfolgenden Untersuchungen wurden veröffentlichte Zeitreihendaten zugrundegelegt. Wenngleich aggregierte Daten, die von statistischen Ämtern offiziell erhoben werden, durch die Zusammenfassung einiges an Aussagekraft verlieren, ist die weit gehend einheitliche Erfassung der Daten insbesondere über lange Zeiträume von Vorteil. Allerdings kann davon ausgegangen werden, dass die Verwendung nichtexperimenteller Daten stets mit Mess- und Datenfehlern verbunden ist. Die Interpretation der Ergebnisse sollte daher stets unter Beachtung resultierender statistischer Ungenauigkeiten erfolgen.

4.2.3. Modellierung des Gleichungssystems

Das Modell wiederum wird durch eine Verbrauchsfunktion, eine Erzeugungsfunktion, eine Emissionsfunktion, eine Versorgungsfunktion sowie eine Kostenfunktion beschrieben.

4.2.3.1 Die Verbrauchsfunktion

Die Verbrauchsfunktion beschreibt den Bruttostromverbrauch der bundesdeutschen Verbraucher aller Verbrauchergruppen einschließlich des Eigenverbrauchs in Kraftwerken sowie der Leitungsverluste. Dieser kann auf gesamtwirtschaftlich aggregierter Ebene sowie unter Betrachtung der einzelnen Verbrauchergruppen empirisch ermittelt und anhand ökonometrischer Methoden zur Prognose zukünftiger Entwicklungen erweitert werden. Der Verbrauch kann dabei von einer Vielzahl von Variablen abhängen: Auf gesamtwirtschaftlicher Ebene sind hier Korrelationen mit nationalen Einkommensgrößen wie dem Bruttoinlandsprodukt zu vermuten. Auf Verbrauchergruppenebene ist nach Gruppenspezifika zu unterscheiden. Hier können als Definitionsvariablen Haushaltseinkommen, Einkommens- und Preiselastizitäten sowie Energieintensitäten eine geeignete Beschreibung des Verbraucherverhaltens bieten.

Der Verbrauch X^Y auf gesamtwirtschaftlicher Ebene kann als Funktion des Bruttoinlandsproduktes BIP bzw. der Entwicklung des spezifischen Verbrauches η beschrieben werden.

$$X^Y = f(BIP, \eta)$$ (4.2-2)

Neben der ökonometrischen Ermittlung des Wachstumsverlaufes der historischen Verbrauchswerte wird ein weiteres Szenario in die Untersuchung eingeführt, das die Realisierung von Einsparungspotentialen in der Zukunft berücksichtigt.

4.2.3.2 Erzeugungsfunktion

Die Erzeugungsfunktion beschreibt den Bruttoerzeugungsbedarf in Kraftwerken der öffentlichen Versorgung. Die Industriekraftwerke werden durch die speziellen Vereinbarungen zur Emissionsminderung bei der jeweiligen Branche reglementiert.

Wegen der fehlenden Speicherbarkeit von Elektrizität[120] wird die Höhe der Gesamterzeugung $\overline{X}$ durch den Gesamtverbrauch X^Y determiniert.

---

[120] Unberücksichtigt bleibt die Speicherbarkeit innerhalb von Pumpspeicherkraftwerken sowie mögliche Stromeinfuhrsalden.

$$X^Y = \overline{X} \quad (4.2\text{-}3)$$

Der Gesamtverbrauch wird von den Elektrizitätserzeugern E bereitgestellt. Die vom Erzeuger E bereitgestellte Menge untergliedert sich wiederum in die Menge x, die auf Basis des Primärenergieträgers i erzeugt wurde.

$$\overline{X} = \sum X_E \sum x_i \quad (4.2\text{-}4)$$

Als Erzeuger fungieren die öffentlichen Versorgungsunternehmen $ÖV$, die Deutsche Bahn DB, die Industrie mit eigenen Erzeugungsanlagen IN sowie sämtliche Einspeiser[121] von Anlagen zur Nutzung erneuerbarer Energien EQ. Da die Erzeugungsmengen der öffentlichen Versorgungsunternehmen aus erneuerbaren Energiequellen in der Erzeugungsmenge X_{EQ} bereits enthalten sind, bezieht sich $X_{ÖV}$ nur auf die auf fossiler[122] Basis erzeugten Mengen X^F.

$$X^Y = \sum X_E = \overline{X}_{ÖV}^F + \overline{X}_{DB} + \overline{X}_{IN} + \overline{X}_{EQ} \quad (4.2\text{-}5)$$

Als exogen betrachtet werden die Erzeugungsmengen der Industrie $\overline{X}_{IN}$ und der Deutschen Bahn $\overline{X}_{DB}$, deren Daten statistischen Dokumentationen der AG Energiebilanzen sowie des BMWA entnommen wurden. Für diese Erzeugergruppen wird eine konstante Erzeugungsmenge über den betrachteten Zeitraum angenommen. Die Erzeugung aus erneuerbaren Energiequellen $\overline{X}_{EQ}$ wird außerhalb der Modellgleichung als modellunabhängige Wachstumsfunktion ermittelt.

Die erzeugte Menge $\overline{X}_{EQ}$ wiederum untergliedert sich in die Erzeugungsmengen x_W, x_{WI}, x_{PH} und x_B mit

$$\overline{X}_{EQ} = x_W + x_{WI} + x_{PH} + x_B \quad (4.2\text{-}6).$$

Die Indizes stellen neben den bereits in Kapitel 4.2.1 bezeichneten die folgenden Erzeugungsarten dar:

EQ = Erzeugung aus erneuerbaren Quellen B = Erzeugung aus Biomasse
W = Erzeugung aus Wasser WI = Erzeugung aus Wind
PH = Erzeugung durch Photovoltaik

Für alle Erzeuger gilt:

$$\overline{X}_E^F = x_{E,BK} + x_{E,SK} + x_{E,K} + x_{E,G} \quad (4.2\text{-}7)$$

---

[121] Dazu gehören durchaus auch öffentliche Versorger, die in der Menge $X_{ÖV}$ nicht inkludiert sind.
[122] Einschließlich der Mengen aus Kernenergie.

Als exogene Variable der Erzeugungsfunktion ist die Erzeugungsmenge aus Kernenergie zu betrachten, da diese durch die Mengen aufgrund des Atomausstiegsgesetzes relativ genau zu prognostizieren sind.[123]

4.2.3.3 Emissionsfunktion

Zusätzlich zur Verbrauchsfunktion ist die Emissionsfunktion zu betrachten, die verschiedene Kombinationen der unterschiedlichen Erzeugungsarten hinsichtlich der einzuhaltenden Emissionsobergrenze $\overline{E}$ untersucht. Die Emissionsfunktion wird als Summe der Emissionen der einzelnen Erzeugungsarten mit fossilem Primärenergieeinsatz definiert:

$$\sum e_i \cdot x_i \leq \overline{E} \tag{4.2-8}$$

Die Emission e_i pro erzeugter Einheit x_i hängt maßgeblich vom Modernisierungs- und damit vom Wirkungsgrad μ des Kraftwerksparkes und des eingesetzten Primärenergieträgers (PE) ab.

$$e_i = f(\mu, PE) \tag{4.2-9}$$

In dieser Stufe wird ein weiteres Szenario in die Untersuchung eingeführt, das unterschiedliche Technologieniveaus in der Elektrizitätserzeugung berücksichtigt. Unterschieden wird zusätzlich zwischen einem Szenario, das eine Beibehaltung der derzeit aktuellen Wirkungsgrade in der Stromerzeugung unterstellt sowie einem Szenario, das eine Modernisierung des Kraftwerksparkes mit den Effizienzkennziffern unterlegt, die nach heutigem Technologiestand zukünftig realisierbar sind.

Dabei gilt, dass die im Ergebnis erreichte Zielgröße

$$\overline{X}^{ÖV} = x_{BK} + x_{SK} + x_K + x_G + x_{EQ} \tag{4.2-10}$$

der Emissionsfunktion genügen muss. Die Werte für x_K und x_{EQ} werden in dieser Stufe als exogen gegeben betrachtet, da eine Prognose von x_K und x_{EQ} auf Basis des Kernenergieausstieges sowie technologieinduzierter Diffusion modellunabhängig erfolgt.

---

[123] Eine Ausnahme bilden hier die Übertragungen von Reststrommengen aus vorzeitig geschlossenen Erzeugungsanlagen.

4.2.3.4 Versorgungsfunktion

Die Versorgungsfunktion beschreibt den Eigenanteil an Energieträgern in der Elektrizitätserzeugung. Die erzeugten Einheiten auf Basis heimischer Energieträger $x_{i,h}$ werden der gesamten Erzeugungsmenge $\bar{X}$ gegenübergestellt und ein Versorgungsfaktor υ ermittelt. Als Bedingung soll der Versorgungsfaktor υ mindestens auf dem Status quo (Stand 2002) aufrechterhalten werden. Dabei werden für die untersuchten Szenarien nur die beiden Jahre 2002 und 2015 gegenübergestellt.

$$\vartheta_{2015} - \vartheta_{2002} \geq 0 \quad \text{mit} \tag{4.2-11}$$

und

$$\vartheta_t = \frac{\sum x_{i,h}}{\bar{X}} \tag{4.2-12}$$

$$x_{i,h} = \frac{Y_i^G}{\sum Y_{i,s}^V} \cdot x_i \tag{4.2-13}$$

Hierbei werden x_{BK} und x_{EQ} zu 100 % auf der Grundlage heimischer Energieträger betrachtet. Die Erzeugungsmengen aus Primärenergieträgern, die im Inland gefördert und zusätzlich importiert werden, gehen nur zu dem Teil als heimischer Rohstoff in die Bewertung ein, die dem Anteil der inländischen Förderung Y^G des Energieträgers i an dessen Gesamtverbrauch $Y^{V'}$ entspricht. Kommt ein Energieträger in mehreren Sektoren s zur Anwendung, wird bei einer Ausweitung dessen Einsatzes in der Elektrizitätserzeugung der Verbrauch in den verbleibenden Sektoren als konstant angenommen.

4.2.3.5 Kostenfunktion

Der Wunsch nach kostengünstiger Erzeugung führt nach Einführung umweltpolitischer Maßnahmen häufig zur Diskussion, ob diese Kostensituation unter geänderten Rahmenbedingungen weiterhin aufrechterhalten werden kann. Um hier nicht die Verzerrungen der Preisbildung bei Industrie- und Privatkunden einfließen zu lassen, wurde das Ziel der Preisstabilität als Konstanz der Erzeugungskosten C über die Gesamtmenge im Vergleich zweier Betrachtungszeitpunkte angenommen. Liegen diese im Jahr 2015 über den Erzeugungskosten des Jahres 2000, ist von einer realen Kostensteigerung über den Betrachtungszeitraum auszugehen.[124]

$$C_{2015} - C_{2000} \geq 0 \tag{4.2-14}$$

---

[124] Ob eine ggf. vorliegende geringe oder erhebliche Kostenerhöhung tatsächlich nachteilige Auswirkungen auf die wirtschaftliche Entwicklung aufweist, soll hier nicht weiter untersucht werden.

mit

$$C_t = \sum (c_i \cdot x_i) - EC \qquad (4.2\text{-}15)$$

und

$$c_i = c_f + c_v \qquad (4.2\text{-}16).$$

Die spezifischen Kosten c_i je produzierter Kilowattstunde x_i setzen sich aus den variablen Kosten c^v und den fixen Kosten c^f zusammen. Zusätzlich werden mögliche Erlöse aus dem Verkauf von Emissionszertifikaten EC berücksichtigt. Die Gesamtkosten C der Erzeugung ermitteln sich demnach aus

$$C_t = \sum (c_{i,t}^v + c_{i,t}^f) \cdot x_{i,t} + EC \qquad (4.2\text{-}17)$$

Die spezifischen Erzeugungskosten der erneuerbaren Energien entsprechen annahmegemäß den Einspeisevergütungen EV_{EQ}, die sich entsprechend des EEG im Zeitverlauf degressiv gestalten.

$$c_{EQ,t}^B + c_{EQ,t}^W + c_{EQ,t}^{WI} + c_{EQ,t}^{PH} = EV_{EQ,t} \qquad (4.2\text{-}18)$$

Die variablen Kosten werden maßgeblich durch den Brennstoffpreis p^B einer eingesetzten Einheit des Primärenergieträgers y_i bestimmt und beinhalten zusätzlich Kosten für Transport, Dienstleistungen c^B sowie Hilfs- und Betriebsstoffe c_H.

$$c_{i,t}^v = p_t^y \cdot y_i + c_{H,t} = (p_t^B + c_s^B) \cdot y_i + c_{H,2000} \qquad (4.2\text{-}19)$$

Der spezifische Brennstoffeinsatz y_i ist eine Funktion des Wirkungsgrades μ sowie des Heizwertes des entsprechenden Energieträgers HW_i und berechnet sich nach

$$y_i = \frac{1}{\mu_i \cdot HW_i} \qquad (4.2\text{-}20)$$

Die variablen Kosten berechnen sich demzufolge nach

$$c_{i,t}^v = (p_t^B + c_s^B) \cdot \frac{1}{\mu_i \cdot HW_i} + c_{H,2000} \qquad (4.2\text{-}21).$$

Die spezifischen Fixkosten beinhalten Kapitalkosten c^K, Personalkosten c^L sowie leistungsfixe Kosten für Wartung und Reparatur c^M und sind abhängig von der produzierten Menge x_i.

$$c_{i,t}^f = \frac{c_i^K + c_{i,t}^M + c_{i,t}^L}{x_i} \qquad (4.2\text{-}22)$$

Die Kapitalkosten werden anhand eines Annuitätenverfahrens berechnet, das die Nettoinvestitionskosten I^F zuzüglich der Bauzeitzinsen auf Basis der durchschnittlichen Kapitalbindung innerhalb der Bauzeit BZ zugrunde legt. Über die betriebsgewöhnliche Nutzungsdauer n gilt ein Marktzins i.

$$c_{i,t}^f = \frac{I \cdot \frac{i(1+i)^n}{(1+i)^n - 1} + c_{i,t}^M + c_{i,t}^L}{x_i} = \frac{(I^F + \frac{I^F}{2} \cdot BZ \cdot i) \cdot \frac{i(1+i)^n}{(1+i)^n - 1} + c_{i,2000}^M + c_{i,2000}^L}{x_i}$$

(4.2-23)

Die so ermittelten Kosten C_i werden für die Mengen x_i je Erzeugungsart auf Basis der spezifischen Kosten c_i pro Einheit x_i ermittelt.

$$C_t = \sum ((p_t^B + c_s^B) \cdot \frac{1}{\mu_i \cdot HW_i} + c_{H,2000} \cdot x_i + \frac{(I^F + \frac{I^F}{2} \cdot BZ \cdot i) \cdot \frac{i(1+i)^n}{(1+i)^n - 1} + c_{i,2000}^M + c_{i,2000}^L}{x_i}) \cdot x_i - EC$$

(4.2-24)

Das Modell geht davon aus, dass es Kombinationen von x_i gibt, die die Restriktionen der Emissionsfunktion sowie der Versorgungsfunktion erfüllen können. Es ist ferner zu untersuchen, ob durch den erhöhten Anteil der erneuerbaren Energien Kostenerhöhungen absolut und relativ im Vergleich zu dem BAU-Szenario zu erwarten sind.

4.2.4. Die Datenquellen

Zur Schätzung des Verbrauches wurden Zeitreihendaten für die Jahre 1950 bis 2004 zugrundegelegt. Die Zeitreihen der Jahre 1950 bis 1990 erfassen nur die Daten der alten Bundesländer, da aufgrund der politischen und wirtschaftlichen Restriktionen der ehemaligen DDR anderenfalls große Verzerrungen zu vermuten sind.

Für die Auswahl des Datenmateriales ist es wichtig, starke Schwankungen bzw. Veränderungen von ökonomischen Größen aufgrund exogener Schocks zu identifizieren und aus dem Datensatz zu eliminieren, um Fehlinterpretationen zu vermeiden. Nicht nur Größen des Verbrauches sondern auch Rohstoffpreise sind vermutlich durch die Ölpreisschocks der siebziger und achtziger Jahre in einer kontinuierlichen Entwicklung unterbrochen. Die Zeitreihen werden dem Datenmaterial des Statistischen Bundesamtes entnommen, Verbrauchsgrößen der statistischen Erfassung der Arbeitsgemeinschaft Energiebilanzen.

4.2.5. Die Hypothesen

Die öffentliche Wahrnehmung geht davon aus, dass der politisch forcierte Weg zum Schutz des Klimas und der Einhaltung internationaler Verpflichtungen zur Emissionsreduzierung nur unter Verschlechterung der Versorgungssicherheit sowie unter massiver Erhöhung der Erzeugungskosten durchsetzbar ist. Die nachfolgende Untersuchung soll unter Einbeziehung der Analyse technologischer Entwicklungen prüfen, in welchem Ausmaß die Versorgungssicherheit und die Erzeugungskosten von der umweltpolitischen Weichenstellung in Richtung der Förderung der erneuerbaren Energien sowie einem stufenweisen Ausstieg aus der Kernenergieerzeugung tangiert werden. In diesem Zusammenhang wird die Hypothese aufgestellt, dass für die beiden Primärziele Kostenstabilität und Versorgungssicherheit der Status quo aufrechterhalten werden kann.

4.3. THEORETISCHE MODELLGRÖßEN UND EMPIRISCHE APPROXIMATION

4.3.1. Die Verbrauchsfunktion

4.3.1.1 Theoretische Modellansätze der Energienachfrage

Zur Untersuchung der Verbrauchsfunktion können sowohl prozessanalytische Methoden, die eine Prognose auf Basis von Energieintensitäten und wirtschaftlicher Gesamtentwicklung verfolgen als auch Verfahren, die auf eine sektorspezifische Betrachtung abzielen, zur Anwendung kommen.

Die Energieintensität ist einer der wesentlichen Indikatoren für die Entwicklung und das wirtschaftliche wie gesellschaftliche Niveau eines Landes.[125] Die Energieintensität beschreibt wirtschaftliche Strukturen, die Primärenergiebasis sowie den technologischen Stand eines Systems (Birol und Keppler, 2000). Studien, die sich mit der Energieintensität als Verhältnis von Energieverbrauch zu Bruttoinlandsprodukt befasst haben, sind zu dem Ergebnis gekommen, dass die Energieintensität jeden Landes in ihrer Entwicklung einen Kulminationspunkt überschreitet, wobei dieser Peak in den meisten OECD-Ländern und einigen Nicht-OECD-Ländern bereits überschritten wurde (Sun, 2002; Rosenberg, 1998). Die abnehmende Tendenz in einigen hoch entwickelten Ländern hat bereits vor dem zweiten Weltkrieg eingesetzt, seit 1915 in den USA (Peirce, 1986), seit 1920 in Deutschland und seit 1929 in Frankreich (Martin, 1990). Dieses Phänomen der „Dematerialisierung" beschreibt die Reduzierung des Einsatzes von Rohmaterial und Energie bezogen auf eine Einheit BIP pro Einwohner in konstanten Preisen eines Jahres (Bernardini und Galli, 1993) und kann seit Jahrzehnten in den meisten OECD-Ländern beobachtet werden (Hamilton und Turton, 2002). Allerdings ist ein Vergleich von

---

[125] So auch im Weltbankatlas der Weltbank und im Human Development Report der Vereinten Nationen.

Energieeffizienzen nur unter der Annahme gleicher Berechnungs- und Erhebungsmethodologie in den Ländern sinnvoll (Bosseboeuf et al., 1997; Eichhammer und Mannsbart, 1997).

Die Betrachtung von Energieeffizienzindikatoren als reziproker Wert der Energieintensität ist aus zweierlei Hinsicht von Bedeutung:
∞ Auf der Angebotsseite ist für den Einsatz der Brennstoffe die Effizienz, der Wirkungsgrad bei der Umwandlung von Primärenergie (z. B. Kohle) in die benötigte Sekundärenergieform (z. B. elektrische Energie oder Heizwärme) bedeutsam.
∞ Für die Verbrauchsseite hängt der Bedarf an elektrischer Energie vom Effizienzgrad der eingesetzten technischen Mittel zur Erstellung einer gewünschten Leistung ab. Dieser kann z. B. als Verbrauchsgröße (kWh/Euro BIP) je Einheit Bruttoinlandsprodukt (BIP) bzw. Nettoproduktionswert (NPW) ausgedrückt werden.

In Deutschland beläuft sich derzeit das Verhältnis von Primärenergie zu Endenergie zu Nutzenergie auf ca. 3 : 2 : 1 (Heinloth, 1997, S. 3).

Abbildung 4-3: Energiebilanz

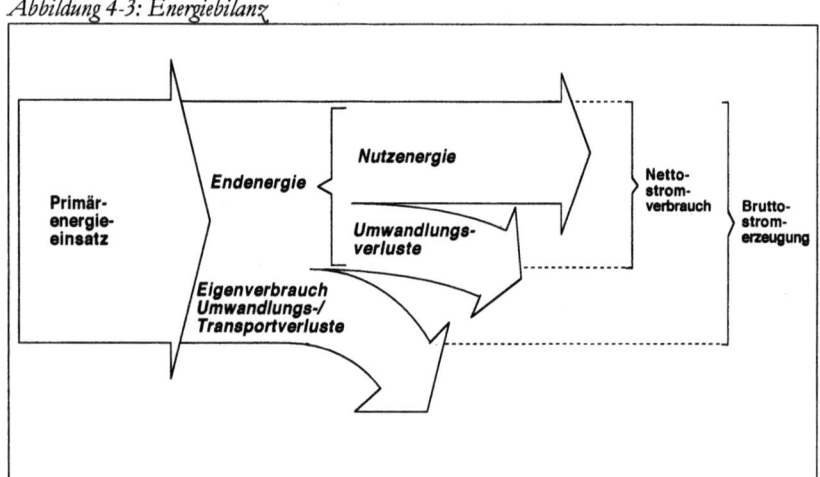

Realistisch lässt sich allerdings im günstigsten Fall nur etwa die Hälfte der gegenwärtigen Energieverluste vermeiden (Enquete-Kommission, 1990).

In einer Studie des DIW in Zusammenarbeit mit dem Fraunhofer-Institutes für Systemtechnik und Innovationsforschung (ISI) in Karlsruhe (DIW/ISI, 1997) wurde für einzelne Subsektoren die Entwicklung von Energieverbrauchsindikatoren ermittelt. Für die Industrie stellte sich zusammengefasst z. B. folgendes Bild dar:

Tabelle 4-1: Industrielle Energieintensitäten

Energieintensität[26] der Industrie (PJ/ Mrd. DM NPW)[127]

	tatsächlich	bei konstanter Struktur[128] des Basisjahres
1970	5,3	5,3
1980	4,24	4,51
1990	2,99	3,69
1995	2,62	2,51

Quelle: DIW/ISI (1997), S. 25

Auch für den privaten Sektor werden Verbesserungen des spezifischen Verbrauches erwartet: Jacobsen (2001) prognostiziert eine Erhöhung der Effizienz um 2,5 Prozent pro Jahr für die sechs meisten Elektroanwendungen in Haushalten, die 50 Prozent des Verbrauches ausmachen. Für den gewichteten Haushaltsverbrauch ergibt sich hier eine Reduzierung des Verbrauches um 1,25 Prozent p.a. Fraglich ist jedoch, ob die Reduzierung der Intensität die Erhöhung aufgrund steigender Haushaltsanwendungen kompensieren kann (Vringer und Blok, 2000; Biesiot und Noorman, 1999). Zudem ist die Nachfrageelastizität in Bezug auf das verfügbare Haushaltseinkommen relativ gering, da für die meisten Haushaltsanwendungen keine Substitutionsmöglichkeiten zur Verfügung stehen (Halvorsen und Larsen, 2001a; Leth-Petersen, 2002). Lediglich auf Preiserhöhungen ist ein verändertes Nachfrageverhalten, wenn auch in seinen Ausmaßen weit divergierend, auszumachen (Branch, 1993; Chang und Hsing, 1991; Halvorsen und Larsen, 2001b; Rothman et al., 1994; Silk und Joutz, 1997).

Im Umwandlungssektor, im speziellen hier die Elektrizitätswirtschaft, hat sich der Nutzungsgrad der Strombereitstellung als Verhältnis der Bruttostromerzeugung vermindert um den Kraftwerkseigenverbrauch sowie Transport- und Verteilungsverluste zum gesamten Energieinput zur Stromerzeugung in den vergangenen zwanzig Jahren allerdings nur unwesentlich verändert.[129]

4.3.1.2 Approximation der Verbrauchsfunktion

4.3.1.2.1 Empirische Analyse des gesamtwirtschaftlichen Verbrauches

Für die Ableitung des Stromverbrauches soll im Folgenden die Entwicklung des spezifischen Stromeinsatzes sowie die Entwicklung des BIP untersucht werden.

---

[126] Hier gesamter Endenergieverbrauch.
[127] Basis: Preise von 1985.
[128] Dabei wird unterstellt, dass es keine Veränderungen in der Branchenstruktur (Anteile der Branchen am gesamten NPW) im Vergleich zum Basisjahr gegeben hat.
[129] Sie liegt, abgesehen von Schwankungen im Bereich von 3 bis 4 Prozent, bei ca. 33,5 Prozent.

Die Untersuchungen beziehen sich auf den Bruttostrombedarf, also einschließlich des Eigenverbrauches der Kraftwerke, Leitungsverlusten sowie des Pumpstromes bei Speicherkraftwerken. Unter Zugrundelegung der BIP-Entwicklung sowie der Entwicklung der Stromintensität im Zeitverlauf wird ein hypothetischer Bruttostrombedarf extrapoliert. Derartige mittelbare top-down Prognosen des Energieverbrauches legen hochaggregierte Wachstumsgrößen wie Bevölkerungszahl, BIP, Bestand an PKW zugrunde, zu denen man den Energieverbrauch in einen funktionalen Zusammenhang bringt. Diese Methoden haben nur einen Aussagewert für die Schätzung eines Gesamtbedarfs, erlauben als Globalprognose folglich keine Aussagen über Bedarfsentwicklungen von Sektoren oder Primärenergieträgern. Kausale Faktoren wie z. B. reales Einkommen, relative Preise, politische Rahmenbedingungen und individuelles Verhalten beeinflussen den Energieverbrauch indirekt über makroökonomische Determinanten wie technologische Effizienz und wirtschaftliche Aktivität (DIW/ISI, 1997). Ebenso kann eine Minderung des spezifischen Energieverbrauches einer Basiseinheit (hier BIP) nicht nur als verbesserte Energieeffizienz interpretiert werden, sondern schließt zugleich alle strukturellen Verschiebungen zwischen den einzelnen sowie innerhalb der Wirtschaftszweige ein (DIW/ISI, 1997; Phylipsen et al., 1997; Freeman et al., 1997; Reichert et al., 2001; Sensfuß et al., 2005; Schäfer, 2005). Einer makroökonomischen Betrachtung des Primärenergieverbrauches (PEC) bedient sich Criqui et al. (1999), der für die Prognose des Verbrauches PEC als die Bestandteile der Funktion die Bevölkerung (POP), das BIP pro Kopf (GDP/POP) und den Energieverbrauch je Einheit BIP (PEC/GDP) definiert (Gleichung 4.3-1).

$$PEC = \frac{PEC}{GDP} \cdot \frac{GDP}{POP} \cdot POP \qquad (4.3\text{-}1)$$

Der gleichen Definition der Verbrauchsbestimmung bedient sich Kaya (1989) zur Berechnung der CO_2-Emissionen eines abgeschlossenen Systems. Die Energieprognosen des WEC (2000) werden in der Studie „Energy for tomorrow's world – acting now!" unterteilt in eine top-down-Analyse und neun regionale bottom-up-Perspektiven. Als key drivers werden neben der Bevölkerungsentwicklung das Wachstum des BIP mit dem verbundenen technologischen Fortschritt definiert. Wirtschaftswachstum und technologischer Fortschritt werden danach unmittelbar durch die finanziellen und institutionellen Rahmenbedingungen beeinflusst. Der Preis beeinflusst die Energieintensität, indem direkte Nachfrageeffekte ausgelöst werden. Während kurzfristige Effekte wegen des bereits gebundenen Kapitals in bestehenden Energieanwendungen gering ausfallen, erlaubt eine große langfristige Preiselastizität die Anpassung von Ausrüstung und Nutzerverhalten an neue Preisentwicklungen (WEC, 2000). Die Energieprognose des WEC in Zusammenarbeit mit dem IIASA 1998 (Nakicenovic et al., 1998) legt einen stärkeren Fokus auf die Weiterentwicklung technologischer Anwendungen, potentielle Lernkurven und Diffusionsraten, die wiederum Investitionen implizieren. Die Berechung des Primärenergiebedarfes für die aufgestellten Szenarien basiert auf den getroffenen

Annahmen zum BIP und der Entwicklung der Primärenergieintensität (in Prozent pro Jahr). Die Energieprognose der EU-Kommission (2003a) bis 2030 basiert auf der Annahme exogener Einflussfaktoren auf die BIP-Wachstumsraten wie z. B. technologischer Fortschritt, Veränderungen der globalen wirtschaftlichen und umweltpolitischen sowie nationalen rechtlichen Rahmenbedingungen. Die Verringerung der Energieintensität pro Einheit BIP stützt sich auf Annahmen zur Innovationsentwicklung und zu den Investitionen in effizientere Anwendungen in den bestehenden Kapitalstock. Beide Größen, BIP und Energieintensität, bilden die Hauptindikatoren für das Energiesystem der EU-15 (EU-Kommission, 2003a, S. 165). Der Energieverbrauch der Vereinigten Staaten wird mit Hilfe eines multimodularen Modells (National Energy Modeling System) prognostiziert (EIA, 2005). Als exogene Größen werden für die Modulation des Gesamtverbrauchs u. a. Wachstumsraten des BIP und Annahmen über die Entwicklung der spezifischen Verbräuche innerhalb der betrachteten Sektoren (Haushalte, Industrie, Handel und Gewerbe sowie Transport) berücksichtigt.

Einen wesentlich detaillierteren Ansatz im Vergleich zu bottom-up-Analysen verfolgen Szenario-Prognosen, die ökonometrische Modelle einsetzen, um neben der erwarteten Entwicklung von Parametern auch die Bandbreite möglicher, politisch angestrebter Abweichungen der Parameter zu simulieren (Erdmann, 1992). Alle oben genannten Studien zur Energieprognose beinhalten zusätzlich auch Szenario-Betrachtungen.

Medlock und Soligo (2001) prognostizieren Energieverbräuche anhand der Trends von Energieintensitäten (Energieverbrauch/GDP) für verschiedene Schwellenländer und im Vergleich zur USA. Die einfache Approximation des Energieverbrauches anhand von Trends der Energieintensität halten Watkins und Berndt (1983) für kritisch: Entwicklungen von Energie-Output-Indikatoren können wesentlich durch veränderte Strukturen der Wirtschaft, der Preise für Energie und andere Inputs beeinflusst werden. Die Fortschreibung eines historischen Trends wäre demnach nur bei gleich bleibender Industriestruktur und relativer Faktorpreise sinnvoll.

Eine Kombination unter Einbeziehung von Einkommenselastizitäten für Energieträger liegt der Energieprognose der US Energy Information Administration (EIA) zugrunde: Das World Energy Projection System (WEPS) verbindet Annahmen bezüglich des Wirtschaftswachstums mit der Einkommenselastizität für Energie und ermittelt daraus den globalen Energieverbrauch (EIA, 1997) mit

$$E_t = E_{t-1} \cdot ((\frac{GDP_t}{GDP_{t-1}} \cdot ELAST_t)/100)$$

(4.3-2).

Die meisten Referenzprognosen für den zukünftigen Energieverbrauch basieren auf der Annahme, dass bestehende politische und regulatorische Rahmenbedingungen über mittel- und langfristige Zeiträume konstant bleiben. Prognosen sind jedoch keine numerisch präzisen Aussagen über die Zukunft. Vielmehr zeigen die Szenarien mögliche Entwicklungen innerhalb des institutionellen, der Prognose zugrundeliegenden Rahmens auf (Huntington und Rodekohr, 2000). Vor diesem Hintergrund und der verlässlichen Datenbasis auf Makroebene soll die Approximation des Bruttostromverbrauches auf lediglich hoch aggregiertem Level in Anlehnung an den Ansatz des Criqui-Modelles nach Gleichung 4.3-3 erfolgen.

$$X = f(BIP; \frac{X}{GDP}) = \frac{PEC}{GDP} \cdot \frac{GDP}{POP} \cdot POP = \frac{PEC}{GDP} \cdot GDP \qquad (4.3\text{-}3)$$

Da sich die Untersuchung lediglich auf den Bruttostromverbrauch konzentriert, wird der Primärenergieverbrauch PEC durch Stromverbrauch STR ersetzt und führt zu

$$X = f(BIP; \frac{X}{GDP}) = \frac{STR}{GDP} \cdot \frac{GDP}{POP} \cdot POP = \frac{STR}{GDP} \cdot GDP \qquad (4.3\text{-}4).$$

Im ersten Schritt soll daher die Entwicklung des BIP für den Betrachtungszeitraum ermittelt werden.

$$BIP_t = BIP_{2000} \cdot (1 + g)^t \qquad (4.3\text{-}5)$$

Zur Approximation der Entwicklung des BIP wurden verschiedene Prognosen hinsichtlich der durchschnittlichen Wachstumsraten g des BIP in Deutschland zugrundegelegt. Langfristige Untersuchungen des Wirtschaftswachstums prognostizieren für die kommenden Jahrzehnte für die heutigen Industriestaaten abnehmende Wachstumsraten. Börsch-Supan (2004) geht von einem mittleren langfristigen realen Zuwachs von 1,5 Prozent p. a. aus. Zu der gleichen Einschätzung gelangt auch die Deutsche Bundesbank (2004). Die Arbeitsgemeinschaft deutscher wirtschaftswissenschaftlicher Forschungsinstitute e. V. (DIW, 2004) geht in ihrem Herbstgutachten 2004 von einer Steigerung für das Jahr 2005 von 1,5 Prozent, saison- und arbeitstäglich bereinigt sogar um 1,7 Prozent aus. Eine im Herbstgutachten 2004 abweichende Position wurde vom DIW eingenommen: Das DIW Berlin prognostiziert für das Jahr 2005 einen Anstieg des BIP um 2,0 Prozent. Es folgt damit seiner Einschätzung, dass die nationale Konjunktur eine leichte Beschleunigung trotz leicht abschwächender Weltkonjunktur erfährt. Dies sei vor allen Dingen durch weiterhin stark steigende Exporte begründet. Diese Einschätzung des DIW wird in den „Grundlinien der wirtschaftlichen Entwicklung 2005/2006" bekräftigt und auf das Jahr 2006 erweitert. Die der Prognose des DIW zugrunde liegenden Wechselkurs- und Ölpreisannahmen von gut 1,30 US-Dollar/Euro und 33 Dollar/barrel sind jedoch mit einem hohen Risiko verbunden (DIW, 2005). Eine Simulationsrechnung ergab, dass bei einem dauerhaft höheren Ölpreis von 50 US-Dollar/barrel und einem Wechselkurs von 1,50 US-Dollar/Euro die Prognosen des DIW um ein Prozent nach unten korrigiert werden müssten (DIW, 2005). Zu einer konservativen Einschätzung des mittelfristigen Wachstums gelangen McMorrow und Roeger (1999), die für die Periode von 2000 bis 2050 die durchschnittliche jährliche Steigerung mit 1,75 Prozent einschätzen. Vor dem Hintergrund des zukünftig wachsenden Anteils der älteren Bevölkerung korrigieren McMorrow und Roeger (2003) in einer aktualisierten Untersuchung das Wachstum des BIP sogar auf knapp 1 Prozent p. a. bis zum Jahr 2050. Die Phase vom Jahr 2000 bis zum Jahr 2020 wird jedoch noch durch ein allmähliches Absinken bis auf 1,4 Prozent Wachstum pro Jahr gekennzeichnet sein (McMorrow und Roeger, 2003). Mit durchschnittlich 1,4 Prozent p. a. schätzen EWI/Prognos (2005) das Wachstum ähnlich hoch ein. Unter der Annahme einer unveränderten Politik veranschlagt die OECD das Potenzialwachstum der EU, das deutlich über dem deutschen liegt, in den kommenden 25 Jahren auf durchschnittlich nur noch 1,2 Prozent p. a. (Turner et al., 1998). Ähnliche Wachstumsraten für die ersten beiden Dekaden diese Jahrtausends zwischen 1,2 und 1,9 Prozent p. a. schätzen Oliveira Martins et al. (2005). Die Wachstumsrate von 1,9 Prozent p. a. kann jedoch nur in einem Szenario mit umfassenden Maßnahmen am Arbeitsmarkt (Verlängerung der Lebensarbeitszeit, stärkerer Anteil älterer Arbeitnehmer an den Beschäftigtenzahlen etc.) erreicht werden. Eine Wachstumsrate absinkend bis auf 1 Prozent p. a. bis zum Jahr 2020 prognostizieren auch Deutsche Bank (2003) und Goldman Sachs (Wilson und Purushothaman, 2003). Alle Prognosen unterliegen jedoch der Unsicherheit, mit der langfristige Schätzungen verbunden sind. Diese können u. a. aus der Güte der verwendeten Daten, der gewählten Modellansätze und persönlichen Einschätzungen oder nicht vorhersehbarer Ereignisse in der Zukunft resultieren (Lindén, 2003).

Für die Approximation wurde der Durchschnittswert der Langfristprognosen für den Zeitraum bis 2020 mit 1,5 Prozent Wachstum pro Jahr gewählt. Bei Ansatz dieses jährlichen Wachstumsfaktors ergibt sich für das Bruttoinlandsprodukt die folgende Entwicklung (Abb. 4-4):

Abbildung 4-4: Entwicklung des BIP in Deutschland in Mrd. Euro (Preisbasis 2004)

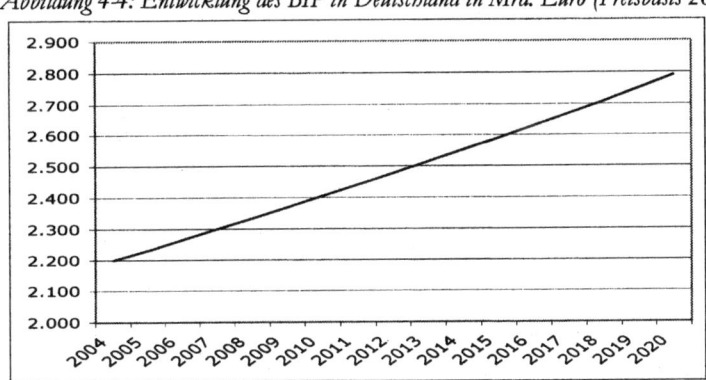

Quelle: eigene Berechnungen

Zur Prognose des Bruttostromverbrauches nach Gleichung 4.3-4 soll anschließend die Entwicklung des spezifischen Stromeinsatzes pro Einheit BIP (STR/BIP) untersucht werden.

Für die beiden Größen Bruttoverbrauch und BIP lassen sich gleichgerichtete Wachstumskoeffizienten darstellen (Abb. 4-5). Der Verlauf deckt sich mit Aussagen von Gately und Huntington (2002), wonach steigende Einkommen in den meisten OECD-Ländern in steigendem Energieverbrauch resultierten. Substitutionsbewegungen zwischen Brennstoffen aufgrund von Preisänderungen finden nur in geringem Ausmaß statt (Bjørner und Jensen, 2002).

Abbildung 4-5: Bruttostromverbrauch 1950-2004 in Abhängigkeit vom BIP

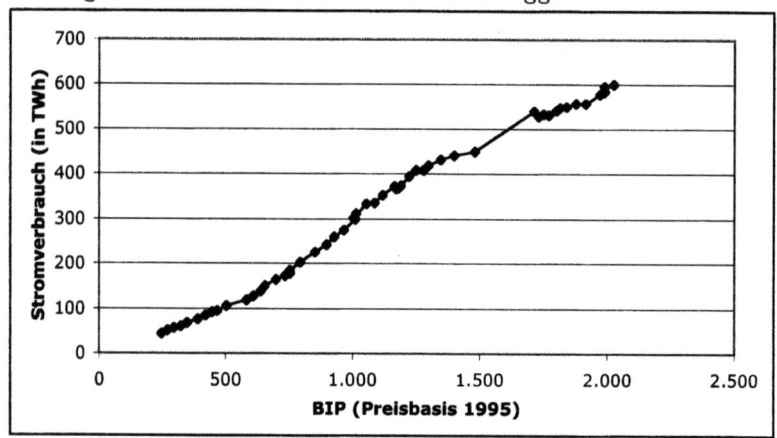

Quelle: AG Energiebilanzen, Statistisches Jahrbuch (verschiedene Jahrgänge)

Allerdings ist die Stromintensität (STR/BIP) trotz steigendem BIP/Kopf in Deutschland derzeit wieder rückläufig (Abb. 4-6) und entspricht in ihrem Verlauf den Erkenntnissen von Medlock und Soligo (2001), die den spezifischen Energieverbrauch in kWh/US-$ für Länder auf unterschiedlichen wirtschaftlichen Entwicklungsstufen untersucht haben. Dabei zeigte sich, dass der spezifische Verbrauch in Relation zum BIP/Kopf in Entwicklungsländern durch Industrialisierung und Infrastrukturaufbau anfangs zunimmt, bis an einem Scheitelpunkt die Nachfrage nach Konsumgütern und Dienstleistungen[130] stärker zunimmt und mit zunehmender Entwicklung der Energieverbrauch wieder abnimmt. Zu ähnlichen Ergebnissen kommen u. a. auch Judson et al. (1999), Kuznets (1971). Zur Kritik am Modell von Kuznets und der diesbezüglichen Literatur wird u. a. auf Arrow et al. (1995) und Stern (2003) verwiesen.

---

[130] Die weniger energieintensiv sind.

Abbildung 4-6: Entwicklung der spezifischen Stromintensität und des BIP/Kopf in Deutschland 1950-2004[131]

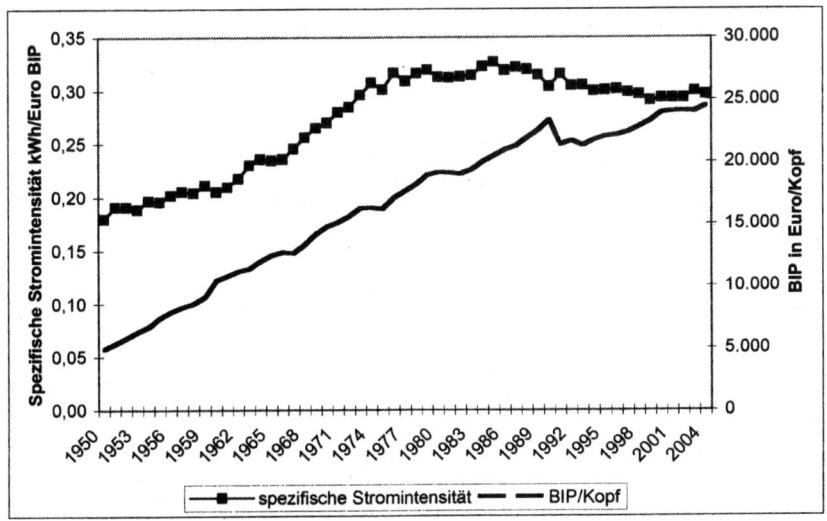

Quelle: Statistische Jahrbücher (verschiedene Jahrgänge), eigene Berechnungen

Die in Abb. 4-6 dargestellte Entwicklung des spezifischen Stromverbrauches soll anschließend im Zeitverlauf analysiert werden. Anhand einer Regressionsanalyse wird die Entwicklung der historischen Werte des spezifischen Stromverbrauches der Jahre 1950 bis 2004 untersucht. Die Daten des Verbrauches wurden der Statistik der Kohlenwirtschaft (2005), die Angaben zum Bruttoinlandsprodukt wurden Statistischen Jahrbüchern des Statistischen Bundesamtes (verschiedene Jahrgänge) entnommen und auf das Basisjahr 1995 normiert. Zur Datenbasis wird auf die Fußnote zu Abb. 4-6 verwiesen.

Der Annahme von Judson et al. (1999) und Medlock und Soligo (2001) folgend wurde für die Entwicklung des spezifischen Stromverbrauches eine Funktion mit der folgenden Form ermittelt:

$$y = \alpha + \beta_1 t - \beta_2 t^2$$ (Gl. 4.3-6)

Durch Umbenennung von $t=t_1$ und $t^2=t_2$ läßt sich das Regressionspolynom zweiten Grades in ein Problem der multiplen Regressionsrechnung überführen. Aus Gleichung 4.3-6 wird in Folge dessen:

$$y = \alpha + \beta_1 t_1 - \beta_2 t_2$$ (Gl. 4.3-7).

---

[131] Hier werden als Datenbasis für die Jahre 1950 bis 1991 das frühere Bundesgebiet und die Werte ab 1991 mit dem Gebietsstand seit 1990 unterlegt.

Die Regressionsanalyse der Entwicklung des spezifischen Stromverbrauches führte zu folgenden Ergebnissen (Tab. 4-2):

Tabelle 4-2: Regressionsergebnisse spezifische Stromintensität 1950-2004

		Koeffizient	R^2	σ^2 ($\sigma_a, \sigma_{b1}, \sigma_{b2}$)	t-Wert
binomialer Ansatz			0,9310	0,0001583	
	α	0,149933		(0,005281)	28,3910
	β_1	0,008149467		(0,000435)	18,7342
	β_2	-0,00010207		(0,000008)	-1,35517
DW-Wert: 0,244				F-Test: 351,005	

Für die in Tabelle 4-2 errechnete Parabel wurde ein DW-Wert ermittelt, der Autokorrelation ausweist. Allerdings sind Regressionen, die auf Zeitreihendaten basieren, typischerweise hoch korreliert, selbst wenn es keine eigentliche Beziehung zwischen den Größen gibt, so dass eine erklärende Variable als signifikant ausgewiesen wird, selbst wenn sie keinen Effekt auf die abhängige Variable hat. In diesem Fall liegt scheinbare Korrelation vor (Harvey und Untiedt, 1994).

Dies entspricht einer spezifischen Stromintensität von 0,214 kWh/Euro BIP für das Jahr 2020 und damit einem jährlichen Rückgang der Stromintensität von 1,3 Prozent im Zeitraum 2000 bis 2020. Einen ähnlich hohen Rückgang weisen die Arbeitsgemeinschaft DLR/ifeu/WI (2004) mit jährlich 1,2 Prozent in ihrem Referenzszenario über diesen Zeitraum aus sowie Quaschning (2000), der für 2020 eine spezifische Stromintensität von 0,225 kWh/Euro BIP annimmt. Mit 0,227 kWh/Euro BIP weisen EWI/ Prognos (2005) eine ähnliche Höhe aus.

4.3.1.2.2 Verbrauchsprognose bei gesamtwirtschaftlicher Betrachtung

Aus der Entwicklung des Bruttoinlandsproduktes sowie des spezifischen Verbrauches pro Euro BIP lässt sich die folgende Näherungsfunktion für die Entwicklung des gesamtwirtschaftlichen Verbrauches ableiten.

Für die Entwicklung des gesamtwirtschaftlichen Erzeugungsbedarfes (in TWh) lässt sich eine Bedarfsfunktion der Form

$$X_t^Y = f(\eta, BIP) = (0,149933 + 0,008149467 \cdot t - 0,00010207 \cdot t^2) \cdot BIP_{2004} \cdot (1,015)^{t-54}$$
mit t = 1 für 1950 \hfill (4.3-8).

darstellen. Im Zeitverlauf nimmt der Erzeugungsbedarf geringfügig ab. Für den Untersuchungszeitpunkt des Jahres 2015 ist bei gesamtwirtschaftlicher Betrachtung demnach mit einem Bruttoerzeugungsbedarf an Elektrizität von etwa 579,6 TWh zu rechnen. Hierbei wurde unterstellt, dass sich der Eigenverbrauch der Kraftwerke sowie die Leitungsverluste proportional zum Erzeugungsbedarf entwickeln. Der sinkende Absolutverbrauch steht im Gegensatz zu einer Reihe von Veröffentlichungen, die einen steten Zuwachs im Stromverbrauch prognostizieren. In einer Studie der EU-Kommission aus dem Jahr 1999 (EU-Kommission, 1999, S. 52) wird von einem durchschnittlichen jährlichen Wachstum des Elektrizitätsverbrauches der EU-15 von 2,1 Prozent pro Jahr im Zeitraum von 1995 bis 2020 ausgegangen. Diese Einschätzung wird 2003 korrigiert (EU-Kommission, 2003a): Unter Berücksichtigung der abflachenden wirtschaftlichen Entwicklung wird nur noch ein durchschnittliches jährliches Wachstum des Elektrizitätsverbrauch der EU-15-Länder von 1,3 Prozent p. a. im Zeitraum 2000 bis 2030 prognostiziert. In etwa gleicher Höhe (1,6 Prozent p. a.) schätzt die EIA (2004) das durchschnittliche jährliche Wachstum des Verbrauches für die industrialisierten Länder ein. Auf Deutschland bezogen werden von Quaschning (2000, S. 96) mit einem Bruttoverbrauch von ca. 634 TWh im Jahr 2015 ohne Berücksichtigung von Stromeinsparungspotentialen und von der Arbeitsgemeinschaft DLR/ifeu/WI (2004) mit einer Bruttostromerzeugung für das Jahr 2020 von über 600 TWh höhere Werte berechnet. Beide Studien gehen allerdings von höheren jährlichen Wachstumsraten des BIP von ca. 2,2 Prozent aus. Einen ähnlich hohen Wert wie der errechnete wird von EWI/IE/RWI (2004) mit einer Nettostromerzeugung von ca. 550 TWh[132] im Jahr 2015 ausgewiesen. Eine ähnliche Einschätzung stellt EWI/Prognos (2005) mit einem Bruttostrombedarf im Jahr 2020 von 594 TWh dar.

4.3.1.3 Die Berücksichtigung von Stromeinsparungspotentialen

Neben dem Ausbau der Nutzung erneuerbarer Energien ist die Stromeinsparung eine maßgebliche Komponente für den klimaverträglichen Wandel des Stromerzeugungssektors. Alternativszenarien des Wuppertal-Institutes weisen Möglichkeiten der Stromeinsparung und -substitution aus, die einer Erhöhung des Stromeinsatzes der Endverbrauchssektoren entgegenwirken (Wuppertal-Institut, 2001).

Ein solches Stromeinsparungsprogramm, das eine Vielzahl von Instrumenten und Maßnahmen beinhaltet, erfordert politische Unterstützung, um in allen Stromanwendungsbereichen wirksam werden zu können. In einer Studie des Wuppertal Institutes wurde ein umfangreiches Stromeinsparungsprogramm dargestellt (Wuppertal-Institut, 2001, S. 8.19 ff.), das technische und wirtschaftliche Einsparungs- und Substitutionspotentiale in insgesamt 18 Stromanwendungsbereichen umfasst. Zentrale Elemente der Stromeinsparung sind danach unter anderem
1. die Festsetzung von Verbrauchszielwerten für Massenprodukte innerhalb einer zu erlassenden Elektroanwendungsverordnung, z. B. für Haushaltsgroßgeräte, Haushalts- und Bürogeräte mit Stand-by-Verbrauch, standardisierte Elektroantriebe in Motoren und Pumpen, Heizungspumpen u. a.,
2. freiwillige Selbstverpflichtungen der Hersteller der unter 1. genannten Produkte als Ergänzung und/oder Alternative zur Elektroanwendungsverordnung,

---

[132] Dies entspricht mit einem durchschnittlichen Zuschlag für Eigenverbrauch von 4,3 Prozent (Quaschning, 2000) einem Bruttostrombedarf von ca. 580 TWh.

3. die stromsparende Ausgestaltung der Energieeinsparverordnung durch die Pflicht zum Einbau einer zentralen Warmwasserversorgung bei gleichzeitigem Einbau einer zentralen Heizungsanlage, die Umrüstungspflicht für bestehende und Neubauverbot von Nachtspeicherheizungen, die Definition von Verbrauchsstandards für Heizungspumpen,
4. die Einführung eines Energie-Audits als Pflicht für energieintensive Betriebe als Voraussetzung zur Beibehaltung der Ökosteuerermäßigung.

Diese und andere Instrumente wurden zu Maßnahmen gleicher Umsetzungsintensität (von sehr gering bis hoch) zusammengefasst und ein mögliches Stromeinsparungspotential (SE_1) definiert. Als zentrale Instrumente mit geringer Eingriffstiefe wurden u. a. verstärkte Förderprogramme zur Umrüstung von Elektronachtspeicherheizungen und Warmwasserbereitungsanlagen, Selbstverpflichtungen der Hersteller und des Handels zur wesentlichen Verringerung von Stand-by-Verlusten von Haushalts- und Bürogeräten sowie die Verpflichtung der Industrie zur Durchführung von Energieeffizienzanalysen eingestuft. Bis 2015 wurde auf diese Weise ein Einsparungspotential von rund 22 TWh prognostiziert.

Werden die Maßnahmen mit geringer Eingriffstiefe um solche mit mittlerer Eingriffstiefe erweitert, erhöht sich das identifizierte Einsparpotential (SE_2) für denselben Betrachtungszeitpunkt auf rd. 108 TWh. Die Maßnahmen werden um Verbrauchsstandards für Elektrogroßgeräte sowie durch umfangreiche Maßnahmenpakete in der Industrie ergänzt. Durch weiter verschärfende Maßnahmen, wie zusätzliche Stromeinsparungen in der Industrie, kann der Grad der Potentialausschöpfung um 5 Prozent auf dann 115 TWh erhöht werden. Dazu ist jedoch z. B. die Umsetzung einer Elektroanwendungsverordnung sowie Nachrüst- und Erneuerungspflichten für ineffiziente Pumpen und Nachtspeicherheizungen notwendig. Ein ähnlich hohes Einsparungspotential in Höhe von ca. 100 TWh weist die Arbeitsgemeinschaft DLR/ifeu/WI (2004) aus.

Dieser Trend wird durch eine Initiative der Europäischen Kommission unterstützt, die an einem Code-of-Conduct und einem gemeinsamen Label für energiesparende Geräte arbeitet. Diese Initiative wird durch eine weitere, weltweite, von Staaten und Elektro-/ Elektronikgeräteherstellern unterstützte, flankiert, die die Entwicklung von Geräten mit einem Stand-by-Verbrauch von maximal einem Watt vorsieht.

Für die Berechnung einer alternativen Variante wird die theoretische Verbrauchsgröße in Höhe von 579,6 TWh aus Kapitel 4.3.1.2.2 und die aufgeführten Einsparungspotentiale lt. Wuppertal-Institut zusammengeführt und optional ein abweichender Entwicklungspfad der zukünftigen Verbrauchsfunktion gezeichnet. Mit dem Alternativszenario soll eine mögliche Veränderung auf der Nachfrageseite als ein weiterer Pfad zur Sicherung von Versorgungssicherheit, Klimaverträglichkeit und Preiswürdigkeit abgebildet werden. Dieser wird mit

$$X^Y_{adj} = X^Y - SE_2 \qquad (4.3\text{-}9)$$

beschrieben und stellt mit einem Bedarf von 471,6 TWh die optimistische Betrachtungsvariante dar.

4.3.2. Die Erzeugungsfunktion

Zur Ermittlung der Erzeugungsmengen auf fossiler Basis, die der CO_2-Minderungsvereinbarung unterliegen, wird eine Residualbetrachtung durchgeführt. Die Mengen von Elektrizitätserzeugern außerhalb der öffentlichen Versorgung, die im Jahr 2002 rund neun Prozent der Bruttostromerzeugungsmenge in Deutschland betrugen (Statistik der Kohlenwirtschaft, 2005) werden als exogen betrachtet. Der Bruttoerzeugungsbedarf ermittelt sich nach der Verbrauchsfunktion laut Kapitel 4.3.1.2.2.

$$\overline{X}^F_{\ddot{O}V} = X^Y - \overline{X}_{DB} - \overline{X}_{IN} - \overline{X}_O - \overline{X}_{EQ} \qquad (4.3\text{-}10)$$

Einzige dynamische Größe der Erzeugungsfunktion bleibt die Erzeugungsmenge aus erneuerbaren Energiequellen, deren Entwicklung anhand eines Wachstumsmodells abgeschätzt werden soll. Erzeugungsmengen Dritter und ggf. realisierbare Einsparungspotentiale werden als exogen vorgegeben betrachtet und die Residualmenge als Differenz berechnet (Quaschning, 2000).

4.3.2.1 Wachstumsmodelle und technologische Substitutionsprozesse

4.3.2.1.1 Wachstumsmodelle und ihre Anwendbarkeit auf technologische Diffusionsprozesse

Wachstumsentwicklungen lassen sich aufgrund ausgewählter, subjektiver Annahmen hinsichtlich des Untersuchungsgegenstandes einschätzen oder mithilfe von Analysen vorliegender historischer Werte ableiten.

Polynomiale Regressionsfunktionen sind bestimmt durch den Grad der Funktion und haben die Form

$$y_i = \alpha + \beta_1 \cdot x_i + \beta_2 \cdot x_i^2 + \ldots + \beta_n \cdot x_i^n. \qquad (4.3\text{-}11)$$

Logarithmische Regressionsfunktionen können in der Form

$$y_i = \beta \cdot Ln(x_i) - \alpha \quad \text{oder} \quad y_i = \beta \cdot \log(x_i) - \alpha \qquad (4.3\text{-}12)$$

vorliegen.

Klassische, nichtlineare Trendfunktionen sind jedoch die logistische, die Mitscherlich-Funktion oder Gompertz-Kurve und die allometrische Funktion (Hartung, 1991; Bamberg und Baur, 1993).

Zur Beschreibung von Wachstumskurven in Zusammenhang mit Zeitreihenanalysen wird häufig die logistische Funktion herangezogen. Sie berücksichtigt, dass natürliche Systeme kein unendliches Wachstum von Quantitäten aufnehmen können, sondern diese einer Sättigungsgrenze zustreben (Meyer et al., 1999). Daher kann sie auch zur Extrapolation von Werten in einen größeren zukünftigen Zeitbereich hinein verwendet werden.

Der Entdecker der logistischen Funktion

$$y(t) = y(t; \alpha, \beta, \gamma) = \frac{\gamma}{1 + \beta e^{-\alpha t}}, \quad (4.3\text{-}13)$$

deren prinzipieller Verlauf für $\alpha > 0$ in Abb. 4-7 dargestellt ist, war im 19. Jahrhundert Verhulst (1838) und wurde von Pearl und Reed im Jahr 1920 erneut aufgegriffen (Pearl und Reed, 1920).

Abbildung 4-7: Gestalt einer logistischen Funktion $y(t) = \gamma / (1 + \beta e^{-\alpha t})$ für $\alpha > 0$

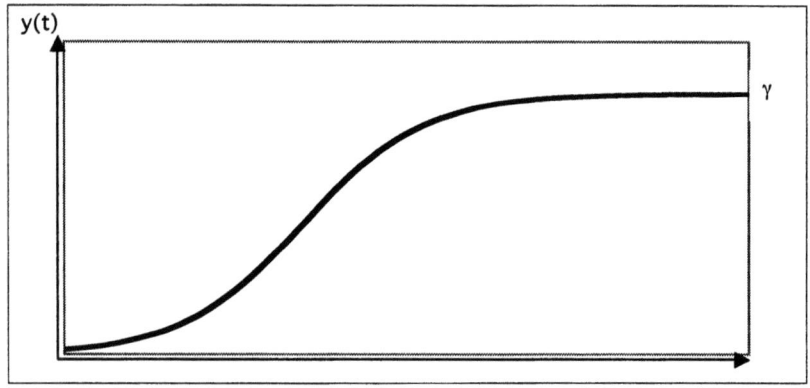

Wie in Abbildung 4-7 zu sehen, strebt die logistische Funktion im Falle $\alpha > 0$ gegen $\lim_{t \to \infty} y(t) = \gamma$. Ist umgekehrt $\alpha < 0$, so läuft sie für $\lim_{t \to -\infty} y(t) = 0$ und für $\lim_{t \to 0} y(t) = \frac{\gamma}{1 + \beta}$.

Im Falle längerfristiger Beschreibungen von Ertrags- und Wachstumskurven findet außerdem die Mitscherlich-Funktion mit

$$y(t) = \alpha + \beta \cdot e^{\gamma t} \text{ mit } \gamma < 0 \qquad (4.3\text{-}14)$$

Anwendung, die mit wachsendem t gegen die Sättigungsgrenze α strebt. Die Mitscherlich-Funktion ist dabei mit der Form der Gompertz-Kurve mit

$$y(t) = e^{\alpha + \beta r^t} \text{ mit den Parametern } \alpha, \beta \text{ und } r \: (0 < r < 1) \qquad (4.3\text{-}15)$$

verwandt, da sie durch Logarithmieren von y(t) die Form $ln\ y(t) = \alpha + \beta r^t$ annimmt und in dieser Darstellung gerade der Mitscherlich-Funktion mit

$$e^\gamma = r, \gamma < 0, 0 < r < 1 \qquad (4.3\text{-}16)$$

entspricht.

4.3.2.1.2 Logistische Wachstumshypothese für den Elektrizitätsmarkt in Deutschland

Nachfolgend soll die Annahme geprüft werden, ob sich auch im Fall der Elektrizitätserzeugung in Deutschland eine logistische Wachstumstendenz nachweisen lässt. Unterschieden nach der Art der Primärenergieträger werden dabei die Bruttoerzeugungswerte der Jahre seit 1925[133] auf ihren typischen Wachstumsverlauf hin untersucht. Da durch den Eintritt neuer Erzeugungstechnologien der Anteil der etablierten Technologie folglich sinkt, bezieht sich die Untersuchung des Wachstumsverlaufes nur bis zu dem Zeitpunkt, an dem der maximale Erzeugungswert innerhalb der Totalerhebung erreicht wurde.

Aktuelles Beispiel für die Untersuchung eines Wachstumsverlaufes ist durch seine beschlossene Terminierung und damit die vergleichsweise genaue Schätzung einer Sättigungsgrenze durch die Vorgabe der Reststrommengen die Kernenergie. Hier wurde für die Sättigungsgrenze 170 TWh angenommen, die etwa der Bruttoerzeugung des Jahres 1999 entspricht. Die Begrenzung der Erzeugungsmenge auf den o. g. Wert scheint vor dem Hintergrund des Kernenergiekonsenses im Jahr 2000 stark politisch motiviert zu sein. Es sei jedoch darauf verwiesen, dass bereits 1989 das letzte Kernkraftwerk in Deutschland in Betrieb gegangen ist, nachdem eine überaus starke Zunahme von kernenergetischer Kraftwerkskapazität in den achtziger Jahren vorangegangen war.[134] Eine politische Restriktion muss jedoch in

---

[133] Werte der Bruttoerzeugung liegen nur gesamt, nicht unterschieden nach Primärenergieträgern für die Jahre 1900 bis 1925 in der Kohlenstatistik vor. Aufgrund des schätzungsweise hohen Anteils an Wasserkraft lassen sich hier nur schwer Zuordnungen nach eigenen Annahmen treffen.
[134] Zwischen 1980 und 1989 sind allein 12 Kernkraftwerke in Betrieb gegangen (inkl. Mülheim-Kärlich).

der Tatsache gesehen werden, dass der Ersatzneubau für stillzulegende Kernenergiekapazitäten nach dem Inkrafttreten des AtG nicht mehr möglich ist. Über den Nutzungszeitraum der Kernenergie bis 2004 lässt sich hier unter den gegebenen Einschränkungen ein logistischer Verlauf erkennen.

Abbildung 4-8: Wachstumsverlauf Kernenergienutzung 1961-2004

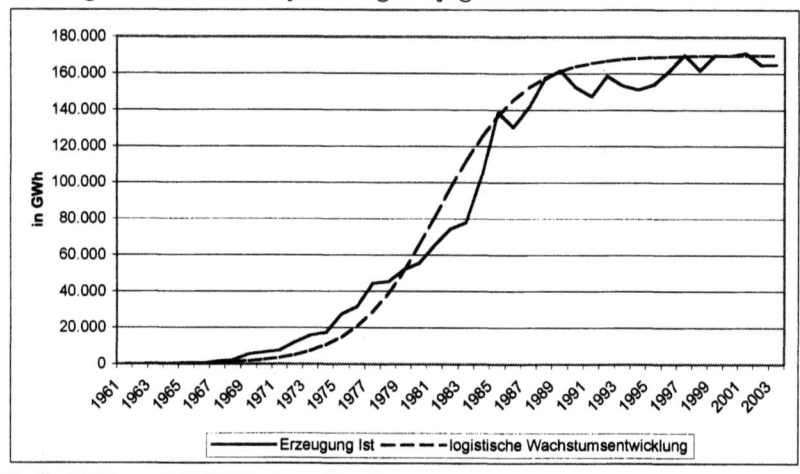

Quelle: Kohlenstatistik (2005), eigene Berechnungen

Diffiziler stellt sich die Analyse des Einsatzes von Braun- und Steinkohle dar. Hier wurden nur die Werte der alten Bundesländer und des entsprechenden Reichsgebietes der Vorjahre von 1926 bis 1949 angesetzt, da eine gemeinsame Statistik über den gesamten Zeitraum in den Grenzen der heutigen Bundesrepublik nicht verfügbar ist. Zusätzlich wird auf die Einschränkung hinsichtlich des Zeitraumes 1900 bis 1925[135] verwiesen.

Wie in Abbildung 4-9 ersichtlich, könnte die Ausweitung des Einsatzes von Braunkohle zur Stromerzeugung bis zum Erreichen der Sättigungsgrenze 1980/1981 auch hier einen logistischen Verlauf verfolgen. Bei Ansatz einer Sättigungsgrenze γ von etwa 97 TWh, die als maximale Bruttostromerzeugung aus Braunkohle in dem Gebietsstand der alten Bundesrepublik im Zeitraum von 1926 bis 1995 erreicht wurde[136], einem β von 69,154 und einem α von −0,00017 wurde bei einem logistischen Verlauf nach Gleichung 4.3-13 ein Bestimmtheitsmaß von 0,9452 errechnet.

---

[135] Siehe Fußnote 134.
[136] Aufzeichnungszeitraum mit separater Erfassung für das Gebiet der alten Bundesländer.

Abbildung 4-9: Wachstumsverlauf der Stromerzeugung aus Braunkohle

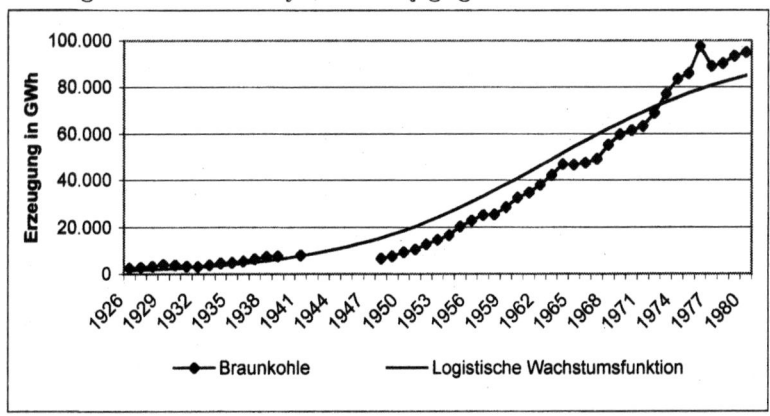

Quelle: Kohlenstatistik (2001), eigene Berechnungen

Der Verlauf könnte auch in zwei Perioden unterteilt und deren Regression separat untersucht werden (Abb. 4-10). Für den Zeitraum von 1926 bis 1941 wird bei Annahme eines linearen Verlaufes (y=α+βt) bei einem α von 1.777,9 und einem β von 370,14 ein Bestimmtheitsmaß von 0,8717 erzielt. Für die zweite Periode von 1948 bis 1980 wurde mit einem α von 3.905,7 und einem β von 3.008,5 ein Bestimmtheitsmaß von 0,9775 errechnet. Der Annahme einer stetig wachsenden Erzeugungsmenge steht allerdings die Entwicklung nach 1980 entgegen: Bis zum Jahr 1995 ist die Erzeugungsmenge wieder auf ca. 83 TWh pro Jahr gesunken.[137]

Abbildung 4-10: Linearer Wachstumsverlauf Stromerzeugung aus Braunkohle (in GWh) Zeitraum 1926-1941 und 1948-1980

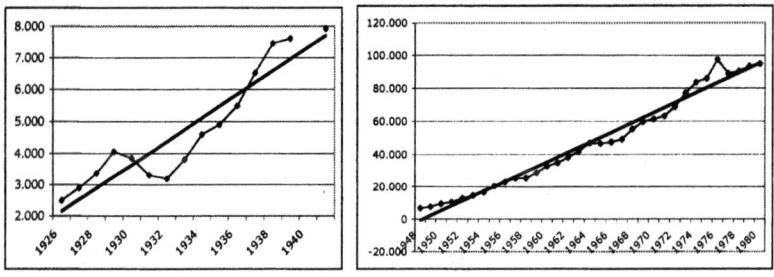

Quelle: Kohlenstatistik (2005), eigene Berechnungen

Ein ähnliches Ergebnis spiegelt sich bei der Analyse des Steinkohleneinsatzes in der Stromerzeugung wider. Für die Untersuchung des Verlaufes wurden die Erzeu-

---

[137] Eine weitere separate Aufzeichnung der Erzeugungsmengen aus Braunkohle der alten Bundesländer ist in den verwendeten Quellen nicht vorhanden.

gungsdaten für das gesamte Bundesgebiet für den Zeitraum 1926 bis 2004 zugrundegelegt, da Steinkohle in der DDR nur eine sehr geringe Rolle bei der Elektrizitätserzeugung spielte und damit keiner so starken politischen Einflussnahme wie bei dem Braunkohleneinsatz unterlag.[138] Die Abbildung 4-11 veranschaulicht mögliche Entwicklungspfade der Stromerzeugung aus Steinkohle bis zum Erreichen der Sättigungsgrenze 1998. Bei Ansatz einer Sättigungsgrenze γ von etwa 153 TWh, die als maximale Bruttostromerzeugung aus Steinkohle in dem Gebietsstand der Bundesrepublik im Zeitraum von 1926 bis 2004 erreicht wurde, einem β von 39,327 und einem α von 0,0933 wurde bei einem logistischen Verlauf nach Gleichung 4.3-13 ein Bestimmtheitsmaß von 0,9689 errechnet.

Abbildung 4-11: Wachstumsverlauf bei der Stromerzeugung aus Steinkohle (in GWh)

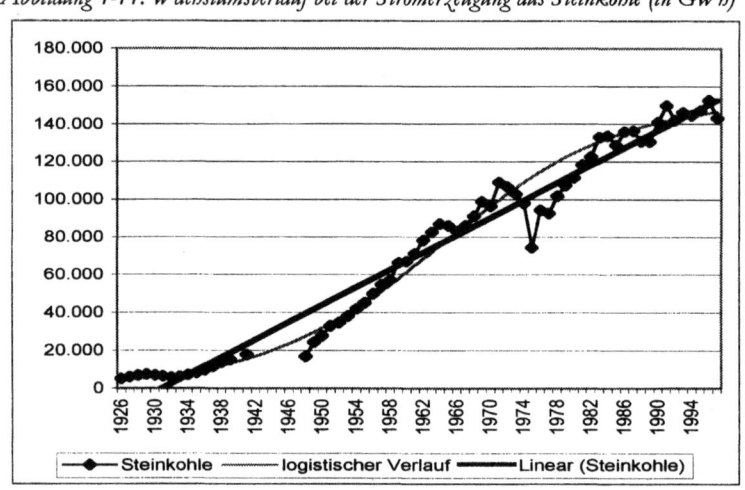

Quelle: Kohlenstatistik (2005), eigene Berechnungen

Für eine lineare Entwicklung wurde mit α von 13.534 und einem β von 2.310,9 ein Bestimmtheitsmaß von 0,9638 errechnet. Beide Gütemaße der Anpassung liegen dicht beieinander, so dass beide Entwicklungspfade möglich erscheinen. Der Annahme einer stetig wachsenden Erzeugungsmenge steht allerdings die Entwicklung nach 1998 entgegen: Bis zum Jahr 2004 ist die Erzeugungsmenge wieder auf ca. 138 TWh pro Jahr gesunken (Kohlenstatistik, 2005).

Aus der Entwicklung dieser drei Primärenergieträger kann indes keine allgemeingültige Begründung für den generell logistischen Verlauf technologischer Diffusionsprozesse abgeleitet werden. Anhand weiterer, untersuchter Diffusionsprozesse

---

[138] Im Jahr 1980 betrug der Anteil des aus Steinkohle erzeugten Stroms auf dem Gebiet der DDR ca. 0,8 Prozent des gesamten auf heutigem Gebietsstand Deutschlands erzeugten Stroms aus Steinkohle.

soll die Entscheidung für das logistische Wachstumsmodell zur Prognose der Diffusionsgeschwindigkeit verfahrenstechnischer Neuerungen, wie der Nutzung der erneuerbaren Energien zur Stromerzeugung fundiert werden.

4.3.2.1.3 Technologische Substitutionsprozesse im theoretischen Modell

Bei formaler Betrachtung dienen sämtliche Innovationen der Erleichterung der Bedürfnisbefriedigung unterschiedlicher Individuen. Dabei verdrängt die Entwicklung und Einführung einer neuen Technologie stets eine bereits existierende Variante zur Bedürfnisbefriedigung; es wird also lediglich ein Verfahren zur Erfüllung eines Zieles durch ein anderes substituiert.

Substitutionsprozesse, in deren Verlauf ein Produkt bzw. eine Technologie durch eine andere ersetzt wird, sind seit den fünfziger Jahren in einer Vielzahl von Studien untersucht worden. Eine der ersten Studien, die nachwies, dass technologische Substitutionsprozesse einer S-förmigen Kurve folgen, war die Arbeit von Grilich (1957), der die Verdrängung von traditionellem Saatgut durch Zuchtsorten in der kommerziellen Landwirtschaft in den USA darstellte. In den Folgejahren weitete sich der Untersuchungsumfang wesentlich aus: Mansfield (1961) entwickelte ein Modell zur Erklärung der Geschwindigkeit, nach der Firmen Innovationen umsetzen. Dieses Modell wurde erweitert durch die Arbeit von Fisher und Pry (1971), die für das Modell die logistische Funktion zugrunde legten, die sich zweier Parameter α und β zur Beschreibung des Substitutionsprozesses bedient. Dabei folgt die Durchdringung nach der folgenden logistischen Funktion

$$\frac{f}{1-f} = e^{(\alpha t + \beta)}, \text{ entsprechend} \qquad (4.3\text{-}14)$$

$$\ln \frac{f}{1-f} = \alpha t + \beta \qquad (4.3\text{-}15)$$

mit t als unabhängige Zeitvariable, α und β als Konstanten, f als Marktanteil der neuen Technologie und 1 - f als Anteil des bislang nicht erreichten Marktes. Die Koeffizienten α und β sind dabei hinreichend, um den gesamten Prozess darzustellen. Sie werden anhand historischer Daten geschätzt.

Die grundlegende Annahme, die durch Fisher und Pry (1971) postuliert wurde, ist die Verselbstständigung des Diffusionsprozesses, sobald die neue Technologie einen kritischen Anteil überschritten hat. Spätere Arbeiten (Skiadas, 1985; Kumar und Kumar, 1992; Mead und Islam, 1998) nutzten das einfache logistische Modell, um Voraussagen über die Marktfähigkeit von Produkten und die Penetrationsrate von Produktionstechnologien zu formulieren oder soziale Systeme in ihren Veränderungen zu erklären (Marchetti, 1996; Rogers, 1995). Die S-Kurve wird nicht nur in der ökonomischen Literatur zur Beschreibung von Diffusionsprozessen genutzt, sondern wird gleichermaßen in der Marketingliteratur zu Produkteinführungen angenommen (Bass, 1969; Zettelmeyer und Stoneman, 1993; Golder und Tellis, 1997; Geroski, 2000). Die Ablösung alter Technologien durch neue kann allerdings mehrere Jahrzehnte in Anspruch nehmen (Kemp et al., 1994). Der traditionelle Ansatz des logistischen Diffusionsmodelles basiert auf der Annahme, dass sich der Prozess in einem stabilen, von externen Effekten unbeeinflussten System entwickelt. Diffusionsprozesse unterliegen jedoch vielfältigen soziokulturellen (sozialer Status, Bildungsstand, Technikaffinität), wirtschaftlichen und demografischen (Bevölkerungsdichte, Urbanität) und politischen Einflüssen (Bakalis et al., 1997; Strang und Soule, 1998). Diese können u. a. die Symmetrie des S-förmigen Verlaufes von Diffusionsprozessen beeinflussen (Skiadas, 1986). Die Höhe des Sättigungspotentiales zur Bestimmung des Diffusionsprozesses unterliegt ähnlichen Unsicherheiten: Wichtige Einflussgrößen können die Wachstumsraten der Bevölkerung der unterschiedlichen Märkte (Mahajan und Peterson, 1978; Sharif und Ramanathan, 1981) oder auch der Preis eines neuen Produktes während seiner Einführungsphase sein (Kalish, 1985). Ein grundsätzliches Problem bei der Parameterschätzung von Diffusionsprozessen für alle Techniken stellt der Mangel an Daten dar (Srinivasan und Mason, 1986; Van den Bulte und Lilien, 1997).[139]

Technologien durchlaufen, ähnlich der Produktlebenszyklen, stets eine Wachstums-, eine Sättigungs- und eine Abschwungphase. Die Wachstumsphase ist nach einer meist schwierigen Einführung der Technologie durch hohe Wachstumsraten der Marktanteile gekennzeichnet. In der anschließenden Sättigungsphase verlangsamt sich das Wachstum, bis sich nach einer kurzen Stagnation ein leichter Rückgang abzeichnet. In der folgenden Abschwungphase verliert die Technologie deutlich an Anteil und verschwindet letztendlich vom Markt. Die Wachstums- und die Abschwungphase folgen dabei dem Kurvenverlauf der logistischen Wachstumsfunktion, während die Sättigungsphase nicht logistisch verläuft.

Marchetti und Nakicenovic (1979) z. B. unterstellten in ihrer Arbeit, dass sich stets nur eine Technologie in der Sättigungsphase befindet und in dieser Periode mit Technologien, die im Wachstum begriffen sind, in Wettbewerb treten. Eine Erweiterung der Annahme des Ein-Produkt-Modelles erfolgte mit Norton und Bass (1987) sowie Grübler (1991); die Interdependenzen zwischen verschiedenen Technologieeinführungen zeigen z. B. Gille (1986), McNeil (1990) oder Islas (1997, 1999).

---

[139] Insbesondere in der Phase des Launching von Produkten, die noch keine breite Datenbasis zulässt.

Abbildung 4-12: Revolvierender Substitutionsprozess

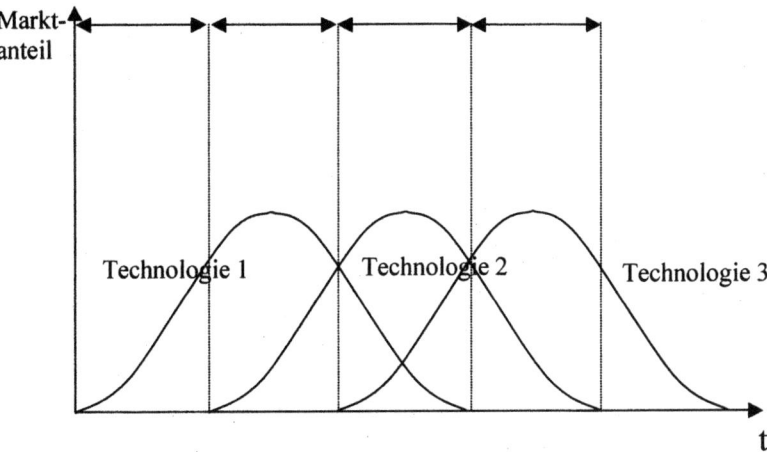

In einer verfeinerten Version haben Marchetti und Nakicenovic (1979) dieses Modell auf Primärenergien angewandt und gezeigt, dass das Vordringen eines neuen Energieträgers auf den Weltmärkten nach weitestgehend gleichartigen Mustern in langen Wellen erfolgt (Abb. 4-13).

Abbildung 4-13: Strukturwandel des weltweiten Primärenergiesystems

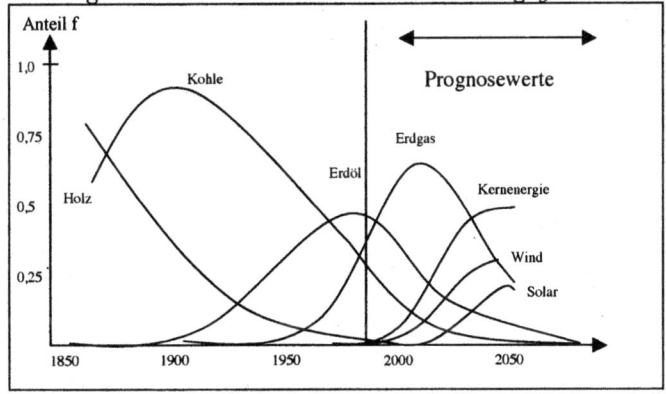

Quelle: Marchetti und Nakicenovic (1979), S. 14, Grübler und Nakicenovic (1996), S. 103

Demnach sind die Marktperspektiven erst auf mittelfristige Sicht als günstig zu beurteilen. Zunächst muss ein kritischer Marktanteil von 2 bis 3 Prozent erreicht werden, bevor eine selbsttragende Diffusion eines neuen Energieträgers einsetzt. Für das Erreichen eines kritischen Marktanteils sind innovative Unternehmen gefordert, die Risikobereitschaft und die notwendigen finanziellen Mittel in die neue, noch unerprobte Technologie einsetzen. Im Erfolgsfall finden sich Imitatoren, die letztendlich die Verbreitung der neuen Technologie entsprechend des logistischen Wachstumsmodells fördern.

Für die Beschreibung des mathematischen Modells gelten zunächst folgende Definitionen:

$$\sum_{i=1}^{n} f_i(t) = 1, \qquad (4.3\text{-}16)$$

d. h. die Summe aller Marktanteile der eingesetzten Energieträger ist stets 1, wobei $f_i(t)$ den Marktanteil und i die Anzahl der Energieträger anzeigt. Die Gleichung 4.3-16 gilt für alle Perioden t.

Für die Entwicklung des Anteils des jeweiligen Energieträgers i ergeben sich nach Schätzung der Koeffizienten folgende n Gleichungen:

$$f_i(t) = \frac{1}{1 + e^{-\alpha_i t - \beta_i}} \quad \text{oder} \qquad (4.3\text{-}17)$$

$$f_i(t) = \frac{e^{\alpha_i t + \beta}}{1 + e^{\alpha_i t + \beta}}, \qquad (4.3\text{-}18)$$

wobei i = 1,..., n und α und β die aus den historischen Daten geschätzten Koeffizienten darstellen. Gleichung 4.3-17 und 4.3-18 gelten dabei gleichermaßen für die Wachstums- und die Abschwungphase.

Anschließend wird der Energieträger j identifiziert, der am längsten am Markt ist und in die Sättigungsphase eintreten soll. Für j ist der Marktanteil definiert durch

$$f_j(t) = 1 - \sum_{i \neq j} f_i(t) \qquad (4.3\text{-}19).$$

Der Marktanteil von j in der Sättigungsphase wird also endogen durch die Wachstums- bzw. Schrumpfungsrate der anderen am Markt vertretenen Energieträger vorgegeben. Für den Marktanteil für alle anderen i j, die sich entweder in der Wachstums- oder Abschwungphase befinden, gilt Gleichung 4.3-18.

Für die Dynamik des Prozesses muss der Eintrittszeitpunkt in die Sättigungsphase für j + 1 identifiziert werden, der gleichzeitig den Endpunkt der Sättigungsphase für j darstellt. In diesem Punkt nimmt die Entwicklung des Marktanteils von j wieder die logistische Form mit negativem Steigungskoeffizient α an und strebt ihrem Nullpunkt entgegen. Es gilt

$$y_j(t) = \log \frac{f_j(t)}{1 - f_j(t)} = \alpha_j t + \beta_j. \qquad (4.3\text{-}20)$$

Zur Identifikation des Endpunktes der Sättigungsphase von j wird die Relation von $y_j''(t)$ zu $y_j'(t)$ untersucht. Als Kriterium wird die folgende Bedingung genutzt:

$$y_j''(t) / y_j'(t) = \text{Min!} \qquad (4.3\text{-}21)$$

Ist diese Bedingung in t erfüllt, wird dieser Zeitpunkt mit t_{j+1} benannt, d. h. im Anschluss an die Sättigungsphase von j tritt j + 1 in die Sättigungsphase ein. Für j wiederum erfolgt nun der Rückgang der Marktanteile analog der logistischen Entwicklung. Sind keine historischen Daten diesbezüglich vorhanden, können die Parameter α und β nach folgender Beziehung bestimmt werden (Marchetti und Nakicenovic, 1979, S. 6):

$$\alpha_j = y'_j(t_{j+1}) \qquad (4.3\text{-}22)$$

$$\beta_j = y_j(t_{j+1}) - \alpha_j t_{j+1} \qquad (4.3\text{-}23)$$

Dieser Prozess wiederholt sich nun kontinuierlich bis zum Endzeitpunkt t_E.

4.3.2.1.4 Anwendung des Substitutionsmodells auf den deutschen Erzeugermarkt

Für den deutschen Elektrizitätserzeugungsmarkt sind nach dem oben beschriebenen Substitutionsmodell für die eingesetzten Primärenergieträger folgende Verlaufsphasen identifiziert:

Steinkohle befindet sich entsprechend des Substitutionsmodells seit 1962 in der Abschwungphase (Abbildung 4-14). Während in den fünfziger Jahren nahezu die Hälfte des Stromes auf Basis von Steinkohle erzeugt wurde, ist dieser Anteil bis heute auf etwa ein Viertel gesunken. Zu diesem kontinuierlichen Schrumpfungsprozess wird der sukzessive Abbau der Steinkohlensubventionen weiter beitragen.

Abbildung 4-14: Entwicklung der Marktanteile von Steinkohle

Quelle: Statistik der Kohlenwirtschaft (2004), eigene Berechnungen

Für Braunkohle vollzieht sich eine relativ konstante Entwicklung. Der vergleichsweise nur mäßig verlaufende Rückgang des gesamtdeutschen Erzeugungsanteils im korrespondierenden Zeitraum von 1950 bis 1980 ist im Wesentlichen auf die Bestrebungen innerhalb der ehemaligen DDR zurückzuführen, eine energetische Autarkie auf Basis der eigenen Braunkohlenreserven aufzubauen und zu sichern. Im Vergleich dazu ist der Rückgang des Braunkohlenanteils an der Stromerzeugung der alten Bundesländer stärker ausgeprägt.

Abbildung 4-15: Anteilsentwicklung Braunkohle alte vs. neue Bundesländer

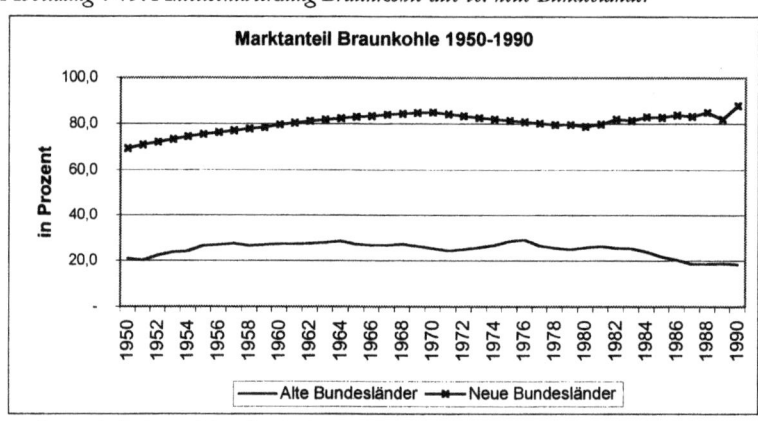

Quelle: Statistik der Kohlenwirtschaft (2001), eigene Berechnungen

Die Sättigungsphase könnte hier nach dem Substitutionsmodell von Marchetti im Zeitraum zwischen 1962 und 1982 liegen (Abbildung 4-15). Eine generelle Aussage über den Zeitraum der Sättigungsphase der Braunkohlennutzung auf gesamtdeutscher Ebene lässt sich allerdings aufgrund der starken energiepolitischen Verzerrungen durch die Autarkiebestrebungen in der DDR zwischen 1949 und 1989 nicht treffen (vgl. Kapitel 3.2.3.2).

Abbildung 4-16: Entwicklung der Marktanteile von Braunkohle (gesamtdeutsch)

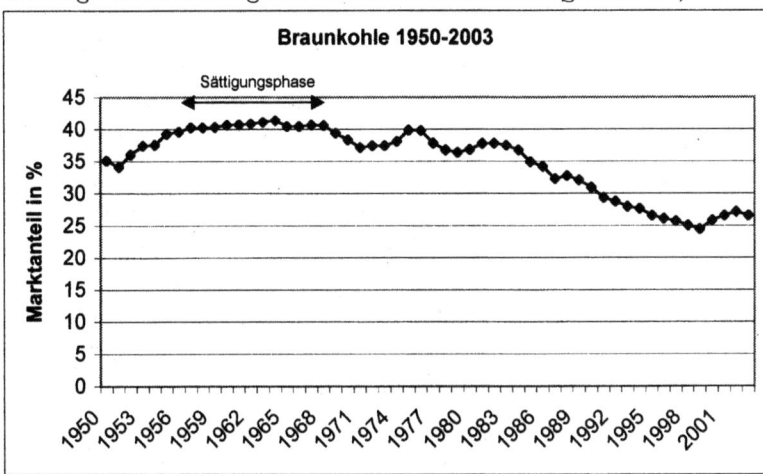

Quelle: Statistik der Kohlenwirtschaft (2004), eigene Berechnungen

Für die Kernenergie sind durch den durch die Bundesregierung beschlossenen Ausstieg aus der kommerziellen Elektrizitätserzeugung sämtliche Marktanteile bereits vorgegeben und werden dementsprechend in den nachfolgenden Berechnungen berücksichtigt. Die verbleibenden Erzeugungsmengen für die Jahre nach 2003 wurden anhand der in Anlage 1 des AtG aufgeführten Restmengen für die einzelnen Kernkraftwerke und der vereinbarten Regellaufzeit von 32 Jahren berechnet. Gemäß dem Substitutionsmodell von Marchetti ergibt sich für die Kernenergie eine ausgedehnte Sättigungsphase, die sich hier über einen relativ langen Zeitraum von 28 Jahren (zwischen 1983 und 2010, Abb. 4-17). erstreckt.

Abbildung 4-17: Entwicklung Marktanteil Kernenergie

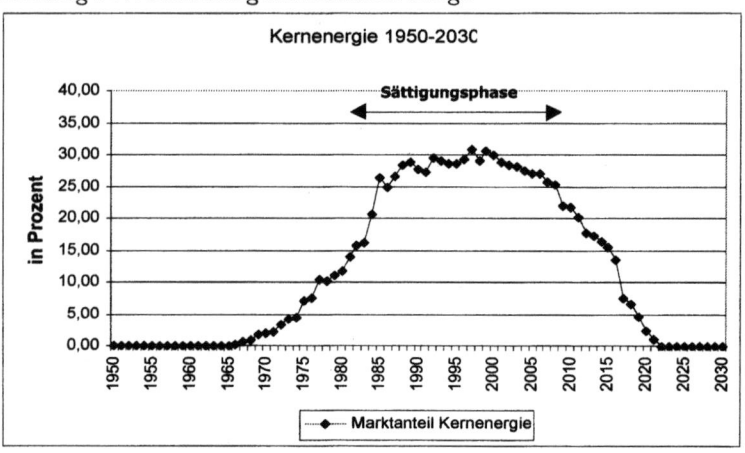

Quelle: Kohlenstatistik (2004), eigene Berechnungen

Der Einsatz von Erdgas in der Stromerzeugung ist zukünftig durch die hohen klimaschutzbedingten Restriktionen begünstigt. Aufgrund der Brennstoffeigenschaften ist Erdgas bezogen auf den durchschnittlichen Energiegehalt durch eine ca. 39,8 Prozent (50,4 Prozent) geringere Kohlenstoffintensität gegenüber Steinkohle (Braunkohle) gekennzeichnet. Verbunden mit den technologischen Vorteilen aufgrund der höheren erzielbaren Wirkungsgrade bei der Umwandlung von Erdgas wird insgesamt sogar ein Minderungspotential von rund 60 Prozent realistisch.

Entsprechend der Wachstumsdynamik auf dem Markt der erneuerbaren Energien kommt Erdgas die Rolle einer Residualgröße zu, die aufgrund der kurzen Investitionszeiten und vergleichsweise geringen Investitionskosten flexibel eine Deckungslücke in der Stromversorgung schließen kann.

Mit dem Datenbestand und den damit verbundenen Einschränkungen konnte ein möglicher logistischer Verlauf der zurzeit maßgeblich eingesetzten Primärenergieträger in Deutschland aufgezeigt werden. Im Anschluss soll untersucht werden, ob die Technologieeinführung im Elektrizitätssektor unter Nutzung erneuerbarer Energien ebenfalls logistischen Wachstumstendenzen folgt

4.3.2.2 Die Entwicklung erneuerbarer Energien im Zeitablauf

Technische Innovationen und deren Durchsetzung sind das ausschlaggebende Kriterium für eine Stabilisierung der Treibhausgaskonzentrationen weltweit (Toman, 1998; Knapp, 1999). Die Durchsetzung von Technologien auf Basis erneuerbarer Energien und die erforderliche Infrastruktur nimmt mitunter einen Zeitraum von mindestens einer Dekade bis hin zu einem halben Jahrhundert in

Anspruch (Rennings, 2000). Im Folgenden soll die Entwicklung innovativer neuer Techniken zur Elektrizitätserzeugung untersucht werden.

4.3.2.2.1 Annahmen und Datengrundlagen

Für die einzelnen erneuerbaren Energiequellen werden die Beiträge zur Stromversorgung auf der Grundlage definierter Randbedingungen ermittelt. So findet im Bereich der Wasserkraftnutzung die Stromerzeugung aus Pumpspeicherkraftwerken ohne natürlichen Zufluss keine Berücksichtigung. Der Beitrag der solaren Stromerzeugung basiert auf den Produktionsergebnissen von netzgekoppelten PV-Anlagen. Neben den festen biogenen Energieträgern werden auch die flüssigen[140] und gasförmigen Brennstoffe (Bio-, Deponie- und Klärgas) zur Stromerzeugung berücksichtigt. Des Weiteren werden aus dem momentanen Technologiestand und den aktuellen Investitionskosten zukünftig mögliche technologische und wirtschaftliche Entwicklungspotentiale abgeleitet.

Zur Berechnung der Entwicklung wird im Folgenden in Anlehnung an den „World energy, technology and climate policy outlook 2030 – WETO" (EU-Kommission, 2003b) ebenfalls ein logistischer Wachstumsverlauf zugrunde gelegt. Im ersten Schritt ist zu dessen Ermittlung die Definition von Sättigungsgrenzen erforderlich. Den Sättigungsgrenzen werden dabei die technischen Potentiale zugrunde gelegt, die der Literatur wie in Kapitel 4.3.2.3.2 angeführt, entnommen wurden.

4.3.2.2.2 Potentiale erneuerbarer Energiequellen

Mit der systematischen Ermittlung der technischen Potentiale haben sich in den vergangenen Jahren zahlreiche Untersuchungen (BMWi, 1994; DIW, 1995; Kaltschmitt und Wiese, 1993, 1997; Kaltschmitt, 1997; Hartmann und Strehler, 1995; Altner et al., 1995; Poetsch, 1998, Quaschning, 2000) beschäftigt. Die ermittelten Werte weisen aufgrund unterschiedlicher Annahmen und Restriktionen folglich große Bandbreiten auf. Diese resultieren aus nicht einheitlichen Annahmen und teilweise unterschiedlichen Hypothesen hinsichtlich Systemausführungen und Anlagengrößen. Eine weitere Einschränkung in der bloßen Übernahme der Potentiale besteht in der Nichtadditivität der Werte, da Nutzungskonkurrenzen nicht berücksichtigt sind.[141]

---

[140] Zum Beispiel Rapsöl.
[141] Zum Beispiel steht eine Dachfläche, die mittels Kollektoren der Warmwasserbereitstellung dient, nicht mehr für PV-Anwendungen zur Verfügung.

Neben dem bereits zu etwa 75 Prozent ausgeschöpften Potential an Wasserkraft in bestehenden Anlagen mit rund 25 TWh p. a. bestehen durch Zubau noch Reserven von etwa 6 TWh (BMU, 1999, S. 134).[142]

Mit 83 TWh p. a. wird das Windstrompotential im Binnenland konservativ eingeschätzt. Dabei reichen die Bandbreiten der Potentialeinschätzung von 70 bis 128 TWh. Mit einer Einspeisung von 25,9 TWh[143] in 2004 (BWE, 2005) sind derzeit etwa 31 Prozent erschlossen. Die mit Abstand größten Potentiale werden dabei in Gebieten mit einer mittleren Jahreswindgeschwindigkeit unter 5 m/s erwartet. Obgleich die Erzeugungskosten nach dem derzeitigen Stand der Investitionskosten erst bei Windgeschwindigkeiten ab 5,5 m/s durch die Einspeisevergütung gedeckt werden, wird aufgrund der erwarteten Lerneffekte zukünftig auch die Überschreitung der Wirtschaftlichkeitsgrenzen für diese Standorte unterstellt. Des Weiteren wird davon ausgegangen, dass durch Repowering mit weniger Anlagen eine insgesamt vierfach höhere technische Leistung erreicht werden kann (Jopp, 2002). Für das Windkraftpotential in Offshoreanlagen liegt der Wert bei einer Wassertiefe bis 40 Meter und 30 Kilometer zur Küste bei ca. 237 TWh p. a. (Kaltschmitt, 1997; Rehfeldt, 2001a, S. 74). Dieser Wert scheint unter Berücksichtigung von Naturschutz und des resultierenden Flächenbedarfes zu hoch eingeschätzt (Rehfeldt, 2001a). Vielmehr wurde hier ein Wert gewählt, der sich an den Gegebenheiten der Nordsee und der dort durch den Nationalpark Wattenmeer einzuhaltenden Schutzzonen orientiert. Da in diesem Bereich die Offshore-Windenergienutzung derzeit ausgeschlossen ist und anschließend ein ausreichend großer Abstand zu den friesischen Inseln garantiert werden muss, sind Entfernungen von mehr als 30 Kilometer von der Küste relevant. Aus den dort gegebenen Wassertiefen von 15 bis 25 Meter ergeben sich hier Potentiale, die zwischen 90 und 180 TWh (Rehfeldt, 2001a) liegen. Letzte Studien gehen von Potentialen von ca. 120 TWh aus (Arbeitsgemeinschaft DLR/ifeu/WI, 2004).

Für die Potentialberechnung der Photovoltaik ist ihre Integrationsfähigkeit in die gegebene Siedlungsstruktur maßgeblich. Als zur Verfügung stehende Flächen sind auf Dächern[144] etwa 800 km^2, 150 km^2 an Fassaden, 700 km^2 auf sonstigen Flächen innerhalb von Siedlungen (z. B. Lärmschutzwände, Überdachungen etc.) sowie weitere 650 km^2 Freiflächen (Brachen, Böschungen an Verkehrsstraßen außerhalb von Ortschaften etc.) geeignet (Nitzsch und Luther, 1990; Kaltschmitt und Wiese, 1997; Altner et al., 1995). Bei 100%iger Ausschöpfung des Potentials aller geeigneten Flächen ergibt sich ein Beitrag zur Stromerzeugung von etwa 650 TWh pro Jahr. Aus der Eingrenzung der Nutzung der Flächen auf 25 Prozent (BMU, 1999) der geeigneten Dachflächen (200 km^2), 100 Prozent der geeigneten Fassaden-

---

[142] Mit 4 bis 5 TWh/a wird das Ausbaupotential von der Arbeitsgemeinschaft DLR/ifeu/WI (2004) etwas geringer eingeschätzt.
[143] Die Statistik des VDN (2005) gibt mit rd. 24,2 TWh eine etwas geringere Einspeisung an.
[144] Von einer wesentlichen größeren, potentiellen Dachfläche von etwa 3.000 km^2 geht die Studie der Enquete-Kommission aus (Räuber, 1990).

flächen (150 km²), 50 Prozent der geeigneten Siedlungsflächen (350 km²) sowie 45 Prozent der geeigneten Freiflächen (300 km²) würde ein theoretisches Potential von 135 TWh resultieren. Dieser Wert liegt nahe dem minimalen Wert von 129 TWh p. a., der in der Literatur angegeben wird (Langniß et al., 1997).[145] Durch Verringerung oder Erhöhung des Ansatzes der prozentualen Anteile der nutzbaren Flächen ist dieser Wert nach eigener Einschätzung beliebig variierbar. Im Folgenden wird daher auf das genannte Referenzpotential in Höhe von 135 TWh zurückgegriffen.[146]

Die weitere Berechnung der Potentialausschöpfung orientiert sich daher in weiten Teilen[147] an der Zusammenfassung des BMU (Tabelle 4-3), die unter Beachtung gegebener struktureller Voraussetzungen aus den tatsächlich nutzbaren Sekundärenergien „technische Referenzpotentiale" ableitet. Das dargestellte Referenzpotential stellt dabei einen repräsentativen, mittleren Ausgangspunkt dar, der konkurrierende Nutzung ausschließt.

---

[145] Das minimale Potential (mit etwa 220 TWh) erheblich größer schätzen Kaltschmitt und Wiese (1997) ein.
[146] Auf die Annahme der vollständigen Ausschöpfung des maximalen technischen Potentials in Höhe von 650 TWh soll hier verzichtet werden, da ein derartiger Verlauf voraussichtlich eher eine Fragestellung für zukünftige Generationen darstellt.
[147] Hinsichtlich des Offshore-Windkraftpotentials wird hier die Prognose des Arbeitsgemeinschaft DLR/ifeu/WI (2004) favorisiert (Wert in Klammern).

Tabelle 4-3: Technisches Referenzpotential der Nutzung erneuerbarer Energien zur Stromerzeugung in Deutschland

Energieträger bzw. -technologie	Elektrizitätserzeugung TWh p. a.	Leistung MW_{el}	Kommentare
Wasserkraft			
a) Gesamtpotential	24,7	4.650	Laufwasser und natürlicher Zufluss zu Speichern, Bandbreiten 21-35 TWh p. a.
b) Zubaupotential > 1 MW	4,8	780	
< 1 MW	1	330	
Windenergie			
a) Anlagen an Land	83	50.000	Bandbreite 70-128 TWh p. a.
b) Offshoreanlagen	180 (120)	70.000	Bandbreite 90 bis 237 TWh bei Tiefe bis 40 m, 30 km Entfernung
Photovoltaik			Einstrahlung 1.100 kWh/m^2 p. a.
Annahmen zur Flächenbegrenzung:	135		
- 25 % geeign. Dachflächen (200 km^2)		150.000 p	insg. 1.000 km^2 Modulfläche, Obergrenze 650 TWh p. a.
- 100 % geeign. Fassadenflächen (150 km^2)			
- 50 % geeign. Siedl.flächen (350 km^2)			Bandbreite 129 – 202 TWh
- 45 % geeign. Freiflächen (300 km^2)			
Biomasse			
a) Feste Reststoffe	18	4.000	Resthölzer, Reststroh
b) Anpflanzungen 1)	17	3.800	1,5 Mio. ha; 190 GJ/ha p. a.
c) Vergärung organischer Reststoffe	11	2.200	Bio-, Klär- und Deponiegas
	Σ 46		
Summe Elektrizitätserzeugungspotential	526		

1) bei Nutzung als Brennstoff, alternativ Herstellung von Biotreibstoffen möglich
Quelle: DIW (1995), BMWi (1994), Kaltschmitt und Wiese (1995), Kaltschmitt (1997), Altner (1995), Semke und Markewitz (1998), Poetzsch, (1998), DLR/ifeu/WI (2004)

Die genannten Potentialwerte dienen in der nachfolgenden Ermittlung des Wachstumsverlaufes als Sättigungsgrenzen.

4.3.2.2.3 Modelltheoretische Entwicklung des Stromerzeugungsanteils erneuerbarer Energien

Für Deutschland soll im Folgenden die Entwicklung der Nutzung erneuerbarer Energien in der Stromerzeugung für die Jahre 2000 bis 2020 dargestellt werden. Als Datengrundlage dienen statistische Daten des Wachstumsverlaufes im Zeitraum von 1992 bis 2004. Die Daten wurden der Statistik der Kohlenwirtschaft (2004) sowie entsprechenden Statistiken von Bundesverbänden[148] entnommen. Die Berechnung der Zukunftswerte erfolgte je nach Energieträger anhand unterschiedlicher Entwicklungsverläufe.

Die Prognose der Erzeugungsmengen aus erneuerbaren Energien wurde nach folgendem Schema durchgeführt: Für die vergangenen Jahre 1992 bis 2004 wurde für die Erzeugung auf Basis von Windkraft an Land, Biomasse und Photovoltaik der logistische Regressionsverlauf mit den entsprechenden Koeffizienten berechnet. Als Sättigungsgrenzen γ wurden die Werte analog Potentialabschätzung angesetzt.

Aus der ursprünglichen logistischen Wachstumsfunktion (Gleichung 4.3-13) erhält man nach Umstellung

$$\frac{\gamma - y}{y} = y^* = \beta \cdot e^{-\alpha t}$$

(4.3-24)

und nach linearer Transformation

$$\ln y^* = \ln \beta - \alpha t$$

(4.3-25).

Für sämtliche wesentlichen erneuerbaren Energieträger wurden daher zuerst die Regressionsmaße β und α aus der historischen Entwicklung ermittelt.[149] Dazu wurde für Gleichung 4.3-25 eine OLS-Schätzung durchgeführt und daraus β und α

---

[148] Bundesverband der Windenergie e.V., Deutsche Solargesellschaft e.V.

[149] Mit einem Betrachtungszeitraum von 13 Jahren ist die Aussagekraft des Datenbestandes im Vergleich zu den konventionellen Erzeugungstechnologien sicher noch sehr gering. Eine stärkere Disaggregation der Daten durch Ausweisung von Quartals- bzw. Halbjahreswerten ist aber mit den derzeit geführten Statistiken und Erfassungen nicht möglich: Der Verband der Netzbetreiber führt nur jeweils einmal jährlich die Einspeisedaten aller Netzbetreiber in Deutschland, unterteilt nach Erzeugungsart, zusammen. Unterjährige Erfassungen werden nicht durchgeführt. Vom Bundesverband WindEnergie e. V. werden Quartalswerte veröffentlicht, die jedoch die potentiellen Windenergieerträge ausweisen, die bei 100 Prozent Betrieb aller zum Quartalsende installierten Anlagen für den gesamten 3-Monats-Zeitraum zu erzielen gewesen wären. Im Bereich der Photovoltaik sind ebenso Datenunschärfen unvermeidlich: von der Einspeisevergütung erfasst sind nur netzgekoppelte Anlagen; die Elektrizitätserzeugung und direkte Nutzung bei Insellösungen, die den potentiellen Verbrauch aus dem Netz substituiert, werden von der allgemeinen Statistik nicht erfasst.

berechnet. Anschließend wurden diese der Wachstumsprognose für die künftigen Jahrzehnte zugrunde gelegt.

Für die einzelnen erneuerbaren Energiequellen ergibt sich folglich eine sehr unterschiedliche Entwicklung.

Die Werte der Einspeisung aus Windkraft an Landstandorten der Jahre 1992 bis 2004 wurden mit dem Windfaktor des jeweiligen Jahres bereinigt, um eine Vergleichbarkeit der Energieerträge herstellen zu können.[150] Für die linearisierte, bereinigte Gleichung wurde basierend auf den starken Wachstumsraten der vergangenen Jahre ein β von 5,543088 sowie ein α von 0,381935 ermittelt. Für die Approximation der absoluten Einspeisungsbeträge nach Gleichung 4.3-13 für den betrachteten Zeitraum ergaben sich folgende Ergebnisse (Tab. 4-4):

Tabelle: 4-4: Ergebnisse Entwicklung Windenergie onshore 1992-2004

Wachstumsfunktion		Koeffizient	R^2	$\sigma^2(\sigma_a, \sigma_b)$	t-Wert
Logistischer Ansatz			0,9915	0,759465	
	α	0,381935		(0,512729)	0,745
	β	255,46566		(0,064598)	3.954,71
DW-Wert: 1,6351					

Für den Entwicklungspfad der landbasierten Windkraftnutzung ergibt sich bei Annahme des Ausbaupotentiales gemäß Kapitel 4.3.2.3.2 und der Gültigkeit des logistischen Entwicklungspfades die in Abbildung 4-18 dargestellte Zunahme der absoluten Erzeugungsmengen.

---

[150] Der Windfaktor gibt die durchschnittliche Windintensität des betreffenden Jahres an und variierte im Betrachtungszeitraum zwischen 111 Prozent und 80 Prozent (BWE, 2005).

Abbildung 4-18: Entwicklung Onshore-Windkrafteinspeisung 1992-2020

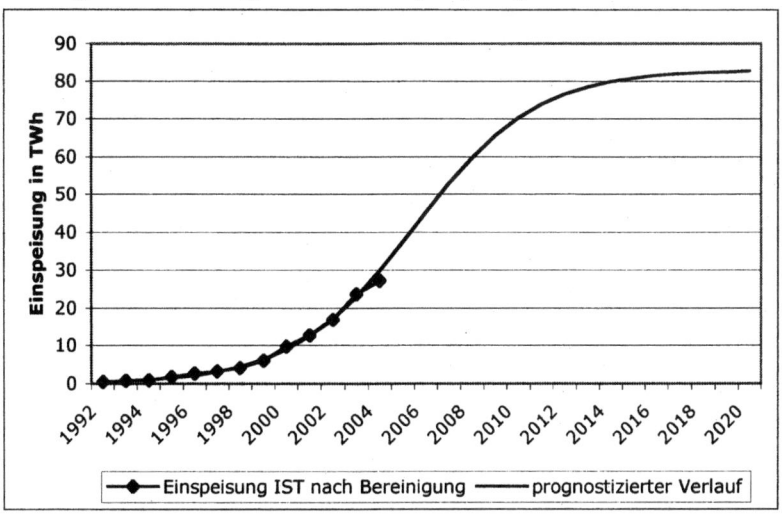

Quelle: Eigene Berechnungen

Für die Berechnung der Entwicklung der Windkraftnutzung auf See wurden die Schätzungen der Arbeitsgemeinschaft DLR/ifeu/WI (2004) sowie des Deutschen Windenergieinstitutes (Rehfeldt, 2001a) zugrunde gelegt, die unter verhaltenen optimistischen Annahmen eine Erzeugungsmenge von ca. 70.000 bis 85.000 GWh bis 2030 prognostizieren.[153] Die Berechnung der theoretisch für den Betrachtungszeitraum bis 2030 zu erwartenden Erzeugungsmengen erfolgte anschließend nach obigem Schema, wobei die Prognosewerte historischen Werten gleichgesetzt werden.

Basierend auf den Prognosewerten von DLR/ifeu/WI und des DEWI wurde für Windkraft an Offshore-Standorten der hypothetische Verlauf bis 2030 unabhängig von den Bandbreiten im technischen Potential als Prognose für die Erzeugungsgrößen zugrunde gelegt. Aufgrund fehlender historischer Werte und des auf 2020 begrenzten Untersuchungszeitraumes wird auf eine weitere Analyse des nachfolgenden Wachstumsverlaufes an dieser Stelle verzichtet

Basierend auf der prognostizierten Wachstumsentwicklung wurde für die linearisierte Gleichung der Windkraftnutzung auf See ein β von 3,84364 sowie ein α von 0,16384 ermittelt. Für die Berechnung des Verlaufes wurde angenommen, dass sich die Entwicklung ebenfalls nach logistischem Verlauf darstellt.

---

[153] Die Angaben beziehen sich dabei nur auf die Jahre 2005 bis 2030 in Fünfjahresschritten. Die Erzeugungsmengen der dazwischen liegenden Jahre wurden anhand der Prognosewerte unter Annahme eines logistischen Verlaufes berechnet.

Für die ausgewiesenen Datenpunkte der Jahre 2005 bis 2030 in Fünf-Jahresschritten wurde anhand der Sättigungsgrenze lt. Kapitel 4.3.2.2.2 im ersten Schritt der Wert für y* (4.3-24) berechnet. Nach linearer Transformation wurden nach Gleichung 4.3-25 die Regressoren β und α mittels OLS und unter Einsatz der Regressoren die Einzelwerte der Kurve für die Jahre 2005 bis 2030 berechnet.

Tabelle: 4-5: Ergebnisse Prognose Windenergie offshore 2005-2030

Wachstums-funktion		Koeffizient	R^2	$\sigma^2(\sigma_a, \sigma_b)$	t-Wert
Logistischer Ansatz			0,9933	5,533	
	a	0,16384		(1,97737)	0,083
	β	46,6979		(0,06151)	759,21
DW-Wert: : 1,3504					

Für die Entwicklung der Erzeugungsmengen wird daher bis zum Jahr 2030 ein Anteil von knapp 60 Prozent an dem als Referenzpotential angenommenen Wert von 120 TWh realisiert.

Abbildung 4-19: Entwicklung Erzeugungsmenge aus Offshore-Windkraftanlagen

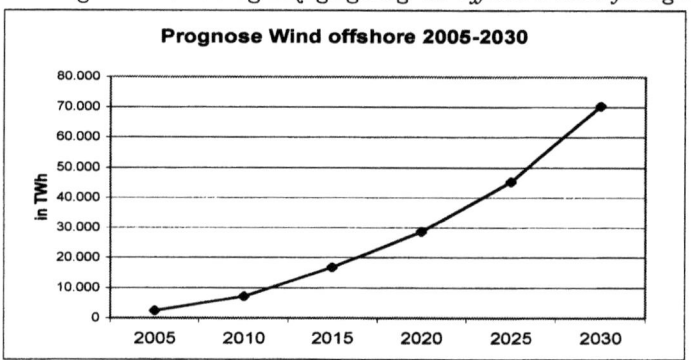

Quelle: Rehfeldt, (2001a), S. 104, AG DLR/ifeu/WI (2004), S. 103 ff., eigene Berechnungen

Die Erzeugung aus Biomasse wurde mittels einer Gleichung nach linearer Transformation berechnet (Gl. 4.3-25). Sie verläuft entsprechend der steigenden Wachstumsraten der Jahre 1992-2004 mit wachsender Dynamik. Basierend auf den steigenden Wachstumsraten der vergangenen Jahre wurde für die linearisierte Gleichung der Erzeugung aus Biomasse ein β von 5,3602 sowie ein α von 0,269082 ermittelt. Für die Schätzung wurde mit den ermittelten Regressoren ein Bestimmtheitsmaß von 0,9637 erreicht.

Tabelle: 4-6: Ergebnisse Entwicklung Biomasse 1992-2004

Wachstumsfunktion		Koeffizient	R^2	$\sigma^2 (\sigma_a, \sigma_b)$	t-Wert
Logistischer Ansatz			0,9637	0,18991	
	α	0,269082		(0,25639)	1,049
	β	212,76537		(0,03230)	6.586,64
DW-Wert: 0,6865					

Dementsprechend verläuft das Wachstum im Bereich der Biomassenutzung zur Elektrizitätserzeugung im Beobachtungszeitraum stetig ansteigend. Die Sättigungsgrenze von 46 TWh wird nach diesem Modell annähernd im Jahr 2026 erreicht.

Abbildung 4-20: Prognose Elektrizitätserzeugung aus Biomasse 1992-2020

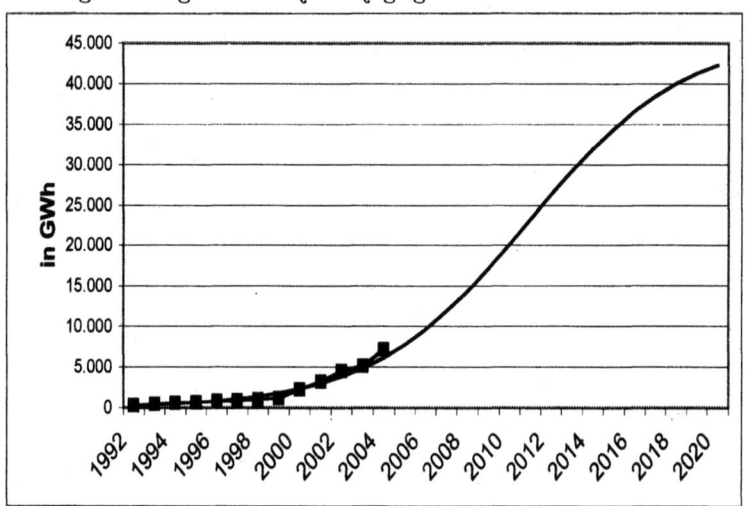

Quelle: Eigene Berechnungen

Für die Erzeugung aus photovoltaischen Anlagen ergibt sich erst ab 2012 ein deutliches Wachstum. Der Wachstumsverlauf des nächsten Jahrzehntes wird dagegen eher moderat eingeschätzt.

Für die Photovoltaik wurde der Referenzwert ebenfalls gemäß Kapitel 4.3.2.2.2 mit 135 TWh angesetzt. Basierend auf den geringen Ausgangsgrößen der vergangenen Jahre wurde für die linearisierte Gleichung der Einspeisung aus photovoltaischen Anlagen ein β von 11,0206 sowie ein α von 0,401857 errechnet. Allerdings ist die errechnete Entwicklungsprognose wegen der bislang sehr geringen Werte als kritisch zu beurteilen.

Tabelle: 4-7: Ergebnisse Entwicklung Photovoltaik

Wachstumsfunktion		Koeffizient	R^2	$\sigma^2(\sigma_a, \sigma_b)$	t-Wert
Logistischer Ansatz			0,9587	0,0010275	
	α	0,401857		(0,0188591)	21,308
	β	61.121,257		(0,0023760)	25.724.230
DW-Wert: : 0,3663					

Bis 2015 wird die Photovoltaik lediglich marginale Beiträge zur Stromversorgung leisten (Abb. 4-21). Der Durchbruch wird nach dem vorliegenden Modell am Ende der zweiten Dekade des 21. Jahrhunderts erfolgen.

Abbildung 4-21: Entwicklung Photovoltaik 1992-2020

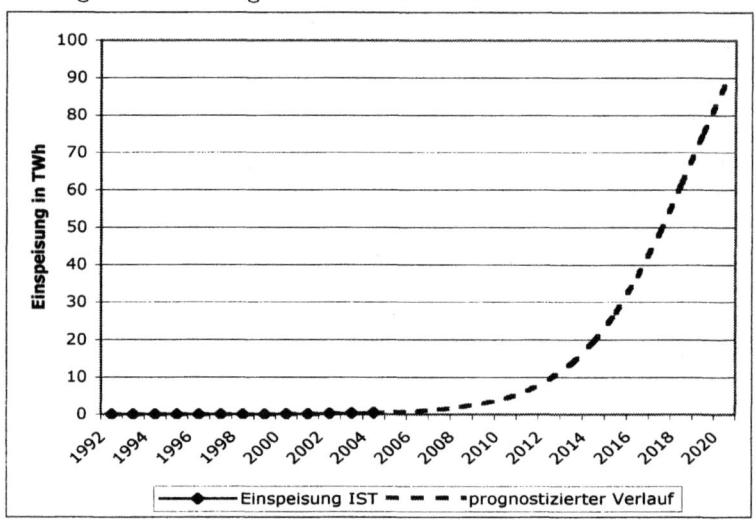

Quelle: Eigene Berechnungen

Für das Entwicklungspotential der netzgekoppelten PV-Anlagen ergibt sich die in Abb. 4-21 dargestellte Zunahme der absoluten Erzeugungsmengen.

4.3.2.2.4 Der Gesamtbeitrag der erneuerbaren Energien im Zeitablauf

Zusammenfassend zeigt sich bereits für die folgenden zwei Jahrzehnte ein beträchtlicher Anstieg des Anteiles erneuerbarer Energien, der sich auf die einzelnen Energiequellen wie folgt aufteilt:

Abbildung 4-22: Entwicklung des Anteiles EEQ im Zeitablauf

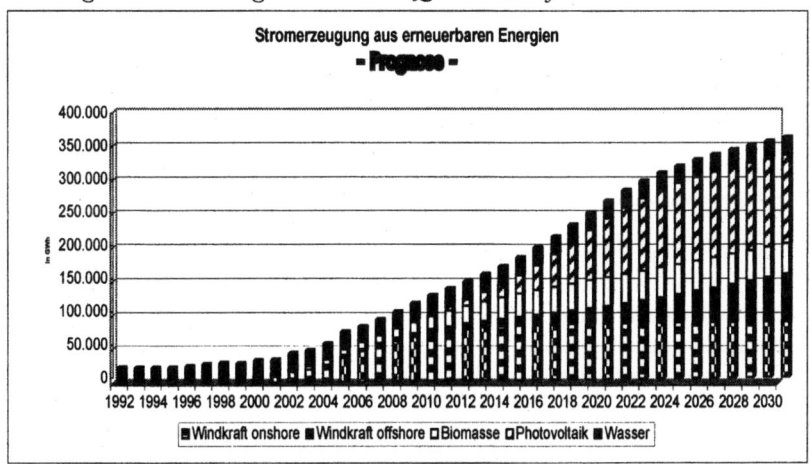

Quelle: Eigene Berechnungen

Unter Zugrundelegung des prognostizierten Bedarfes ergibt sich somit für die kommenden Jahrzehnte eine rapide Steigerung des Anteiles der EEQ. Nach dem Wachstumsmodell wird die Menge der erzeugten Elektrizität aus erneuerbaren Energiequellen im Jahr 2015 181 TWh betragen. Prognosen über die Entwicklung der Erzeugung aus erneuerbaren Energiequellen weisen teils geringere Werte aus (VDN, 2005; Quaschning, 2000).[154] Dies entspricht etwa 31 Prozent des Erzeugungsanteiles, der im Betrachtungsjahr benötigt wird (Tabelle 4-8. Wird indes das Stromeinsparungspotential aus Maßnahmen mit mittlerer Eingriffstiefe zusätzlich berücksichtigt, steigt dieser Anteil bis auf etwa 38 Prozent.[155] Der Anteil erneuerbarer Energien entspricht damit den Zielsetzungen der EU-Kommission, die in ihrem Grünbuch zur Versorgungssicherheit (EU-Kommission, 2000) bis 2010 einen Anteil des Stromes aus erneuerbaren Energien innerhalb der Union von 22 Prozent vorsieht.

---

[154] Bis 2010 weist der Verband der Netznutzungsbetreiber eine Strommenge von ca. 81 TWh aus, die nach EEG vergütet werden muss. Nicht enthalten sind dabei Stromerzeugungsmengen aus Wasserkraft von ca. 15 TWh sowie Erzeugungsmengen aus Deponiegasen, biogenem Anteil von Restabfall und Klärgasen von heute etwa 4 TWh etc. Eine ähnliche Höhe errechnet Quaschning (2000) für die Erzeugung des Jahres 2015 mit ca. 100 TWh ohne Berücksichtigung nachfragegeführter Biomasse-BHKW. Für die Approximation nach vorliegender Berechnung wurde für das Jahr 2010 zum Vergleich eine Erzeugung aus erneuerbaren Energiequellen von ca. 125 TWh errechnet.
[155] Immer einschließlich Wasserkraft.

Tabelle 4-8: Übersicht über Marktanteilsentwicklung der erneuerbaren Energien nach Wachstumsmodell (in Prozent der Bruttostromerzeugung*)

2000	2003	2005	2010	2015
7,1	8,4	12,4	21,3	31,2

*Annahme: nahezu konstanter Bruttostrombedarf ohne Anrechnung von Stromeinsparungspotentialen
Quelle: Eigene Berechnungen

Für die erneuerbaren Energiequellen kann somit anhand eines logistischen Wachstumsmodelles angenommen werden, dass zukünftige Klimaschutzziele im Rahmen der Elektrizitätserzeugung durch emissionsfreie Technologien maßgeblich unterstützt werden können. Für die weiteren Berechnungen wird die Entwicklung nach dem logistischen Wachstumsmodell unterstellt.

4.3.2.3 Approximation erforderlicher Erzeugungsmengen auf fossiler Basis

Ausgangspunkt für die Ermittlung eines klimakompatiblen Erzeugungsmixes ist die Prognostizierung des zukünftigen Bedarfes an elektrischer Energie. Dabei beziehen sich die Berechnungen auf den Bruttostrombedarf, also einschließlich des Eigenverbrauches der Kraftwerke, Leitungsverlusten sowie des Pumpstromes bei Speicherkraftwerken. Unter Zugrundelegung der Prognosen aus Kapitel 4.3.1.2.2 und unter Berücksichtigung des Betrages erneuerbarer Energieträger aus Kapitel 4.3.2.2.4 sowie der Reststrommenge auf Kernenergiebasis wird die erforderliche Erzeugungsmenge extrapoliert.[156]

Die konservative Betrachtung sieht die langsame Senkung des Bruttostromverbrauches X^Y bis auf 579,6 TWh im Jahr 2015 vor. Die optimistische Betrachtung schließt die Realisierung der Stromeinsparpotentiale ein und resultiert in einem Bruttoerzeugungsbedarf von 471,6 TWh zum selben Zeitpunkt. Da bei konservativer und optimistischer Betrachtung gleichermaßen ein Stromaustauschsaldo von Null angenommen wurde, entspricht der Bruttostromverbrauch X^Y der benötigten Erzeugungsmenge $\bar{X}$ in dem betrachteten Zeitpunkt.

In der weiteren Berechnung erfolgt die Differenzierung nach verschiedenen Erzeugergruppen nach Gleichung 4.2-5. Die Bruttoerzeugung der öffentlichen Versorger $X_{ÖV}$ schwankte in den Jahren 1990 bis 2000 zwischen 85 und 91 Prozent. Die verbleibenden Anteile wurden durch Kraftwerke auf fossiler Basis und im Bereich Wind- und (zu geringen Anteilen) Wasserkraft durch Dritte $\bar{X}_{DB}$ und $\bar{X}_{IN}$ (Deut-

---

[156] Basis ist hierbei ein Betrachtungszeitraum vom Jahr 2000 bis 2020.

sche Bahn, industrielle Eigenanlagen) gedeckt. Für die zukünftige Stromerzeugung wird von einer absolut gleich bleibenden Erzeugungsmenge Dritter ausgegangen.[157]

Im ersten Schritt wird unter der Annahme, dass keine Energieeinsparungspotentiale realisiert werden können, die Entwicklung der durch die öffentlichen Versorger zu erzeugenden Elektrizitätsmenge $\bar{X}_{ÖV}$ geschätzt. Die Approximation der theoretisch notwendigen Erzeugungsmenge, die von den öffentlichen Versorgern bereitgestellt werden muss, ermittelt sich durch Umstellung aus Gleichung 4.2-5:

$$\bar{X}_{ÖV} = X^Y - \bar{X}_{DB} - \bar{X}_{IN} - \bar{X}_{EQ}$$

Die Erzeugungsmenge aus erneuerbaren Energiequellen $\bar{X}_{EQ}$ wird laut logistischem Wachstumsmodell mit 181 TWh im Jahr 2015 prognostiziert. Die Erzeugung der Deutschen Bahn AG sowie der Industriekraftwerke wurde auf Basis der Statistiken des Fachverbandes Energie-Marketing und -Anwendung e. V. (2004) sowie der Arbeitsgemeinschaft Energiebilanzen (2003) übernommen. Für Industriekraftwerke wurde eine Bruttostromerzeugung von $\bar{X}_{IN}$ =63 TWh und für die Deutsche Bahn AG eine Erzeugung von $\bar{X}_{DB}$=6,3 TWh unterstellt.[158] Als Ergebnis wurde ein Bruttoerzeugungsbedarf der Kraftwerke der öffentlichen Versorgung $\bar{X}_{ÖV}$ in Höhe von 329,3 TWh errechnet. Dieser setzt sich gemäß Gleichung 4.2-7 aus den Erzeugungsmengen aus Braunkohle x_{BK}, Steinkohle x_{SK}, Kernenergie x_K und Erdgas x_G zusammen. Die Menge x_K ist durch den Kernenergiekonsens exogen vorgegeben und beträgt für das Jahr 2015 94 TWh. Entsprechend der Erzeugungsfunktion für die öffentlichen Versorger

$$\bar{X}_{ÖV}^F = x_{ÖV,BK} + x_{ÖV,SK} + x_{ÖV,K} + x_{ÖV,G} \qquad (4.3\text{-}26)$$

resultiert eine Gesamterzeugungsmenge von 235 TWh aus Braunkohle, Steinkohle und Erdgas, die der Emissionsfunktion genügen muss.

Wird ein alternatives Szenario, das optimistische Szenario betrachtet, das die Realisierung von Stromeinsparungspotentialen mittlerer Eingriffstiefe unterstellt, resultiert ein erheblich geringerer Bruttoerzeugungsbedarf aus CO_2-emittierenden Primärenergieträgern in Höhe von 127,3 TWh im Jahr 2015.

---

[157] Für die Prolongation der Erzeugungsmenge ist es in gewisser Weise unerheblich, wem die EEQ zugeordnet werden; die verbleibende fossil zu erzeugende Menge bleibt in diesem Fall gleich.
[158] Als Bruttoerzeugungsgröße kann von 7,3 TWh ausgegangen werden; laut Umweltbericht der Deutschen Bahn AG (2003) basieren allerdings mittlerweile ca. 13 Prozent der Erzeugung auf erneuerbaren Energiequellen, die bereits in der Erzeugungsmenge aus erneuerbaren Energiequellen X_{EQ} enthalten ist.

Abbildung 4-23: Fossile Erzeugungsmengen mit Emissionen im Jahr 2015 – konservative und optimistische Variante

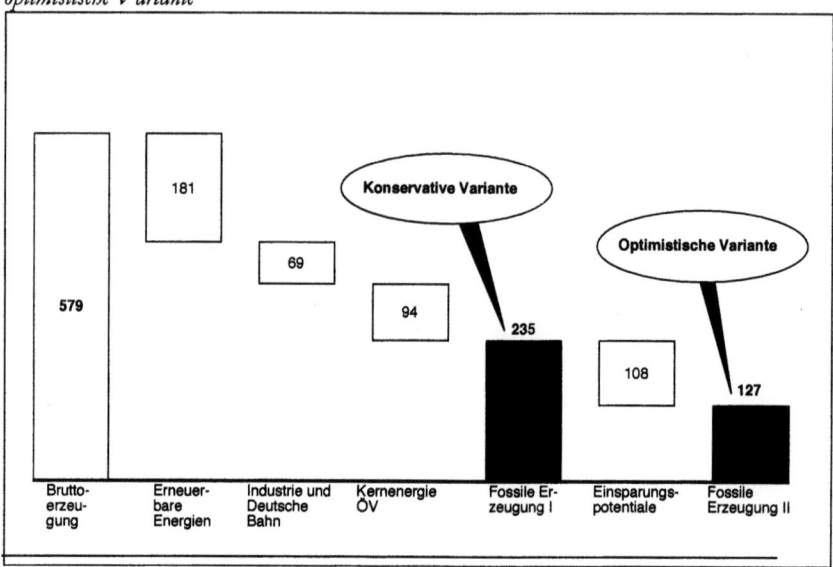

Hierbei wird eine erhebliche Varianz der beiden betrachteten Varianten ersichtlich: Die erforderliche Erzeugung aus fossilen, emittierenden Brennstoffen fällt in der optimistischen Variante um ca. 45 Prozent geringer aus.

Im Folgenden soll untersucht werden, welche Faktorkombinationen für die Erfüllung der Emissionsrestriktion in Betracht gezogen werden können.

4.3.3. Emissionsfunktion

4.3.3.1 Auswahl unterschiedlicher Szenarien und geltender Prämissen

Für den Aufbau der untersuchten Szenarien soll für die wesentlichen Parameter von einer konservativen und einer optimistischen Variante ausgegangen werden. Für die konservativen Varianten wird von der Beibehaltung des Status quo hinsichtlich Energieeffizienz und resultierendem Einsparpotential sowie unveränderter technologischer Basis der Elektrizitätserzeugung ausgegangen. Die positiven Varianten resultieren im Wesentlichen aus der Übernahme der Einschätzungen zu Einsparpotentialen des Wuppertal-Institutes e.V. von 2001 sowie der Annahme einer Modernisierung des Kraftwerkparkes zu den in der Zukunft zu erwartenden Effizienzwerten.

Die Emissionsfunktion wird als Summe der Emissionen der einzelnen Erzeugungsarten mit fossilem, emittierendem Primärenergieeinsatz nach Gleichung 4.2-8 definiert:

Für ihre Berechnung sind folglich die Ansätze zur Bruttostromerzeugung sowie zu den spezifischen Emissionsfaktoren entsprechend der eingesetzten Primärenergieträger von Bedeutung.

Die Emission e_i pro erzeugter Einheit hängt maßgeblich vom Modernisierungs- und damit vom Wirkungsgrad µ des Kraftwerksparks und des eingesetzten Primärenergieträgers (PE) ab.

Die nachfolgenden Emissionsberechnungen erfolgen hauptsächlich auf der Grundlage der in Tabelle 4-9 aufgeführten Emissionsfaktoren. Dabei wurde nach Primärenergieträger und den spezifischen Wirkungsgraden je Kraftwerksart und Zeitpunkt unterschieden. Für zukünftige Kraftwerkstechnologien wurde von einer Erhöhung der Wirkungsgrade ausgegangen. Die Emissionsfaktoren kennzeichnen das mittlere Emissionsverhalten der Brenn- und Treibstoffe in Anlagen und Motoren sowie der Produktionsprozesse und gehen in diesen Größenordnungen in die Berechnungen der Emissionsdaten des Umweltbundesamtes (UBA) ein. Die Werte gCO_2 pro Megajoule (MJ) beschreiben dabei den durchschnittlichen Emissionswert bezogen auf den inhärenten Heizwert des jeweiligen Brennstoffes; die Daten hinsichtlich der gCO_2 pro Kilogramm beziehen sich auf den Mengenmaßstab.

Tabelle 4-9: Spezifische CO_2-Emissionsfaktoren ausgewählter Brennstoffe

Energieträger	Braunkohle (rheinisch)	Steinkohle	Erdgas
gCO_2/MJ (UBA)	111	93	56
gCO_2/kg (UBA)	952	2.762	1.777**
gCO_2/kWh konventionell**	1.108	850	473
gCO_2/kWh neue Technologien**	956	740	350

*Wert hier für gCO_2/m^2
**analog Werte Gemis-Datenbank 4.1
Quelle: Öko-Institut e.V. (2001)

Die Angaben zu den spezifischen Emissionen bei der Stromerzeugung (gCO_2/kWh) wurden anhand der Gemis-Datenbank 4.1 des Öko-Institutes sowie der Untersuchungen von Fritsche (2003) ohne die Anrechnung von Prozessvorketten berechnet. Für Braunkohlenkraftwerke konventioneller Technik wurde ein durchschnittlicher Wirkungsgrad von 40 Prozent angelegt; für Steinkohlenkraftwerke 41,8 Prozent und für Erdgas 43,5 Prozent. Diese entsprechen in etwa den Wirkungsgraden, die anhand des Brennstoffeinsatzes in konventionellen Wärmekraftwerken für das Jahr 1998 (BMWi, 2001) und der korrespondierenden Bruttoerzeugungsmenge des gleichen Jahres berechnet wurden. Diese spezifischen Emissionsfaktoren gehen als *Konservative Sicht I* in die Berechnungen ein.

Unter der Annahme einer vollständigen Modernisierung nach dem aktuellen und zukünftig realisierbaren Stand der Technik ergeben sich für die oben genannten fossilen Energieträger indessen erheblich geringere spezifische Emissionswerte. Diese basieren auf Annahmen hinsichtlich der Wirkungsgrade für Braunkohlekraftwerke[159] von 45 Prozent, für Steinkohlekraftwerke[160] von 47,5 Prozent und für Erdgas-Gas-und-Dampfturbinenkraftwerke von etwa 58 % (EU-Kommission, 2005).[161] Diese spezifischen Emissionen gehen als *Optimistische Sicht II* in die Berechnungen ein.

Die unterschiedliche Einschätzung der wesentlichen Parameter aus konservativer oder optimistischer Sicht führt im Ergebnis zur Untersuchung von insgesamt vier Szenarien (Tab. 4-10):

Tabelle 4-10: Klassifizierung der Szenarien

	Bruttoerzeugung ohne Einsparpotentiale	Bruttoerzeugung mit Einsparpotentialen
Aktuelle Emissionswerte	Szenario AI	Szenario BI
Optimale Emissionswerte	Szenario AII	Szenario BII

Für alle Szenarien wird von einem Kernenergieausstieg entsprechend der Fristen lt. Energiekonsens ausgegangen, d. h. der Rückgang der Erzeugung orientiert sich an den Reststrommengen laut Kernenergiekonsens.

Für die öffentlichen Stromversorger wird die Aufrechterhaltung des Reduktionszieles von 12 Prozent der absoluten CO_2-Freisetzung bis zum Jahr 2015 im Vergleich zu 1990 unterstellt, d. h. für 2015 wird eine Absenkung des Absolutbetrages der Emissionen auf 254 Mio. t CO_2 pro Jahr angenommen. Die Entwicklung der Kohlendioxidemissionen der anderen Verursachersektoren ist nicht Bestandteil der Untersuchung.

---

[159] Mit Trockenfeuerung. Hübl et al. (2005) sowie Pfaffenberger und Hille (2004) gehen für die Zukunft sogar von einem Wirkungsgrad nach BoA-Plus-Technik von 48 Prozent aus.
[160] Mit Druckkohlenstaubfeuerung. Hübl et al. (2005), Scheffknecht (2002) sowie Pfaffenberger und Hille (2004) prognostizieren für die kommenden Jahrzehnte ab 2020 Wirkungsgrade von über 50 Prozent, die durch die Einschätzung von EWI/Prognos (2005) auf einen Wirkungsgrad von bis zu 64 Prozent deutlich erhöht wird.
[161] EWI/Prognos (2005) gehen ab 2025 von einem Wirkungsgrad bis zu 72 Prozent aus. Mit einem Wirkungsgrad von über 60 Prozent schätzen Hübl et al. (2005) sowie Pfaffenberger und Hille (2004) mit bis zu 65 Prozent die Entwicklung ab 2020 etwas vorsichtiger ein.

Dabei gilt, dass die im Ergebnis erreichte Zielgröße $\bar{X}_{öv}$ nach Gleichung 4.3-10 der Emissionsrestriktion

$$\sum e_i \cdot x_i \leq \bar{E} = 254 \, Mio.t \qquad (4.3\text{-}27)$$

genügen muss.

4.3.3.2 Erzeugungsalternativen bei unterschiedlichem Modernisierungsgrad

Zur Maximierung des Eigendeckungsanteiles an Energieträgern in der Elektrizitätserzeugung

$$\vartheta_{2015} = \frac{\sum x_{i,h}}{\bar{X}} = Max! \qquad (4.3\text{-}28)$$

wurde eine weitere Prämisse eingeführt. Vor dem Hintergrund der hohen Förderkosten und des damit verbundenen Subventionsaufwandes aus öffentlichen Steuermitteln für die deutsche Steinkohle[162] soll in den nachfolgenden Untersuchungen der Anteil der Steinkohle größtmöglich gesenkt werden. Der Anteil des Braunkohleeinsatzes wird hingegen ausgeweitet, wobei für fast alle betrachteten Szenarien gilt, dass eine alleinige Erzeugung der notwendigen Mengen auf Braunkohlenbasis unter Einhaltung des Reduktionszieles von 12 Prozent bis 2015, d. h. eine CO_2-Freisetzung von insgesamt 254 Mio. t, möglich ist.

Für die Berechnung der möglichen Erzeugungsanteile bei optimaler Umsetzung technologischer Entwicklungen und damit der Senkung von Emissionswerten[163] werden für die unterschiedlichen Energieträger spezifische Emissionen in g pro kWh zugrunde gelegt (Tab. 4-9). Die spezifischen, direkten[164] Emissionswerte beziehen sich dabei auf den neuesten Stand der jeweiligen Technologien und betragen bei Steinkohlenkraftwerken etwa 740 g/kWh (Öko-Institut e.V., 2001) bei Braunkohlekraftwerken etwa 956 g/kWh. Für Gaskraftwerke mit einer angeschlossenen Dampfturbine (GuD-Kraftwerk) wurden Emissionswerte von 350 g/kWh angesetzt.

Eine weitaus realistischere Annahme besteht darin, die Emissionswerte des bestehenden Kraftwerksparkes zu unterlegen (Tab. 4-9). Die spezifischen, direkten Emissionswerte betragen in diesem Fall bei Steinkohlenkraftwerken etwa 850

---

[162] Eine Beibehaltung der Erzeugung aus Importkohle ist insofern nicht vorteilhaft, da damit die Einfuhrabhängigkeit in gleichem Ausmaß beibehalten wird.
[163] Eine Umsetzung verbesserter spezifischer Emissionswerte über einen mittelfristigen Zeitraum lässt sich beispielsweise, ähnlich wie bei der BImSch, sukzessive vom Gesetzgeber verordnen.
[164] „Direkt" heißt hier, dass nur die Emissionen des reinen Umwandlungsprozesses berücksichtigt wurden; entsprechende Emissionen aus Vorstufen der Anlagenfertigung bzw. Brennstoffgewinnung wurden nicht berücksichtigt.

g/kWh (Ökö-Institut e.V., 2001) bei Braunkohlenkraftwerken etwa 1.108 g/kWh (Öko-Institut e.V., 2001). Für Gaskraftwerke wurden durchschnittliche Emissionswerte von 473 g/kWh (Öko-Institut e.V., 2001) angesetzt. Dabei wurden gleichermaßen Kraftwerke, die lediglich über eine Gasturbine verfügen als auch GuD-Kraftwerke mit einer angeschlossenen Dampfturbine berücksichtigt.

Die Abbildung 4-24 zeigt die möglichen Erzeugungsalternativen, die sich approximativ für die Szenarien bei Beibehaltung des technischen Standards sowie nach Ausschöpfung des technischen Optimierungspotentials und damit zur Verminderung von Emissionswerten mittelfristig bieten. Für sämtliche Berechnungen gilt:

∞ Die Emissionsgrenze nach Gleichung 4.3-27 in Höhe von 254 Mio. t CO_2 wird eingehalten.[165]

∞ Der Eigenanteil heimischer Brennstoffe, die wirtschaftlich gefördert werden können, ist zu maximieren (Gl. 4.3-28).

Zum Vergleich für die Szenarien ist das fossile Erzeugungsportfolio des Jahres 2002 als Szenario BAU[166] in der Mitte der Abbildung 4-24 aufgezeigt. Es erfüllt in dieser Zusammensetzung nicht die erforderliche Einhaltung der Emissionsgrenze.

Abbildung 4-24: Mögliche Erzeugungsalternativen vor und nach Modernisierung des gesamten Kraftwerksparkes und Vergleich mit Ist-Situation 2002

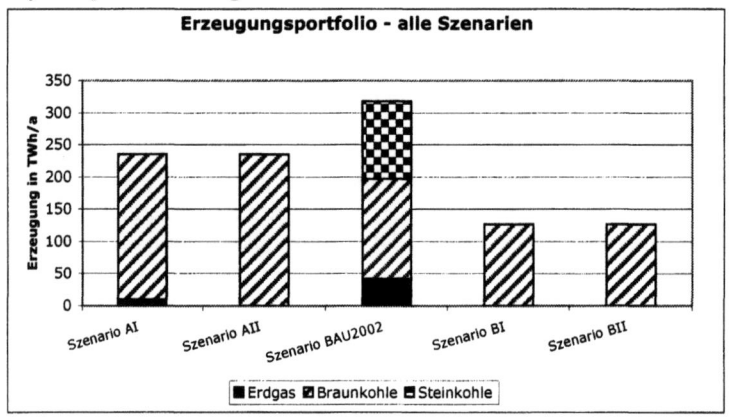

Quelle: Eigene Berechnungen

Die Szenarien BI und BII sehen mit einem Rückgang der aus Wärmekraftwerken erzeugten Strommenge von etwa 60 Prozent auf 127 TWh eine hohe Reduzierung der erforderlichen Bruttoerzeugungsmenge aus fossilen Brennstoffen vor. Unter der Zielsetzung eines größtmöglichen Eigendeckungsgrades an Primärenergie-

---

[165] Siehe Verpflichtungserklärung vom November 2000.
[166] Business-as-usual.

trägern kann hier der erforderliche Erzeugungsbedarf gänzlich auf der Basis von Braunkohlen und damit heimischen Energieträgern gedeckt werden. Hierbei kann die derzeitigen Erzeugung auf Braunkohlenbasis um ca. 28 TWh gesenkt werden. Auf Erdgaseinfuhren zur Stromerzeugung kann in diesem Szenario gänzlich verzichtet werden. Die Emissionsobergrenze von 254 Mio. t CO_2 wird in beiden Szenarien mit 141 Mio. t CO_2 (BI) und 121 Mio. t CO_2 (BII) weit unterschritten.[167]

Die Erzeugung erforderlicher Mengen in Höhe von 235 TWh pro Jahr im Szenario AI mit genauer Einhaltung der Emissionsgrenzen kann unter größtmöglicher Ausnutzung von Braunkohle durch die leichte Rückführung der derzeitigen Erzeugung auf Erdgasbasis auf ca. 10 TWh und die überproportionale Erhöhung des Braunkohleneinsatzes erreicht werden. Mit 225 TWh würde sich die Menge im Vergleich zu 2002 um 45 % erhöhen. Die braunkohlenbasierte Erzeugung in dieser Größenordnung ist jedoch bei gegebenen Marktbedingungen nicht realistisch umzusetzen, da die deutsche Erzeugungsanlagenstruktur und die Lagerstättenverteilung den Zubau von maximal zwei bis drei weiteren Braunkohlenkraftwerken in Deutschland technisch gestattet (Bräuer, 2004). Hier erscheint vielmehr die Ausweitung der erdgasbasierten Erzeugung marktgerechter. Für dieses Szenario wird die sukzessive Approximation des Zielwertes anhand der Versorgungsfunktion erfolgen, die die Aufrechterhaltung der Eigenversorgungsquote der Stromerzeugung untersucht. Die Erzeugung aus Braunkohle wird mit $x_{BK} \leq 180$ TWh limitiert.

Die Erzeugungsmenge im Szenario AII mit ebenfalls 235 TWh kann unter der Zielsetzung eines größtmöglichen Eigendeckungsgrades an Primärenergieträgern gänzlich auf der Basis von Braunkohle und damit heimischen Energieträgern gedeckt werden. Hierbei ist eine Ausweitung der derzeitigen Erzeugung um ca. 80 TWh notwendig. Auf Erdgasimporte zur Stromerzeugung könnte in diesem Szenario gänzlich verzichtet werden. Allerdings ist die Ausweitung der braunkohlenbasierten Erzeugung begrenzt. Hier wird auf die Ausführungen zum Szenario AI verwiesen. Die Emissionsobergrenze von 254 Mio. t CO_2 wird in dem Szenario mit 225 Mio. t CO_2 deutlich unterschritten.[168]

In welcher Veränderung des Eigenversorgungsgrades diese Verschiebung des Erzeugungsportfolios resultiert, wird im folgenden Kapitel 4.3.4 untersucht.

Kritiker des Einsatzes von Braunkohle aufgrund seiner vergleichsweise schlechten spezifischen Emissionswerte mögen die Ausweitung der darauf basierenden Elektrizitätserzeugung ablehnen. Sämtliche berechneten Erzeugungsalternativen lassen sich selbstverständlich durch Einsatz von Erdgas mit erheblich weniger Schadstofffreisetzung erzeugen. Dies ginge allerdings zu Lasten der Importabhängigkeit. Die

---

[167] Und führt bei Verkauf der Emissionszertifikate zu zusätzlichen Erlösen.
[168] Diese Unterschreitung von Emissionsgrenzen führt bei Verkauf der Emissionszertifikate zu zusätzlichen Erlösen.

vorgelegten Ergebnisse resultieren, darauf sei verwiesen, nur auf einer Zeitpunktbetrachtung. Der Braunkohlenanteil lässt sich korrespondierend zum weiteren Wachstum der erneuerbaren Energien durch diese substituieren und allmählich absenken.

Für beide skizzierten technologischen Entwicklungsrichtungen lässt sich unter den getroffenen Annahmen damit nachweisen, dass bei entsprechender Umstrukturierung des Kraftwerksparkes die Einhaltung der Emissionsobergrenzen gewährleistet werden kann. Dies erfordert allerdings eine mittelfristige, strategische Formulierung, die einen Bottom-up-Ansatz verfolgt. Die punktuelle Korrektur am bestehenden Kraftwerkspark nach Top-down-Methode und die willkürliche Realisierung einzelner Optimierungspotentiale können unter langfristigen Gesichtspunkten einer energiepolitischen Gesamtstrategie nicht gerecht werden.

4.3.4. Die Versorgungsfunktion

Auf Basis der in Kapitel 4.3.3.2 ermittelten, klimakompatiblen Erzeugungsmöglichkeiten soll im Folgenden untersucht werden, ob und in welchem Ausmaß diese Durchsetzung klimapolitischer Vorgaben unter den gegebenen Rahmenbedingungen zu positiven bzw. negativen Effekten hinsichtlich der Versorgungssicherheit führt.

4.3.4.1 Grundsätzliche Annahmen

4.3.4.1.1 Allgemeine Risiken der Versorgungssicherheit

Seit den Energiekrisen der siebziger und zu Beginn der achtziger Jahre und auch vor dem Hintergrund der aktuellen und Ölpreisturbulenzen zur Jahrtausendwende wird das Thema Versorgungssicherheit stets neu diskutiert (EU-Kommission, 2002; Deutsche Steinkohle AG, 2005; BMWA, 2005). Versorgungssicherheit stellt einen möglichst hohen Grad an Unabhängigkeit von ausländischen Primärenergielieferungen dar.[169] Die Risiken einer stabilen Energieversorgung können dabei physischer, ökonomischer, sozialer und ökologischer Natur sein.

1. Physische Risiken
Eine dauerhafte physische Unterbrechung der Verfügbarkeit kann auf der Erschöpfung oder Produktionseinstellung eines Energieträgers beruhen. Beispiele hierfür bieten die Reduzierung des Steinkohlenbergbaus in Europa oder die mögliche Erschöpfung europäischer Erdöl- und Erdgaslagerstätten. Während die Umstellung aufgrund einer sich ankündigenden, dauerhaften physischen

---

[169] Von Erzeugerseite wird die Frage der Versorgungssicherheit jedoch zunehmend als Problem ausreichender Erzeugungskapazitäten statt der Energieträgerversorgung beschrieben (VDEW, 2005).

Unterbrechung mittelfristig zu bewältigen ist, erreichen vorübergehende Unterbrechungen größere Auswirkungen für Verbraucher und Wirtschaft. Diese entstehen durch geopolitische Krisen, Streiks oder auch Naturkatastrophen.

2. Ökonomische Risiken
Unterbrechungen mit wirtschaftlichen Ursachen liegen der Preisvolatilität der Energieprodukte sowie den Wechselkursschwankungen der weltweit für Energieimport akzeptierten Währungen zu Grunde. Eine Energieversorgung, die sich auf den europäischen Binnenmarkt stützt, ermöglicht zwar eine Kostenstabilisierung, aber entkoppelt den europäischen nicht vom Weltmarkt.

3. Soziale Risiken
Die Verknappung von Energie, sei sie durch Preisvolatilität, angespannte Beziehungen zu Lieferländern oder durch ein anderes, unvorhergesehenes Ereignis verursacht, führt stets zu außerordentlichen Reaktionen der betroffenen Akteure. Jede Versorgungsunterbrechung gibt dabei Anlass zu gesellschaftlichen Forderungen bis hin zu sozialen Konflikten.[170]

4. Ökologische Risiken
Als ökologisch bedingt einzustufende Unterbrechungen ergeben sich durch die bei der Energienutzung hervorgerufenen Umweltschäden, die durch Unfälle (Tankerunglücke, Kernkraftwerksunfälle, Gaspipeline-Leckagen) oder Schadstoffemissionen (Luftverschmutzung, Treibhausgasemissionen) verursacht sein können.

Ferner bestehen witterungsbedingte Verknappungstendenzen bei erhöhtem Bedarf aufgrund starker Frostperioden. Eine finanzielle Absicherung mithilfe von Wetterderivaten wird zwar in den USA bereits praktiziert, befindet sich in Europa jedoch noch in den Anfängen. Deren Durchsetzung ist gleichwohl im Wesentlichen abhängig vom Vorhandensein innovativer Marktteilnehmer, der Verfügbarkeit verlässlicher, preisgünstiger Wetterdaten sowie gesicherter rechtlicher Rahmenbedingungen (Fried, 2001).

Allerdings wird die Frage der Versorgungssicherheit in hohem Maße simplifiziert, wenn sie allein auf die Einfuhrabhängigkeit und die Förderung einheimischer Produktion abzielt (EU-Kommission, 2002b). Vielmehr ist zu vermuten, dass die Diskussion um die Versorgungssicherheit als Argument für industriepolitische Fördermaßnahmen genutzt wird. Für eine nachhaltige Sicherung der Energieversorgung ist die Erstellung eines globalen Konzeptes zur Versorgungssicherheit erforderlich, das Marktüberwachungsmechanismen, politische Instrumente und verstärkte Beziehungen zu Lieferländern mit Direktinvestitionen im Ausland inkludiert (EU-Kommission, 2000) und nationale und internationale Sicherheitsvereinbarungen einschließt (Zweifel und Bonomo, 1995; Colglazier und Deese, 1983). Die Wahrung eines heimischen „Energiesockels" wird nur noch von einer Minderheit der Mit-

---

[170] Genannt seien hier die Streiks der Straßengüterverkehrsunternehmen und die aufkommende Diskussion zur Aussetzung der Ökosteuer infolge der Benzinpreiserhöhungen im Herbst 2000.

gliedsländer vertreten (EU-Kommission, 2002). Staatliche Beihilfen für konventionelle Brennstoffe und Erzeugungstechnologien erschweren zudem die potentielle Wettbewerbsfähigkeit neuer und erneuerbarer Energieträger (EU-Kommission, 2002). Da die Trias der Energieversorgung – Umweltverträglichkeit, Versorgungssicherheit und Wettbewerbsfähigkeit – jedoch seit Jahrzehnten von der Elektrizitätswirtschaft als Begründung für sektorpolitische Entscheidungen und/oder Verweigerungen bemüht wird, soll die Entwicklung der Versorgungssicherheit bei den betrachteten Szenarien nachfolgend untersucht werden.

4.3.4.1.2 Importabhängigkeit der Energieversorgung

Der Trend zunehmender Energieimporte hält in Deutschland kontinuierlich an (Abb. 4-25). Während der Eigendeckungsanteil am Primärenergieverbrauch 1970 noch bei etwa 58 Prozent lag, hat sich dieser Wert bis zum Jahr 2002 mit ca. 26 Prozent mehr als halbiert (AG Energiebilanzen, verschiedene Jahrgänge) und hat damit unterdurchschnittliches Niveau in der europäischen Gemeinschaft, die einen Eigendeckungsanteil von 50 Prozent aufweist (Schürmann, 2001b; EU-Kommission, 2000). Am stärksten ist dabei der Rückgang infolge des Wiedervereinigungsprozesses und der wirtschaftlichen Umstrukturierungen der neuen Bundesländer ausgefallen, wodurch der Eigendeckungsanteil allein in den Jahren von 1989 bis 1992 um 10 Prozent gesunken ist.

Abbildung 4-25: Primärenergiegewinnung und -verbrauch in Deutschland 1970 - 2002

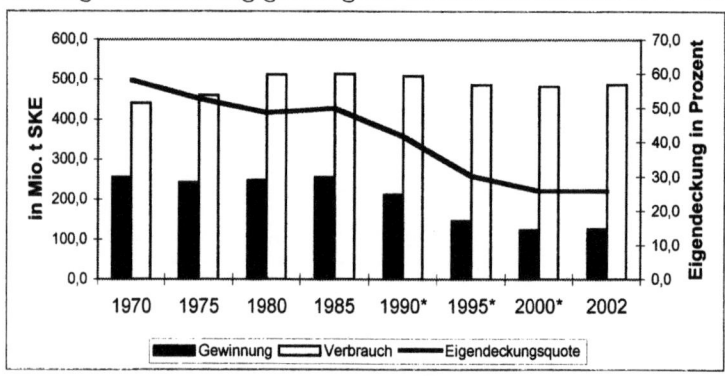

*Werte 1970-1985 nach Substitutionsmethode[171], 1990-2002 nach Wirkungsgradmethode[172]
Quelle: AG Energiebilanzen, eigene Berechnungen

---

[171] Bis 1995 wurde bei den deutschen Energiebilanzen der Substitutionsmethode gefolgt. Dies traf für alle Energieträger zu, für die kein einheitlicher Heizwert existierte, wie z. B. der Außenhandel mit Strom, Stromerzeugung aus Wasserkraft, Wind, Sonnen- oder Kernenergie. Bei der Bewertung des entsprechenden Energieeinsatzes wurde unterstellt, dass die Strommenge in konventionellen Kraftwerken erzeugt wird. Vereinfachend wurde für die primärenergetische Bewertung der durchschnittliche spezifische Brennstoffverbrauch in öffentlichen Kraftwerken

Die Disparitäten sind dabei auf einige Energieträger konzentriert (Abb. 4-26). Der Mineralölbedarf kann faktisch nur durch Einfuhren gedeckt werden; für die Kernbrennstoffe gilt dies ebenfalls.[173] Der Bedarf an Braunkohle wird bis auf geringe Mengen gänzlich im Inland gedeckt. Aufgrund rückgängiger Subventionierung des Steinkohlenbergbaues ist die Eigendeckung des Steinkohlenbedarfes mittlerweile auf rund 52 Prozent gesunken. Nahezu 22 Prozent des Gasbedarfes können durch inländische Lagerstätten und Gewinnungstechniken gedeckt werden.[174]

Abbildung 4-26: Eigendeckung und Gesamtverbrauch an Primärenergien 2002

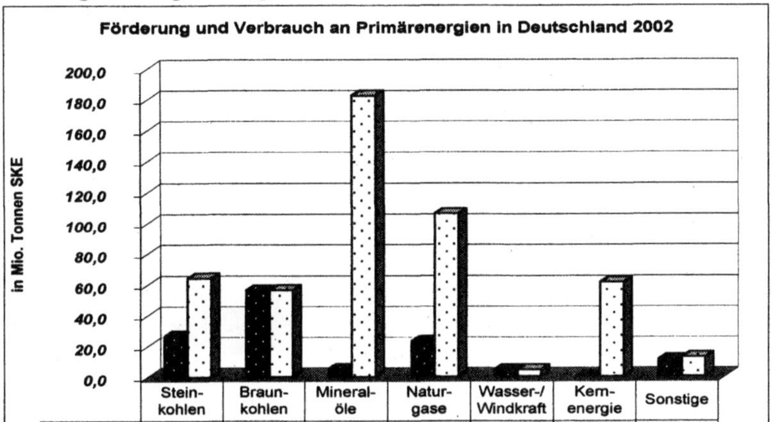

Förderung und Verbrauch an Primärenergien in Deutschland 2002

in Mio. Tonnen SKE	Stein-kohlen	Braun-kohlen	Mineral-öle	Natur-gase	Wasser-/Windkraft	Kern-energie	Sonstige
Förderung	26,8	56,4	5,2	23,2	4,5	0,0	11,3
Verbrauch	64,3	56,6	182,5	106,2	4,5	61,4	12,7

Quelle: AG Energiebilanzen

---

zugrunde gelegt, so dass im Ergebnis ein Primärenergiebeitrag in t Steinkohleneinheiten ausgewiesen wurde, der bei einer hypothetischen konventionellen Erzeugung substituiert wurde.

[172] Die Wirkungsgradmethode bewertet die Stromerzeugung aus Kernenergie mit einem Wirkungsgrad von 33 Prozent, die übrigen genannten Energieträger sowie den Stromaußenhandel auf der Basis des Heizwertes der elektrischen Energie von 3.600 KJ/kWh, das entspricht einem Wirkungsgrad von 100 Prozent. Im Vergleich zu der früher verwandten Substitutionsmethode führt dies bei der Kernenergie zu einem höheren, bei den anderen Energieträgern zu einem niedrigeren Primärenergieverbrauch.

[173] Seitens der Energiewirtschaft und lt. Energiereport des Bundeswirtschaftsministeriums werden die Kernbrennstoffe wegen ihrer Lagerfähigkeit und der Wiederaufbereitungsmöglichkeit allerdings als „quasi-heimische" Energieträger beurteilt. Ungeachtet dessen müssen Kernbrennstoffe eingeführt werden, und die Möglichkeit der Wiederaufbereitung in den entsprechenden Anlagen in Frankreich und Großbritannien und des erneuten Einsatzes wird mit der Einstellung der Transporte radioaktiven Abfalls ab dem Jahr 2005 zudem gänzlich entfallen.

[174] Einschließlich Grubengas etc.

4.3.4.1.3 Ermittlung der Vergleichsgröße und grundsätzliche Annahmen

Wesentlich autarker von Importen stellt sich die Situation bei der Elektrizitätsversorgung dar (Abb. 4-27). Hier basierte die Erzeugung im Jahr 2002 zu 51,7 Prozent auf heimischen Brennstoffen, sofern man Kernbrennstoffe als Importenergie wertet. Werden die zukünftig auslaufenden Wiederaufbereitungsmöglichkeiten als heimisches Standortkriterium gewertet, erhöht sich der Eigendeckungsanteil auf über 80 Prozent.[175] Beide Versorgungsfaktoren werden alternativ betrachtet. Mit 78 Prozent der heimischen Brennstoffe stellen Braun- und Steinkohle den größten Anteil dar.

Abbildung 4-27: Eigendeckung in der Stromerzeugung im Jahr 2002

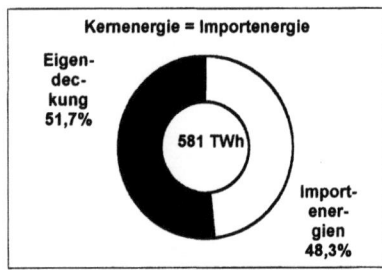
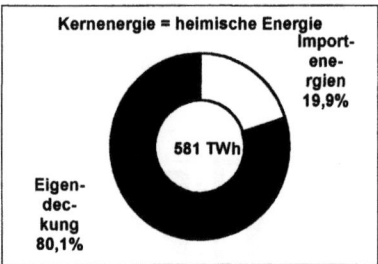

Quelle: DEBRIV, Kohlenstatistik, AG Energiebilanzen, eigene Berechnungen

Für die Untersuchung der Bedingung nach Gleichung 4.2-11

$$\vartheta_{2015} - \vartheta_{2002} \geq 0$$

wird v_{2002} in beiden beschriebenen Versionen herangezogen.

Infolge der umweltpolitischen Ziele zur CO_2-Minderung und vor dem Hintergrund der schrittweisen Beendigung der Kernenergienutzung wird von der Elektrizitätswirtschaft ein Zielkonflikt hinsichtlich einer möglichen Erhöhung des Importanteiles der Energieträger zur Stromerzeugung erwartet.[176] Dem Argument der Befürworter des heimischen Steinkohlenabbaues steht allerdings die Lagerfähigkeit von Steinkohlenimporten entgegen, die mit 15 Euro/t Lagerkosten p. a. auch bei langjähriger Lagerung einen Kostenvorteil gegenüber deutscher Steinkohle aufweist (Flauger et al., 2003).

---

[175] Siehe hierzu die Anmerkung zur Kernenergie in im vorangegangenen Kapitel 3.2.4. Drillisch und Riechmann (1998) sind für das Jahr 1995 noch von einer Eigendeckungsquote einschließlich Kernenergie von über 85 % ausgegangen.
[176] Eingeschlossen damit sind Auswirkungen auf die gesamte Primärenergiebilanz Deutschlands.

Bereits in der Berechnung möglicher Erzeugungsalternativen unter Einhaltung der absoluten Emissionsgrenze von 254 Mio. t pro Jahr durch die öffentlichen Versorger wurde die Prämisse unterstützt, den Anteil heimischer Rohstoffe, die wirtschaftlich gewonnen werden können, zu maximieren. Für die unterschiedlichen Szenarien wurde dementsprechend der Erzeugung auf Basis von Braunkohle der Vorrang vor der Einfuhr von Erdgas gegeben. Der Einsatz von Erdgas wurde lediglich ausgeweitet, sofern die absoluten Emissionsgrenzen auf anderem Weg nicht eingehalten werden konnten.

Die Berechnungen basieren auf folgenden Annahmen:
1. Bei der Berücksichtigung des spezifischen Energieeinsatzes wurde zwischen dem Szenario mit aktuellen Verbrauchswerten und dem mit modernisiertem Kraftwerkspark unterschieden: Für ersteres Szenario wurden der spezifische Energieeinsatz in kg SKE pro kWh für die relevanten Energieträger auf Basis des Energieeinsatzes zur gesamten Stromerzeugung und der damit produzierten Menge des Jahres 2002 (AG Energiebilanzen, 2004) ermittelt. Für erdgasbasierte Erzeugung wurde ein Einsatz von 0,2481 kg SKE pro kWh berechnet. Mit 0,3380 kg SKE pro kWh lag der spezifische Verbrauch bei Braunkohleneinsatz um etwa 36 Prozent höher. Bei Betrachtung des zweiten Szenarios wurde der spezifische Energieeinsatz in kg SKE pro kWh für die relevanten Energieträger entsprechend der zukünftig erwarteten Wirkungsgradsteigerungen ermittelt. Für erdgasbasierte Erzeugung wurde ein durchschnittlicher Wirkungsgrad von 58 Prozent unterstellt. Resultierend daraus ergibt sich ein spezifischer Energieeinsatz bei der Stromerzeugung aus Erdgas von 0,1836 kg SKE pro kWh. Für Braunkohle ist aus Gründen der Versorgungssicherheit kein veränderter Ansatz zu treffen, da auch hier die Deckung aus heimischen Energiequellen erfolgen kann.
2. Eine mögliche Erhöhung der Erdgaseinfuhr (in Mio. t SKE) aufgrund erweiterter Stromerzeugung wurde entsprechend des spezifischen Verbrauchswertes berücksichtigt. Die absolute Höhe der Erdgasgewinnung in Deutschland des Jahres 2002 wurde auch für die Folgejahre unterstellt. Veränderungen im Verbrauchsverhalten in anderen Anwendungsgebieten für Erdgas sind nicht berücksichtigt worden.
3. Kernenergie wird als Importenergie betrachtet und fließt für die verbleibenden Erzeugungsmengen in 2015 mit einem Eigendeckungsanteil von 0 Prozent in die Berechnungen ein.
4. Die erneuerbaren Energiequellen werden als inländisch klassifiziert.
5. Gleiches gilt für die übrigen festen Brennstoffe.

Im Folgenden wird der Versorgungsfaktor v_{2015} unter veränderlichen technologischen Standards und Verbrauchsverhalten für die vier Szenarien ermittelt.

4.3.4.2 Die Versorgungsfaktoren der untersuchten Szenarien

Für alle untersuchten Szenarien gilt: $v_{2015} > v_{2002}$, was auf eine wesentliche Verbesserung der Versorgungssicherheit hinweist (Abb. 4-28). Im Ergebnis zeigt sich eine erhebliche Varianz in den Eigendeckungsanteilen, die um 23,3 Prozentpunkte im Szenario BI bis hin zu 27,9 Prozentpunkte im Szenario AII steigt, falls die Realisierung der vorhandenen Einsparungspotentiale durchgesetzt werden kann. Die Szenarien AI und AII müssen jedoch entsprechend der Marktrestriktionen aus Kapitel 4.3.3.2 angepasst werden, indem die Erzeugungsmenge aus Braunkohle auf das nachfrageseitige Maximum von x_{BK} = 180 TWh limitiert wird. Die entsprechend angepassten Szenarien AI$_{adj}$ und AII$_{adj}$ weisen jedoch trotz dieser Änderungen weiterhin einen v_{2015} *=0,721 bzw. 0,724* $> v_{2002}$ auf, so dass eine Portfolioanpassung den Restriktionen der Emissions- und der Versorgungsfunktion gleichermaßen genügt.

Abbildung 4-28: Versorgungsfaktoren v_{2015} und überschüssige Emissionsrechte bei unterschiedlichen Szenarien

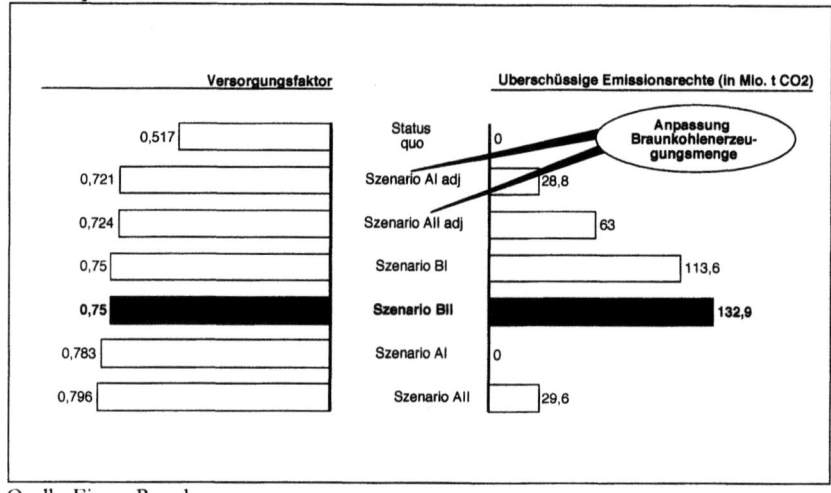

Quelle: Eigene Berechnungen

Die Szenarien AI$_{adj}$ und AII$_{adj}$, die von einem leicht sinkenden Bruttoerzeugungsbedarf ausgehen, weisen entsprechend ihres Technologisierungsgrades unterschiedliche Resultate auf: Durch die geringfügige Ausweitung der erdgasbasierten Produktion wurde bei Konservierung der aktuellen Anlagentechnik eine Absenkung des Eigendeckungsanteiles von Erdgas an der Primärenergieversorgung deutlich: Durch die erhöhte Stromerzeugung aus Erdgas sinkt für Szenario AI$_{adj}$ der Eigendeckungsanteil bei dem gesamten Erdgasverbrauch im Vergleich zum Jahr 2002 von 0,218 um etwa 7 Prozent auf 0,202; der erhöhte Verbrauch wird bei Szenario AII$_{adj}$ durch geringeren spezifischen Verbrauch überkompensiert und steigt auf

24,2 Prozent. Für die Szenarien BI und BII mit stärker sinkendem Bruttoerzeugungsbedarf aufgrund realisierter Einsparungen steigt der Eigendeckungsanteil der Primärenergieversorgung mit Erdgas unter den gegebenen Annahmen zum Verbrauch in anderen Sektoren auf 0,231.

Interessanter ist in diesem Zusammenhang, dass in allen vier Szenarien das gewählte Portfolio die Emissionsobergrenzen geringfügig bis deutlich unterschreitet (Abb. 4-28).

Alternativ werden in Abbildung 4-29 die Versorgungsfaktoren in den vier Szenarien dargestellt, sofern Kernenergie als heimische Energie klassifiziert wird. Trotz geringerer Steigerungen des Eigendeckungsanteiles in der Elektrizitätserzeugung, im Vergleich zur Einstufung von Kernenergie als Importenergie, ist auch hier auffallend, dass sämtliche vier Szenarien zu einer Erhöhung des Versorgungsfaktors führen. Die weitaus größten Steigerungen des Versorgungsfaktors sind hier bei den Szenarien BI und BII ersichtlich, die auf eine Realisierung von Energieeinsparungspotenzialen abzielen und damit einen Eigendeckungsgrad bei der Stromerzeugung von nahe 100 Prozent erreichen.

Abbildung 4-29: Vergleich Versorgungsfaktoren bei abweichender Kernenergieklassifizierung

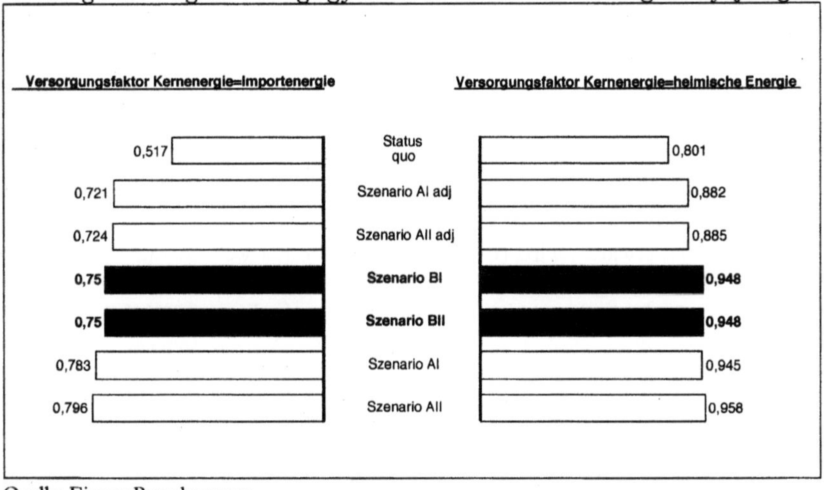

Versorgungsfaktor Kernenergie=Importenergie		Versorgungsfaktor Kernenergie=heimische Energie
0,517	Status quo	0,801
0,721	Szenario AI adj	0,882
0,724	Szenario AII adj	0,885
0,75	Szenario BI	0,948
0,75	Szenario BII	0,948
0,783	Szenario AI	0,945
0,796	Szenario AII	0,958

Quelle: Eigene Berechnungen

Als Fazit lässt sich abschließend zusammenfassen: Von den untersuchten vier Szenarien verbessert sich die Versorgungssicherheit gegenüber der aktuellen Primärenergiedeckung bei allen energiewirtschaftlichen Konstellationen.

Für die Beurteilung der Kompatibilität von Klimaschutzzielen mit energiepolitischen Autarkiebestrebungen lässt sich daraus folgern, dass beide Ziele miteinander vereinbar sind. Voraussetzung dafür ist eine veränderte Erzeugungsstruktur, die Versorgungssicherheit und Klimaschutz gleichermaßen Rechnung trägt. Darüber hinaus wird in allen untersuchten Fällen gezeigt, dass unter Einhaltung der definierten Emissionsgrenzen die Versorgungssicherheit weiter erhöht werden kann.[177]

4.3.5. Die Kostenfunktion

4.3.5.1 Kostenmodell und grundsätzliche Annahmen

Der Vergleich der unterschiedlichen Szenarien stützt sich auf eine Reihe von grundsätzlichen Hypothesen:
- ∞ Zwischen Euro und US-Dollar herrscht langfristig Parität.
- ∞ Mittelfristig findet eine Entkopplung des Erdgaspreises vom Rohölmarkt statt.
- ∞ Die Kalkulation der durchschnittlichen Erzeugungskosten beruht prinzipiell auf Vollkosten.
- ∞ Die Kapitalkosten basieren zudem nicht auf steuerlichen Abschreibungszeiten und -methoden, sondern auf Erfahrungswerten hinsichtlich der durchschnittlichen Betriebsdauer.

Zur Darstellung der unterschiedlichen Szenarien analog der vorangegangenen Untersuchungen wurde zwischen möglichen Technologiestandards differenziert. Für die Berechnung der aus einer möglichen Restrukturierung der Stromerzeugung resultierenden Differenzkosten wurden im ersten Schritt die durchschnittlichen Erzeugungskosten entsprechend des in 2002 eingesetzten Energiemixes mit den gegenwärtigen Wirkungsgraden zugrunde gelegt. Anschließend wurden die Kosten konventioneller Erzeugungstechnologien auf fossiler Basis berechnet, die durch höhere Wirkungsgrade gekennzeichnet sind, deren Marktreife allerdings erst in den Jahren bis 2010 erwartet wird (BMWi, 1999a). Hierbei werden nur Erzeugungstechnologien auf Erdgas- und Braunkohlenbasis betrachtet, die vor dem Hintergrund der umwelt- und energiepolitischen Rahmenbedingungen in einer ausgewogenen Zusammensetzung ein hohes Maß an Versorgungssicherheit und Klimaverträglichkeit bieten.

Des Weiteren werden die Kosten der Stromerzeugung aus erneuerbaren Energiequellen betrachtet, die im Wesentlichen durch die im EEG vorgegebenen Einspeisevergütungen determiniert sind. Die Gesamtkosten der untersuchten Szenarien werden abschließend denen gegenübergestellt, die aus einer Fortführung des momentanen Erzeugungsportfolios resultieren würden.

---

[177] Gegebenenfalls durch weitere Einschränkung der Erzeugung aus Kernenergie, sofern diese als Importenergie klassifiziert wird.

4.3.5.2 Kapitalkosten

Die Kapitalkosten werden anhand eines Annuitätenverfahrens berechnet, das die Nettoinvestitionskosten I^F zuzüglich der Bauzeitzinsen auf Basis der durchschnittlichen Kapitalbindung innerhalb der Bauzeit BZ zugrunde legt. Über die betriebsgewöhnliche Nutzungsdauer n gilt ein Marktzins i.

Die Kapitalkosten berechnen sich anhand der Gleichung 4.2-23 als

$$c_i^K = \frac{(I^F + \frac{I^F}{2} \cdot BZ \cdot i) \cdot \frac{i(1+i)^n}{(1+i)^n - 1}}{x_i} \qquad (4.3\text{-}29)$$

4.3.5.2.1 Investitionskosten

Die Investitionskosten für neu zu errichtende Kraftwerke stellen in einem liberalisierten Marktumfeld die wichtigste Komponente für die Kosten der Stromerzeugung dar. Aufgrund der spezifischen Anforderung der verschiedenen eingesetzten Energieträger an die Anlagentechnik und der Umwelt- und Sicherheitsvorschriften sind die Unterschiede im Kapitalaufwand erheblich. Eine weitere Unterscheidung besteht in den Bauzeiten[178]: Für Kernkraftwerke müssen etwa sechs Jahre, für Kohlekraftwerke vier Jahre und für Erdgaskraftwerke lediglich bis zu zwei Jahre Bauzeit bis zur Inbetriebnahme eingeplant werden (Hübl et al., 2005; Hillebrand, 1997a).

Die geringsten Investitionskosten erfordern GuD-Kraftwerke auf Erdgasbasis, da für diesen Brennstoff weder Vorrichtungen zur Rauchgasentschwefelung/-entstickung noch für Aufbereitung des Brennstoffes notwendig sind (Tab. 4-11). Inklusive der Bauzeitzinsen sind hier spezifische Investitionskosten pro kW von etwa 440 Euro zu veranschlagen. Die Kosten neuer Kohlekraftwerke mit Trockenfeuerung betragen etwa dreimal so viel. Der Bau neuer Kernkraftwerke verursacht etwa sechsmal so hohe Investitionskosten. Effizientere GuD-Techniken auf Kohlebasis sind heute allerdings noch relativ teuer im Vergleich zur Trockenfeuerung. Preissteigerungen in der Anlagentechnik wurden nicht berücksichtigt, da der Anstieg des Preisindeces für gewerbliche Produkte durch die reale Kostendegression durch technischen Fortschritt überkompensiert werden dürfte. Allerdings kann angenommen werden, dass insbesondere die Lernrate bei konventionellen Erzeugungstechniken zukünftig geringer ausfällt, da eine stärkere Fokussierung auf emissionsarme Erzeugung und entsprechender Kapazitätsausweitung erfolgt (Goulder und Schneider, 1999).

---

[178] Einschließlich des Planungs- und Genehmigungsverfahrens.

Tabelle 4-11: Investitionskosten I^F für Kraftwerke in Euro/kW

Spezifische Investitionskosten	Euro/kW
Kernenergie	1.790
Braunkohle - Trockenfeuerung	1.330
Braunkohle – GuD-Technik	1.840
Steinkohle - Trockenfeuerung	1.180
Steinkohle – GuD-Technik	1.690
Erdgas - Gasturbine	300
Erdgas – GuD-Technik	440

Quelle: Eigene Berechnungen nach Hillebrand (1997a), LBD (1999), Traube und Schulz (2000), Pfaffenberger und Hille (2004), EU-Kommission (2005)

Bei der Berechnung der Kapitalkosten wurde das Annuitätenverfahren gewählt, das eine Tilgung über den gesamten Zeitraum der Betriebsdauer n vorsieht. Kosten für Stilllegung und Rückbau sind für alle Kraftwerksarten in der Kalkulation enthalten.

4.3.5.2.2 Marktzins

Ein entscheidender Faktor bei energiewirtschaftlichen Betrachtungen ist der Zins i. Ein höherer Zins wirkt sich insbesondere negativ auf die allgemeine Vitalisierung des Kraftwerksparkes aus, da Ersatzinvestitionen für ältere, bereits weitgehend abgeschriebene Elemente in die Zukunft verschoben werden. Die Auswirkungen variierender Zinssätze auf die jährlichen Kapitalkosten werden nachfolgend exemplarisch für die aufgeführten Technologien dargestellt. Dabei wird einheitlich von einer Nutzungsdauer von 25 Jahren ausgegangen, in der der zu 100 Prozent aufgenommene Kapitalbedarf vollständig getilgt wird. In Anlehnung an verschiedene Kostenuntersuchungen (Hillebrand, 1997a; LBD, 1999; WISE, 2001; Öko-Institut, 2000) wurde für die nachfolgende Betrachtung ein Zinssatz von 8,5 Prozent gewählt.[179]

---

[179] Pfaffenberger und Hille (2004) legen einen Zins von 8 Prozent zugrunde.

Abbildung 4-30: Abhängigkeit der Kapitalkosten vom gewählten Zinssatz

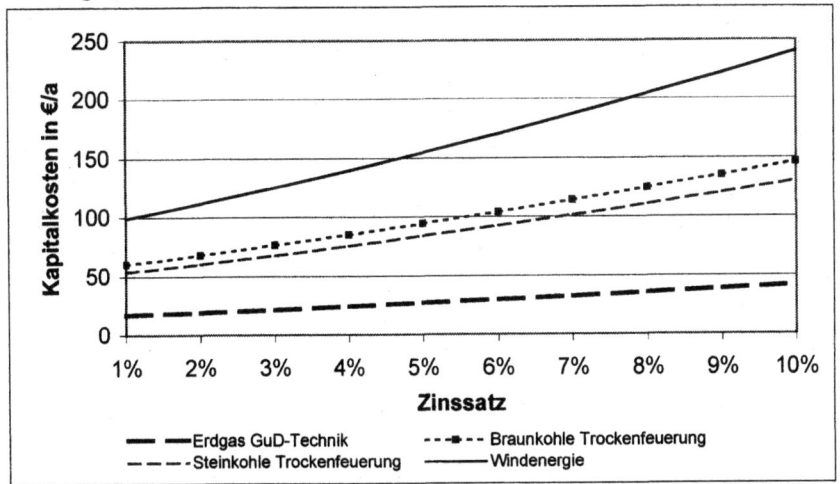

Quelle: Eigene Berechnungen

4.3.5.2.3 Lebensdauer und Arbeitsausnutzung

Zur Berechnung der Kapitalkosten wurden für die unterschiedlichen Erzeugungstechnologien variierende Lebensdauern zugrunde gelegt. Diese orientieren sich ausschließlich an technischen Erfahrungswerten und nicht an steuerlichen Abschreibungsmöglichkeiten. Die zu erwartenden Lebensdauern sind allerdings vor dem Hintergrund veränderlicher sicherheitstechnischer Rahmenbedingungen ein nur mit Unsicherheiten abschätzbarer Kostenparameter. Die technische Lebensdauer beschreibt dabei weniger die Auslegung der Kraftwerkskomponenten als vielmehr die Einschätzung, wie lange und zu welchen Kosten geltende Sicherheitsanforderungen erfüllt werden können.[180] Für Kernkraftwerke wurde abweichend die Regellaufzeit von 32 Jahren lt. AtG angenommen[181]. Für Stein- und Braunkohlenkraftwerke wurde eine Laufzeit von 30 Jahren unterstellt. Für Technologien auf Erdgasbasis werden hingegen nur 25 Jahre Betriebszeit in Ansatz gebracht, wobei nach 15

---

[180] Prominentestes Beispiel dürfte der Siedewasserreaktor Würgassen sein, der nach der Auflage des Austausches des Kernmantels außer Betrieb genommen wurde.
[181] Ohne Verabschiedung des AtG beliefe sich die mittlere Nutzungsdauer ebenfalls voraussichtlich nur auf 30 bis 35 Jahre. In der Realität liegen die maximal erreichten Nutzungsdauern von Kernkraftwerken noch unter den angeführten. Vielmehr wiesen die zwischen 1989 und 1997 in Westeuropa, USA und Kanada stillgelegten kommerziellen Kraftwerke Laufzeiten zwischen 15 und 26 Jahren auf (Wuppertal Institut, 2000). Obrigheim ist damit das einzige Kernkraftwerk weltweit, dass mehr als 30 Jahre Betriebszeit aufweisen kann (Franken, 2000).

Jahren ein Austausch der Turbine stattfindet, die mit 30 Prozent der Anlagenkosten berücksichtigt wird.[182]

Weiteres ausschlaggebendes Element für die Berechnung der Kapitalkosten stellt die Arbeitsausnutzung der vorhandenen installierten Leistung dar, die sich in der Anzahl der erzeugten Einheiten x_i der Anlage widerspiegelt. Diese ist von einer Vielzahl von Faktoren abhängig:

- ∞ Jährlich vorgeschriebene Revisionen verkürzen die Zeitverfügbarkeit und erfordern die Abschaltung über einen gewissen Zeitraum.
- ∞ Technische Probleme und erforderliche Nachrüstungen führen teils zu erheblichen Einschränkungen der Verfügbarkeit.
- ∞ Aufgrund geringer Stromnachfrage kann die Leistung der Kraftwerke auf Anweisung des Lastverteilers zeitweilig reduziert werden.

Im Jahr 2001 wiesen die unterschiedlichen Kraftwerke in Deutschland je nach Primärenergieträger stark divergierende durchschnittliche Arbeitsausnutzungszeiten auf (Tab. 4-12):

Tabelle 4-12: Durchschnittliche Arbeitsausnutzung der Kraftwerke der öffentlichen Versorgung Deutschland 2001

Energieträger	Ausnutzungsdauer in h/a
Heizöl	250
Pump- und Speicherwasser	980
Erdgas	2.100
Steinkohle	4.500
Laufwasser	5.620
Braunkohle	7.250
Kernenergie	7.250

Quelle: VDEW, 2004

Für die Betrachtung des BAU-Szenarios[183] werden die zukünftig anzusetzenden Werte zur durchschnittlichen Arbeitsausnutzung denen des Jahres 2001 gleichgesetzt. Hierbei wird angenommen, dass die aufgrund des zunehmenden Alters der Anlagen vermehrt und länger andauernden Ausfälle durch Reduktionen der geplanten und ungeplanten Stillstandszeiten, z. B. durch optimierte Abläufe und verstärktes Risikomanagement, kompensiert werden können.

---

[182] Die Einschätzungen der betriebsgewöhnlichen Nutzungsdauer variieren je nach Energieträger und Autor: So wird die Nutzungsdauer von Braun- und Steinkohlenkraftwerken von 30 bis 40 Jahre eingeschätzt, für Erdgaskraftwerke werden 20 bis 25 Jahre (Bigano et al., 2000; Traube und Schulz, 2000; Krämer, 2003) und teilweise sogar bis zu 35 Jahre (Pfaffenberger und Hille, 2004) angesetzt.
[183] Hier als Fortführung des Erzeugungsportfolios vor Einführung von AtG und der Definition von Klimaschutzzielen.

Für die betrachteten Szenarien werden Erdgas im Mittellastbetrieb und Braunkohle im Grundlastbetrieb mit den für das BAU-Szenario geltenden Ausnutzungsdauern der Grundlastkraftwerke eingesetzt.

4.3.5.3 Brennstoffkosten

Die Brennstoffkosten p^y werden nach Gleichung 4.2-21

$$p_t^y \cdot y_i = (p_t^B + c_s^B) \cdot \frac{1}{\eta_i \cdot HW_i} \qquad (4.3\text{-}30)$$

berechnet. Die Brennstoffkosten werden maßgeblich durch den Brennstoffpreis p^B einer eingesetzten Einheit des Primärenergieträgers y_i bestimmt und beinhalten zusätzlich Kosten für Transport sowie Dienstleistungen c^B. Der spezifische Brennstoffeinsatz y_i ist eine Funktion des Wirkungsgrades η sowie des Heizwertes des entsprechenden Energieträgers HW_i.

4.3.5.3.1 Brennstoffpreise

Vor dem Hintergrund der derzeitigen Turbulenzen am internationalen Rohstoffmarkt sind die Brennstoffpreise von erheblicher Bedeutung. Während in den letzten 15 Jahren von einem kontinuierlichen und drastischen Preisanstieg für die Primärenergieträger ausgegangen wurde, haben sich die Preisprognosen aufgrund der stabilen Verfassung der Weltenergiemärkte in den letzten Jahren weitgehend entspannt. Vielmehr verfolgen Brennstoffpreise eine inverse U-Form, die zu Beginn wächst und nach dem Kulminationspunkt und dem Aufkommen neuer Technologien und Substitute wieder abnimmt (Slade, 1982).

Für die Kalkulation der Brennstoffkosten wurde für Kernenergie ein Preis von etwa 0,5 ct pro kWh[184] kalkuliert, wobei 25 Prozent der Kosten auf die direkte Endlagerung[185] (LBD, 1999) entfallen. Für Braunkohle wurde ein Preis von 13 Euro/t[186] ermittelt, der nach Umrechnung in ein entsprechendes Steinkohlenäquivalent einen Preis von 45 Euro/t SKE ergibt. Für Steinkohlenkraftwerke wurde mit dem Preis für Importsteinkohle zuzüglich des auf den Einsatz zur Stromerzeugung entfallenden Subventionsanteiles gerechnet.[187] Für Erdgas und Steinkohle wurden

---

[184] Auf Basis der Verbrauchswerte für Druckwasserreaktoren mit einem Abbrand von 45 MWd/kg spaltbaren Materials mit 1.488 Euro pro kg spaltbaren Materiales (Preisbasis 1998), (LBD, 1999).
[185] Alternativ kann auch die Variante der Wiederaufbereitung und anschließenden Endlagerung betrachtet werden.
[186] Preis ermittelt aus VEAG Jahresabschlussbericht 2000.
[187] Abweichend von der Behandlung der Erdgasbezugskosten wurden hier zukünftige Preistendenzen durch Liberalisierungsfortschritte bereits berücksichtigt. Für den Fall der Steinkohle ist jedoch langfristig nicht mit einer Unabhängigkeit von staatlichen Beihilfen zu rechnen.

Preise für das Jahre 2015 zugrundegelegt, die verschiedenen Studien entnommen wurden. EWI/Prognos (2005) prognostizieren für das Jahr 2015 einen Großhandelspreis für industrielle Abnehmer von 1,98 ct pro kWh.[188] EWI/ie/RWI (2004) gehen noch von einem Brennstoffpreis frei Kraftwerk von 1,38 ct pro kWh aus. Der Preis für Kraftwerke als Letztabnehmer einschließlich Erdgassteuer lag im Mai 2005 bei 2,16 ct pro kWh (Kohlenstatistik, 2005). Aus Gründen der Vorsicht wird im Folgenden mit dem prognostizierten Großhandelspreis der EWI/Prognos-Studie für Erdgas kalkuliert. EWI/Prognos (2005) prognostizieren für das Jahr 2015 einen geringfügigen Anstieg des realen Importpreises von Steinkohle. EWI/ie/RWI (2004) gehen von einem Brennstoffpreis frei Kraftwerk von 0,62 ct pro kWh aus. Pfaffenberger und Hille (2004) prognostizieren mit einer Bandbreite von 0,57 bis 0,70 ct pro kWh einen ähnlichen Preis. Der Preis für Kraftwerkskohle frei Grenze Bundesrepublik lag im 1. Quartal 2005 bei 0,53 ct pro kWh (Kohlenstatistik, 2005). Aus Gründen der Vorsicht wird im Folgenden mit dem prognostizierten Brennstoffpreis frei Kraftwerk der EWI/ie/RWI-Studie für Steinkohle kalkuliert.

Die Preisentwicklung der vergangenen Jahre ist durch starke Schwankungen gekennzeichnet (Abb. 4-31). Dies ist vor allen Dingen auf die Rohölpreisnotierungen mit dem Dollar als Leitpreis der internationalen Energiemärkte und dem gestiegenen Außenwert des Euro für den nationalen Markt zurückzuführen.

Abb. 4-31: Entwicklung ausgewählter Energiepreise in Euro/t SKE und des Wechselkurses $/Euro

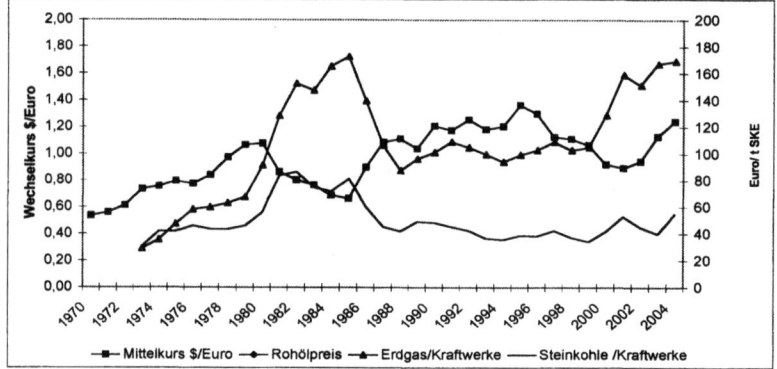

Quelle: Kohlenstatistik (2005)

Die Preisvolatilität wird zukünftig erwartungsgemäß noch stärker ausfallen, da sich neue Förderländer wie Russland und Norwegen immer seltener der Preisstabilitätspolitik der OPEC unterwerfen (Schürmann, 2001a; Schneider und Schürmann, 2001a). Eine eigenständige Preisentwicklung könnte sich zukünftig durchsetzen,

---

[188] Dies entspricht einem Preis von ca. 161,17 Euro pro t SKE.

wenn Russland Pläne zur Bildung eines Gaskartelles mit den zentralasiatischen Förderländern verwirklicht (Brüggmann, 2002). Langfristig ist die Abkopplung des Erdgaspreises von der Entwicklung des US-Dollars denkbar (Rettberg, 2002). Pläne sechs arabischer Golfstaaten, ab 2003 etwa 50 Prozent der Erdölexporte auf der Basis des Euro abzuwickeln, deuten auf eine neue Schwerpunktsetzung hin (o.V., 2002a). Der Wettbewerb auf dem Gasmarkt wird zukünftig zunehmen und die durchschnittlichen Preise von Gas langfristig relativ zu anderen Primärenergieträgern abnehmen (Radetzki, 1999). Die Preisbildung in den Niederlanden und in Deutschland basiert auf dem Prinzip des anlegbaren Preises gegenüber dem wichtigsten Substitut im Wärmemarkt, dem leichten Heizöl (Neu, 1999). Dieses Prinzip erschwert die wettbewerbliche Umgestaltung des Erdgassektors und verhindert einen effektiven Gas-zu-Gas-Wettbewerb (Neu, 1999).

Die Preissenkungspotentiale auf dem Erdgasmarkt werden von unterschiedlichen Autoren zwischen 8 und 20 Prozent antizipiert (Hillebrand, 2000; Auer, 1998). Zudem wird der technologische Wandel in großem Maßstab zu einer Verringerung der Bohrkosten (MacAvoy und Moshkin, 2000) und Förderkosten bei derzeit noch teuren Lagerstätten führen.

4.3.5.3.2 Wechselkursrisiko und Indexierung

Für Braunkohle und Kernbrennstoffe werden die realen Preise für die Prognose zukünftiger Kosten angenommen. Für importierte Primärenergieträger, wie Steinkohle und Erdgas, wird außerdem unterstellt, dass eine Wechselkurssicherung durch die Energieerzeuger vorgenommen wird, um Preisschwankungen aufgrund von Währungsschwankungen zu minimieren.

4.3.5.3.3 Sonstige Kostenkomponenten

Zusätzlich zu den realen Grenzübergangspreisen wurde für Erdgas die Erdgassteuer in Höhe von 0,35 ct/kWh[189] berücksichtigt. Ausnahmen für den Ansatz von Mineralölsteuern bietet der Einsatz von Kraft-Wärme-Kopplungs-Anlagen mit einem Wirkungsgrad über 70 Prozent, welche von der Ökosteuer befreit sind.

Für die Erzeugung aus Steinkohle wird im Referenzszenario dem Anteil der in der Stromerzeugung eingesetzten heimischen Steinkohle der Subventionsbetrag hinzugefügt, der zum Ausgleich der Preisdifferenz zwischen Importsteinkohle und der Inlandskohle als öffentliche Beihilfe gezahlt wird. Als Betrag wurde der von der

---

[189] Allerdings bestehen auch hier Möglichkeiten der Steuerreduzierung: Bis zu einer zusätzlichen Ökosteuerlast von 511 Euro (entspricht ca. 31.500 qm Jahresverbrauch) wird Erdgas auch beim Einsatz in Industrie und Gewerbe mit dem normalen Satz besteuert. Der darüber gehende Verbrauch unterliegt einem Steuersatz von nur noch 0,033 ct/kWh.

Bundesregierung für das Jahr 2012 vereinbarte Betrag in Höhe von 1,83 Mrd. Euro (Bundesregierung, 2003b) um den Anteil von 25 Prozent reduziert, der im Jahr 2002 nicht auf den Einsatz von Steinkohle in der Elektrizitätsversorgung entfiel (Kohlenstatistik, 2005). Es verbleibt ein zu berücksichtigender Betrag von 1,372 Mrd. Euro, der ebenfalls für das Jahr 2015 angesetzt wurde.

Für die heimische Braunkohle wurde von der Annahme ausgegangen, dass Förderung und Stromerzeugung standortnah erfolgten. Für Erdgas wurde ein Durchleitungsentgelt in Höhe von ca. 0,24 ct pro Kilowattstunde für Erdgas-Gasturbinen und 0,16 ct pro Kilowattstunde für Erdgas-GuD-Kraftwerke bei einer Distanz von 300 km ab Grenzübergang einkalkuliert.[190] Dabei wurden anfallende Revisionszeiten in Höhe von 10 Prozent berücksichtigt, in denen die Kapazitätsfreihaltung ebenfalls gezahlt werden muss. Mögliche Zusatzkosten für Versicherungen aus Terrorschäden sind nicht berücksichtigt, wenngleich eine deutliche Erhöhung der bisherigen Deckungsprämien aufgrund der jüngsten Ereignisse notwendig erscheint (Dohmen und Lansch, 2002). Des Weiteren wurden keine Verwertungserlöse und -kosten aus den Nebenprodukten der Kohlekraftwerke berücksichtigt, die knapp 10 Prozent des Inputs ausmachen (Euwid, 2002).

4.3.5.3.4 Eigenverbrauch und Wirkungsgrade verschiedener Erzeugungstechnologien

Der in jedem Kraftwerk anfallende Eigenverbrauch wurde je nach Kraftwerkstyp dem spezifischen Brennstoffeinsatz zugeschlagen. Dabei wurde für die Differenzkostenbetrachtung zwischen zwei Optionen unterschieden. Für die Betrachtung des Status quo wurde der durchschnittliche Eigenverbrauch anhand der historischen Brutto- und Nettoerzeugungswerte sämtlicher Stromerzeuger einschließlich der Industrie und der Deutschen Bahn näherungsweise ermittelt. Durch Gegenüberstellung der Brutto- und Nettostromproduktion je Primärenergieträger des betrachteten Jahres lassen sich die durchschnittlichen Eigenverbrauche der Kraftwerke berechnen. Der höchste Eigenverbrauch ist dabei bei Braunkohlenkraftwerken mit 8,7 Prozent der erzeugten Bruttostrommenge zu verzeichnen; mit 7,6 und 6,3 Prozent bewegen sich Steinkohle bzw. Erdgas im mittleren Bereich (Kohlenstatistik, 2005). Die geringsten Werte erzielen Kernkraftwerke mit 5,2 Prozent. Die im Rahmen einer Erneuerung des Kraftwerksparkes erzielte Absenkung der spezifischen Eigenverbrauchswerte wurde innerhalb der Wirkungsgraderhöhung berücksichtigt.

---

[190] Hierbei wurde unterstellt, dass Elektrizitätserzeuger nach Einführung der Gasmarktliberalisierung die Großhandelsstufe in Deutschland überspringen und langfristige Lieferungen vom Förderunternehmen bezogen werden. Für die Durchleitung wurden die Entgelte am Beispiel der von der Ruhrgas AG veröffentlichten Preiskomponenten berechnet, die einem Durchleitungssatz von etwa 0,25 ct pro erzeugter kWh entsprechen. Im Zuge der Marktöffnung dürfte dieser Satz weiter sinken.

Zur Berechnung des spezifischen Brennstoffverbrauches wurde ebenfalls zwischen der Betrachtung des Status quo und der kontinuierlichen Verbesserung der Erzeugungstechnologien differenziert. Zur Fortentwicklung des Status quo wurde der Einsatz von Energieträgern zur Stromerzeugung des Jahres 2000 (AG Energiebilanzen, 2001) der Bruttostromerzeugung des gleichen Jahres (Statistik der Kohlenwirtschaft, 2001) gegenübergestellt und daraus die durchschnittlichen Wirkungsgrade ermittelt. Mit 48,4 Prozent erzielte Erdgas den mit Abstand höchsten Energienutzungsgrad. Mit 40,6 bzw. 37 Prozent folgen Steinkohle und Braunkohle. Bei den Wirkungsgraden für die zukünftige Entwicklung wurden für alle Erzeugungstechnologien Werte unterstellt, die derzeit noch nicht realisiert sind, in absehbarer Zeit jedoch Marktreife erreichen (Siemens KWU, 2001; BabcockBorsigPower, 2001; BMWi, 1999). Für Kombikraftwerke mit integrierter Vergasung auf Kohlebasis wurde einheitlich ein Wirkungsgrad von 55 Prozent unterstellt[191], für GuD-Prozesse auf Erdgasbasis von 58 Prozent. Aktuell erreichen Neubauten von Braunkohlenkraftwerken mit optimierter Anlagentechnik einen Wirkungsgrad von 45,2 Prozent (Kallmeyer et al., 1998). Bei Braunkohlenkraftwerken mit Trockenfeuerung kann der Wirkungsgrad durch Wirbelschichttrocknung auf bis zu 47 Prozent gesteigert werden; bei Steinkohlen werden 50 Prozent und mehr als realistisch eingeschätzt (Schlesinger und Schulz, 2000; Traube und Schulz, 2000; Pfaffenberger und Hille, 2004). Die höchsten Wirkungsgrade werden künftig jedoch für Erdgas-GuD-Kraftwerke mit bis zu 65 Prozent prognostiziert.

4.3.5.4 Übrige Kosten

4.3.5.4.1 Fixe übrige Kosten

Zusätzlich zu den Kapitalkosten als einem Element der Fixkosten fallen unabhängig vom Betrieb einer Anlage fixe Kosten durch Wartung und Instandhaltung sowie Personalkosten an, welche aus der Gleichung 4.2-23 abgeleitet werden:

$$c_{i,t}^f = \frac{c_{i,2000}^M + c_{i,2000}^L}{x_i} \tag{4.3-31}$$

Die Kosten für Reparatur und Wartung c^M beziehen sich dabei auf die Investitionskosten und reichen von 3,6 Prozent für Braunkohlenkraftwerke bis zu 2 Prozent für Erdgaskraftwerke (Hillebrand, 1997a). Prämien für die Haftpflichtversicherung von Kernkraftwerken wurden innerhalb der Reparatur- und Wartungskosten mit einem Prozentsatz von 0,25 berücksichtigt. Bei den Personalkosten c^L ist der höchste spezifische Aufwand bei Kernkraftwerken mit ca. 0,083 Mitarbeitern pro Megawatt (MW) zu verzeichnen (Hillebrand, 1997a). Erdgasbasierte Kraftwerke werden demgegenüber mit 0,05 Mitarbeitern pro MW veranschlagt (Hillebrand,

---

[191] Diese sind voraussichtlich erst ab 2010 realisierbar (BMWi, 1999a).

1997a; LBD, 1999). Der durchschnittliche Personalaufwand pro Mitarbeiter und Jahr einschließlich des Arbeitgeberanteils zur Sozialversicherung wurde mit rund 70.000 Euro kalkuliert.

Den sonstigen Kosten müssten verursachungsgemäß auch die Sicherungskosten für Castor-Transporte[192] zugeschlagen werden. Da diesbezüglich keine verlässlichen Daten existieren, sei hier nur auf die Problematik hingewiesen.

4.3.5.4.2 Variable übrige Kosten

Die variablen übrigen Kosten $c_{H,2000}$ umfassen insbesondere Hilfs- und Betriebsstoffe c_H, die für den jeweiligen Kraftwerksbetrieb notwendig sind. Für Kernkraftwerke sind dies mit 0,06 ct/kWh Schmierstoffe und spezifische Stoffe für die Kühlung der Brennelemente. Bei der traditionellen Trockenfeuerung mit Kohle werden aufgrund der notwendigen Zusatzstoffe zur Rauchgasreinigung etwa 0,18 ct/kWh veranschlagt (Hillebrand, 1997a), während diese Zusätze bei GuD-Kraftwerken auf Kohlenbasis weitgehend entfallen. Die Hilfs- und Betriebsstoffe in Erdgas-GuD-Kraftwerken werden hier mit 0,05 ct/kWh (Hillebrand, 1997a; LBD, 1999) angenommen.

4.3.5.5 Aggregation der Kostenkomponenten

4.3.5.5.1 Spezifische Erzeugungskosten bei veränderlichem Technologiestand

Unter Berücksichtigung sämtlicher o. a. Kostenkomponenten errechnet sich für die unterschiedlichen Primärenergieträger je nach Auslastungsgrad[193] und technologischer Entwicklung der folgende Kostenverlauf pro erzeugter Kilowattstunde (Abb. 4-32).

---

[192] Der letzte Castor-Transport nach Gorleben im November 2001 hat nach Angaben des niedersächsischen Innenministeriums allein über 50 Mio. DM Kosten für die gesicherte Verbringung verursacht (Handelsblatt v. 16. November 2001).
[193] Anzahl der Stunden pro Jahr, in denen das Kraftwerk in Betrieb ist (8760 h p. a. sind 100 Prozent).

Abbildung 4-32: Spezifische Gestehungskosten pro kWh (2015) mit aktuellem Technologiestand

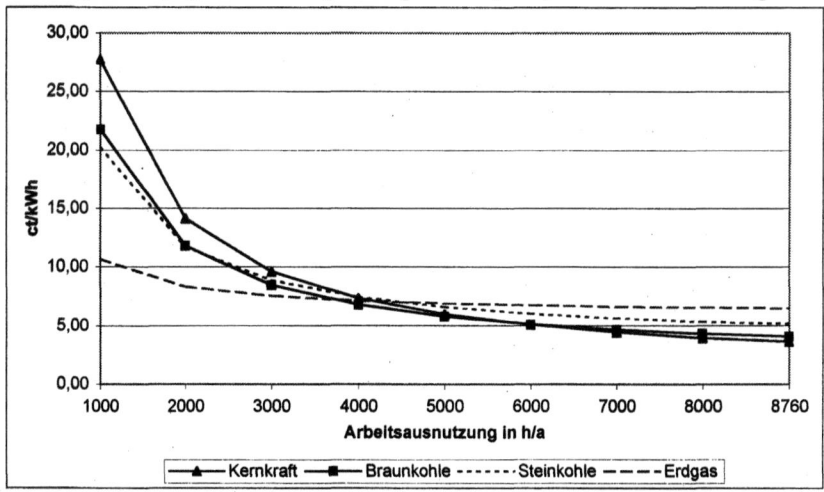

Quelle: Eigene Berechnungen

Dabei wird ersichtlich, dass die Stromerzeugung aus Erdgas auf Basis des derzeit aktuellen Technologiestandes und den entsprechenden spezifischen Verbrauchswerten einen Kostenvorteil gegenüber den anderen Erzeugungsarten auf fossiler Basis nur bis zu einer Arbeitsausnutzung von knapp 4.000 Stunden pro Jahr besitzt. Die kostengünstigste Erzeugung wird mit Kernkraft- und Braunkohlenkraftwerken im Grundlastbereich erzielt. Gegenüber Gaskraftwerken zeichnen sich diese durch spezifische Kostenvorteile von 43 bzw. 37 Prozent aus.

Wird hingegen eine kontinuierliche technologische Fortentwicklung unterstellt (Abb. 4-33), zeigt sich die Erzeugung aus Gas bis zu einer Arbeitsausnutzung von über 5.000 Stunden als kostengünstigste Variante. Im Volllastbetrieb erreichen alle emittierenden Techniken auf fossiler Basis ähnliche Erzeugungskosten pro kWh: Erdgas verursacht mit 5,19 ct die geringsten Kosten, während für Braunkohle und Steinkohle mit 5,56 bzw. 5,59 ct ähnliche Werte errechnet wurden.

Abbildung 4-33: Spezifische Gestehungskosten pro kWh (2015) nach Modernisierung

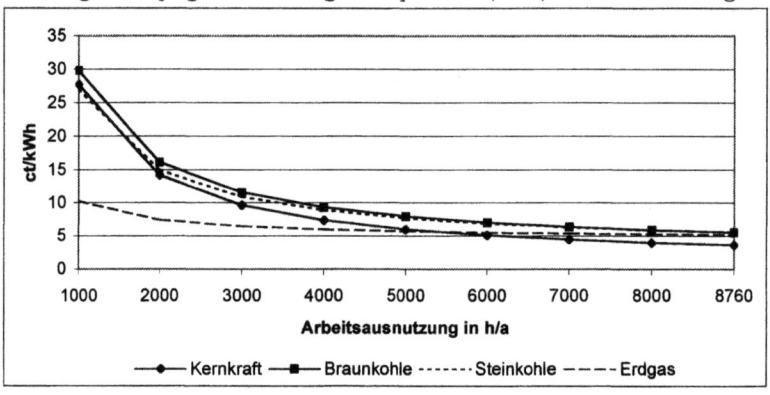

Quelle: Eigene Berechnungen

Der relative Kostenvorteil, der aktuell für die Erzeugung aus Kernkraft angeführt wird, resultiert aus der Tatsache, dass die meisten Kernkraftwerke in Deutschland bereits abgeschrieben sind und damit der wesentliche Teil der Kosten bereits akkumuliert ist.[194] Die Kalkulation der spezifischen Gestehungskosten zeigt hier, dass erdgasbasierte Erzeugung mit heutigem technologischem Standard nur bis zum Mittellastbereich kostengünstiger als Kohlenkraftwerke ist. Der Einsatz der Kernkraft und Braunkohle stellt hingegen die kostengünstigste Erzeugung im Grundlastbereich dar. Bei modernisiertem Kraftwerkspark kann unter den beschriebenen Annahmen für Erdgas, Braun- und Steinkohle ein annährend gleich hohes Kostenniveau auf Volllastebene gezeigt werden. Im Mittellastbereich liegt der Kostenvorteil von Erdgas gegenüber Steinkohle bei knapp 33 Prozent.

4.3.5.5.2 Einspeisevergütung als fixe Kostengröße alternativer Elektrizitätserzeugung

Die Gesamtkosten der Elektrizitätserzeugung aus erneuerbaren Energiequellen im Vergleichsjahr 2015 sind für die betrachteten Szenarien jeweils gleich hoch. Für die zukünftigen Mengen an erneuerbaren Energien, deren Entwicklung analog des logistischen Wachstumsmodelles unterstellt wurde, sind zusätzliche Einspeisevergütungen in Höhe von 19,3 Mrd. Euro ermittelt worden. Die zugehörige regenerativ erzeugte Menge beläuft sich auf 156,34 Mrd. kWh. Erhöhte Einspeisungen aus Wasserkraft wurden für beide Varianten nicht berücksichtigt, da diese im Vergleich zum Referenzszenario nur gering ausfallen.

---

[194] Gleiches dürfte auch für eine Vielzahl von Kohlekraftwerken gelten.

4.3.5.5.3 Differenzkostenvergleich

Zur Bewertung der Auswirkungen einer Verbrauchsveränderung mit gleichzeitig verändertem Erzeugungsportfolio ist im ersten Schritt ein Referenzszenario für das Jahr 2015 entwickelt worden (BAU-Szenario). Dies orientiert sich im Wesentlichen an der Bruttoerzeugungsmenge und den Primärenergieanteilen des Jahres 2002. Abweichend dazu wurden die entsprechend AtG entfallenden Erzeugungsmengen aus Kernenergie zu jeweils 50 Prozent durch solche auf Stein- und Braunkohlenbasis ersetzt. Die Mengen aus erneuerbaren und sonstigen Energiequellen gehen unverändert in die Vergleichsrechnung ein.

Bei Zusammenfassung aller veränderlichen Kostengrößen der unterschiedlichen Erzeugungsszenarien im Vergleich zum BAU-Szenario ergibt sich für die Beurteilung der Effekte ein zweigeteiltes Bild (Abb. 4-34). Bei Betrachtung der Kostenveränderung pro kWh wirkt sich insbesondere die Einschätzung der Wachstumsdynamik der regenerativen Stromerzeugung entscheidend aus. Diese wird noch intensiviert, wenn sich durch Spareffekte die Erzeugungsmenge als Bezugsbasis verringert. Für die einzelnen Szenarien stellen sich die Differenzkosten und die relative Kostenveränderung je erzeugter Kilowattstunde folgendermaßen dar.

Abbildung 4-34: Kostensteigerung der Stromerzeugung im Jahr im Vergleich zum BAU-Szenario

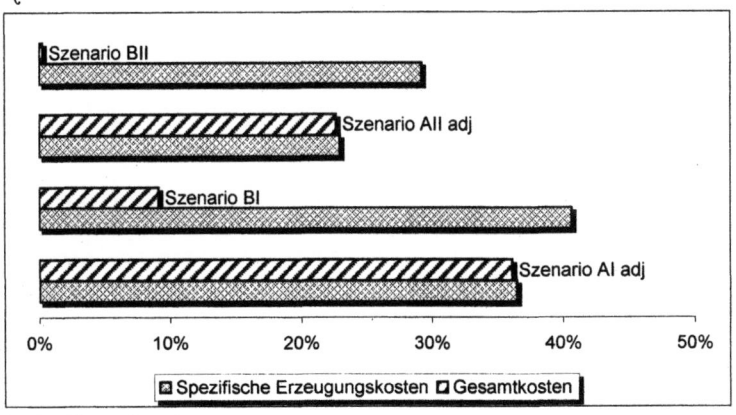

Quelle: Eigene Berechnungen

Dabei zeigt sich, dass die Gesamtkosten im Fall einer nur gering sinkenden Bruttoerzeugungsmenge ohne Modernisierung (Szenario AI_{adj}) und mit hohem Anteil an regenerativ erzeugtem Strom mit einem Zuwachs von 36 Prozent den höchsten Anstieg verzeichnen. Mit einer Erhöhung von 0,3 Prozent ist das Szenario BII mit stark sinkendem Erzeugungsbedarf und modernisiertem Kraftwerkspark nahezu kostenneutral.

Für die spezifischen Erzeugungskosten ist für alle vier Szenarien eine erhebliche Erhöhung ersichtlich. Mit etwa 41 Prozent fällt der Anstieg bei dem Szenario BI, das durch einen sinkenden Bedarf und aktuellen Technologiestand des Kraftwerksparkes gekennzeichnet ist, vergleichsweise hoch aus. Das Szenario AII_{adj} weist mit 23 Prozent die geringste Erhöhung der spezifischen Erzeugungskosten aus.

In welchem Maß die evidenten Kostenerhöhungen durch eine Korrektur anderer energiepolitischer Zielsetzungen, z. B. dem Versorgungsfaktor, ausgeglichen werden können, soll anschließend untersucht werden.

4.3.5.6 Sensitivität Kostenfunktion bei Variation des Versorgungsfaktors

Während die bisherige Betrachtung am Ziel der Maximierung der Versorgungssicherheit ausgerichtet war, wird im Folgenden untersucht, wie der konstante Ansatz des Versorgungsfaktors von 0,517 aus dem Jahr 2002 für alle Szenarien die Kostenentwicklung beeinflusst. Für alle Szenarien erfolgt eine deutliche Ausweitung des Anteiles von Erdgas an der Stromerzeugung. Die Erzeugungsmengen auf Erdgasbasis reichen dabei von 127 TWh in den Szenarien BI und BII, die gänzlich auf Erdgas basieren, bis hin zu 212 und 213 TWh in den Szenarien AI_{adj} und AII_{adj}. Die Erzeugung auf Braunkohlenbasis sinkt drastisch: Während im Referenzszenario noch 155 TWh unterstellt wurden, sinkt diese Menge in den Szenarien AI_{adj} und AII_{adj} auf 23 TWh bzw. 22 TWh.

Entsprechend des höheren Einsatzes von Erdgas mit wesentlich geringeren Emissionswerten wird im Ergebnis in allen vier Szenarien ein Überschuss an Emissionsrechten erzielt. Im Szenario BII erreichen diese mit fast 210 Mio. t CO_2 ihr Maximum.

Gleichwohl bleiben alle vier Szenarien durch die hohen Kosten aufgrund der Einspeisevergütung für die erneuerbaren Energien belastet. Das veränderte Erzeugungsportfolio mit höheren Anteilen von Erdgas und den entsprechend geringeren spezifischen Kosten sowie der Erlös aus dem Verkauf von Emissionsrechten kann allerdings nur in einem der vier Szenarien eine Reduktion der Gesamtkosten bewirken (Abb. 4-35). Diese sinken im Szenario BII um 5 Prozent. Die Gesamtkosten der Szenarien BI und AII_{adj} steigen um 17 bzw. 16 Prozent und bis zu 49 Prozent im Szenario AI_{adj}. Die spezifischen Kosten steigen für alle der betrachteten Szenarien um 16 bis 49 Prozent.

Abbildung 4-35: Relative Kostenveränderungen bei Veränderung Versorgungsfaktor

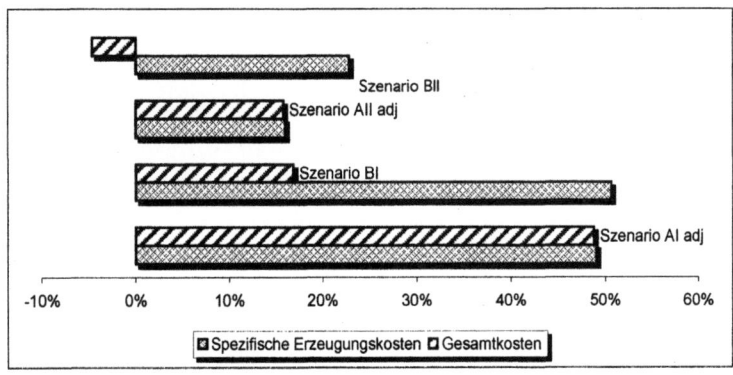

Quelle: Eigene Berechnungen

4.3.6. Bewertung der Szenarien und möglicher Handlungsoptionen

Die Bewertung der Szenarien ist maßgeblich von der Prioritätensetzung hinsichtlich der energiepolitischen Ziele abhängig. Steht die Sicherung der Versorgung mit Primärenergieträgern mit einer Ausweitung der Versorgungsfaktoren im Vordergrund, muss mit erheblichen Kostenerhöhungen gerechnet werden. Hierbei werden sowohl die spezifischen als auch die Gesamtkosten der Elektrizitätserzeugung steigen. Dies ist allerdings in großem Umfang durch die erheblich höheren Einspeisungen von Strom aus erneuerbaren Energien begründet. Wenngleich diese Steigerung der erneuerbaren Energien aus umweltpolitischen Gesichtspunkten zu begrüßen ist, kann diese Kostensteigerung auch nicht durch Modernisierung bzw. Einsparungen im Verbrauch aufgefangen werden.

Wird der Schwerpunkt der Zielsetzung auf die Wettbewerbsfähigkeit durch sinkende Erzeugungskosten gelegt, wird die größtmögliche Erreichung nur bei dem Szenario mit sinkendem Verbrauch und modernisiertem Kraftwerkspark erzielt. Allerdings sinken in diesem Fall nur die Gesamtkosten der Elektrizitätserzeugung. Die spezifischen Kosten steigen für alle Szenarien erheblich. Die aus Erzeugersicht zweidimensionale Zielsetzung durch Kombination von Wettbewerbssicherheit und Versorgungssicherheit kann nur bei deutlicher Reduzierung des Bruttoverbrauches verbunden mit einer umfassenden Erhöhung der Wirkungsgrade der Elektrizitätserzeugung erfüllt werden. Die Szenarien AI_{adj} und AII_{adj} mit nahezu konstantem Bruttoverbrauch werden dem Stabilitätserfordernis in der Stromerzeugung nach heutigen Maßstäben nicht gerecht. Durch politische Richtungssetzung bezüglich des sektorspezifischen Verbrauches können im betrachteten Mittelfristzeitraum die erforderlichen Bedarfswerte deutlich reduziert werden. Hierbei können ähnliche Instrumente wie zur Senkung des Raumwärmebedarfes im Rahmen der Wärmeeinsparverordnung zur Anwendung kommen. Dies kann im Haushaltssektor durch die Vorgabe spezifischer Verbrauchswerte für die Gerätehersteller erfolgen. In Abhängigkeit der Lebensdauer der Haushaltsgeräte ist eine Erneuerung des Gerätebestandes im Betrachtungszeitraum in wesentlichem Umfang wahrscheinlich. Die Reduzierung von Stand-by-Verlusten unterstützt die Verringerung im privaten Sektor. Die Vorgabe von Energieintensitäten für die Industrie wird geringere Durchsetzungschancen aufweisen. Allerdings sind durch Anlagenmodernisierung und Reduktion von Netzverlusten auf Seiten der Elektrizitätsversorgungsunternehmen weitere Einsparpotentiale des Bruttostrombedarfes realisierbar.

4.3.7. Modelllösungen im europäischen Wettbewerbsumfeld

Die Ergebnisse der untersuchten Szenarien, die nur in einem Fall eine relative Kostenstabilität der Gesamtkosten aufweisen, sind hier unter der Fiktion eines abgeschlossenen Marktes zu bewerten. Die Notwendigkeit einer relativen Konstanz der Gesamt- und spezifischen Erzeugungskosten ist vor dem Hintergrund eines europäischen Marktes näher zu beleuchten. Es stellt sich die Frage, ob die Belastungen aus erhöhter Einspeisung von Strom aus erneuerbaren Energien zusätzlich einen komparativen Nachteil für die im internationalen Wettbewerb stehenden Sektoren des Produzierenden Gewerbes darstellen.[195]

Im europäischen Vergleichsmaßstab nimmt Deutschland bei den Industriestrompreisen ohne Berücksichtigung von Umsatz- und anderen Energiesteuern den dritten Platz nach Italien und Irland ein (EU-Kommission, 2005) und liegt damit ca. 50 Prozent über dem EU-Durchschnitt. Das hohe Preisniveau ist auch auf oligopolistisches Bieterverhalten der großen Erzeuger auf dem Großhandelsmarkt für Elektrizität zurückzuführen (Müsgen, 2004). Mit ca. 50 Prozent des durchschnittlichen Preises fallen die Preisbestandteile des Industriestrompreises, die nicht direkt auf der Erzeugungsart basieren (Steuern, Netznutzung, KWK) vergleichsweise hoch aus (IZES, 2003). Ca. 6 Prozent des spezifischen Preises bei Industriestrom basieren laut IZES (2003) auf der Vergütung von regenerativ erzeugtem Strom. Eine – auch wesentliche – Erhöhung des Anteiles von regenerativ erzeugtem Strom verursacht für die betroffenen stromintensiven Unternehmen einen bezogen auf den Gesamtpreis für Industriestrom geringfügigen Kostenimpuls.

Nach Berechnungen des Energiewirtschaftlichen Institutes an der Universität Köln (EWI/ie/RWI, 2004) werden die stromintensiven Branchen durch die Einspeisevergütungen des EEG aufgrund der „Härtefallregelung für stromintensive

---

[195] Dabei spielen nicht nur die Erzeugungskosten der Elektrizitätsunternehmen eine Rolle, sondern auch das Marktverhalten der Anbieter und exogen vorgegebene Preiskomponenten wie Steuern. Mit einer starken Konzentration am Erzeugungsmarkt wird der Stromgroßhandelsmarkt durch strategisches Angebotsverhalten großer Erzeugungsunternehmen beeinflussbar. Dadurch genießen auch kleine Anbieter in Spitzenlastzeiten erhebliche Preissetzungsspielräume (Monopolkommission, 2004).

Unternehmen des produzierenden Gewerbes" nur unterdurchschnittlich belastet und damit weitergehende sektorale Nachteile im internationalen Wettbewerb bei Massenprodukten wie z. B. chemischen Grundstoffen und Aluminium vermieden.[196] Dies gilt jedoch nicht sektorbezogen, sondern differenzierend zwischen den verschiedenen Prozessen und Produkten einer Branche. Nur wenige Produktionsprozesse weisen dagegen die Voraussetzungen für eine Befreiung auf: Insbesondere die Chlorproduktion und Primäraluminiumherstellung überschreiten den vorgegebenen Stromkostenanteil von 20 Prozent (EWI/ie/RWI, 2004). Allerdings wird die Wettbewerbsfähigkeit einzelner Produkte nicht nur von den spezifischen Kostenstrukturen sondern auch von der Preisüberwälzungsmöglichkeit im jeweiligen Marktsegment und der konjunkturellen Entwicklung abhängen. Die stark ansteigende Nachfrage nach NE-Metallen durch die fortschreitende Industrialisierung von großen Schwellenländern wie China und Indien wird z. B. kurz- und mittelfristig die Hausse am Rohstoffmarkt andauern lassen (EUWID, 2005). Die damit verbundenen Preissteigerungen haben trotz der zusätzlichen Belastung durch die Einspeisevergütung zu einer positiven Ertragsentwicklung von Unternehmen der Metallerzeugung geführt (o. V., 2005b, EUWID, 2005). Die Unternehmen der Chemieindustrie verzeichnen ungeachtet der steigenden EEG-Umlagen in 2004 steigende Auslandsumsätze bei Grundchemikalien von 12 Prozent, obgleich die weltweiten Preise einen geringfügigen Rückgang im Vergleich zu 2003 aufweisen (VCI, 2005). In diesem Zusammenhang ist auch die Tendenz energieintensiver Unternehmen zu beobachten, eigene Erzeugungskapazitäten – teilweise auf Biomassebasis – neu und auszubauen, um so Planungssicherheit für den Produktionsprozess zu erreichen (o. V., 2005a; EWI, 2004).

Die Anwendung der Härtefallregelung erfolgt gesamtwirtschaftlich nicht kostenneutral. Die Befreiung einzelner energieintensiver Unternehmen von der Übernahme der Einspeisevergütung führt im Ergebnis zur Überwälzung der Kosten auf Tarifabnehmer des Gewerbes und der Haushalte.[197] Der hier konstatierte Einkommensverlust impliziert negative Nachfrageeffekte in Dienstleistungen und Produkten, die einen vergleichsweise geringen Energieeinsatz erfordern und somit keine Begünstigung in einem der wesentlichen Kostenbestandteile erfahren (EWI/ie/RWI, 2004). In Richtung einer weiter reichenden Definition der Härtefallregelung argumentieren die Industrieverbände. Danach sollten die Schwellen-

---

[196] Diese energieintensiven Betriebe werden innerhalb des EEG begünstigt, indem sie nach Erreichen von Mindeststromverbräuchen von 10 GWh pro Jahr oder Stromkosten in Höhe von 20 Prozent der Bruttowertschöpfung, bei der EEG-Umlage bis auf 0,05 Cent je kWh entlastet werden.

[197] Zudem ist fraglich, ob Industriepolitik ohne Förderung des Wettbewerbes eine robuste Grundlage wirtschaftlicher Entwicklung darstellt. Die Industriepolitik der vergangenen Jahrzehnte war vielmehr durch die Postulierung des Erhaltes bestehender Strukturen und Industrien geprägt, die im politischen Lobbying-Prozess über stärkeren Einfluss verfügen als Unternehmen, die erst in Zukunft wirtschaftliches Wachstum durch Innovationen ankündigen (Monopolkommission, 2004).

werte sowie die Belastungsbegrenzung für die zu befreienden Unternehmen entscheidend gesenkt werden (VCI, 2003).

Neben der Anwendung der Härtefallregelung werden stromintensive Unternehmen im Vergleich zu anderen Verbrauchergruppen zusätzlich bei den auf alle Verbrauchssektoren erhobenen Steuern und Abgaben nachhaltig entlastet. Dies betrifft zum Beispiel die teilweise Befreiung von der Konzessionsabgabe, die Ermäßigung der Stromsteuer und die Deckelung der KWK-Umlage. Mit einem Anteil der Strombezugskosten am Bruttoproduktionswert des Bergbaues und des verarbeitenden Gewerbes durchschnittlich etwa 1,3 Prozent ist zu vermuten, dass auch größere Strompreisdifferenzen, als sie derzeit zwischen Deutschland und anderen Ländern bestehen, die Wettbewerbsfähigkeit der Industrie kaum messbar beeinflussen würden. Bei Unternehmen mit starkem Energieverbrauch kompensierten zudem meist andere Faktoren wie historisch gewachsene Größen- und Verbundvorteile diesen Nachteil.

5. ZUSAMMENFASSUNG UND DISKUSSION DER ERGEBNISSE

In der vorliegenden Arbeit wurde gezeigt, welchen Einfluss die eingeleitete energiepolitische Neuorientierung, unterstützt durch technologische Wachstumsprozesse auf die drei Hauptziele der Energieversorgung – Preiswürdigkeit, Umweltverträglichkeit und Versorgungssicherheit – ausübt. Für die unter Variation der verschiedenen Annahmen erstellten Szenarien wurde deutlich, dass die Elektrizitätsversorgung zukünftig unter den geänderten politischen Rahmenbedingungen Möglichkeiten bietet, klimaverträglich und sicher die Versorgung zu gewährleisten. Allerdings ist für alle Szenarien ein teilweise deutliches Ansteigen der spezifischen Erzeugungskosten ermittelt worden. Eine Stabilisierung bzw. Senkung der Gesamtkosten der Erzeugung konnte nur in dem Szenario errechnet werden, das eine deutliche Senkung des Gesamtverbrauches und eine umfassende Modernisierung des Kraftwerksparkes voraussetzt. Erforderlich für die Umsetzung dieses Szenarios ist allerdings die Bereitschaft zur strategischen Neukonzeption, die auf graduelle Anpassungen des derzeitigen Erzeugungsmixes verzichtet. Unter Einhaltung von Emissionsgrenzen kann dazu ein Wandel hin zum kohlenstoffärmeren Erdgas als auch der verstärkte Ausbau der erneuerbaren Energien dienen. Aus Rohstoffsicht ist die Neuausrichtung durch eine Verknappung nicht gefährdet.

Die vorliegende Analyse versucht, mögliche Szenarien einer mittelfristigen Elektrizitätserzeugung zu modellieren. Sie stellt keine Prognose der wahrscheinlichen Entwicklung auf dem Erzeugungsmarkt dar, sondern zeigt auf, ob und unter welchen Bedingungen die drei Hauptziele der Elektrizitätserzeugung erreicht werden könnten. Im Gegensatz dazu geben Zielszenarien bestimmte Ziele vor (z. B. Reduktionsziele) und untersuchen, welche Maßnahmen zur Erreichung des vorgegebenen Zieles erforderlich sind. Neuere Untersuchungen beziehen sich im Wesentlichen stets auf zwei Ziele: Klimaverträglichkeit und Kostenstabilität. Einen Anstieg der Erzeugungskosten durch die erhöhte Einspeisung von Strom aus erneuerbaren Energien und damit die Verringerung der Basis für wettbewerblich gehandelten Strom weisen EWI/ie/RWI (2004) aus. Dies ist neben der Einführung des CO_2-Zertifikatehandels auf den Übergang von einem Erzeugungsmarkt mit Überkapazitäten zu einem modernisierten Kraftwerkspark, der seine Vollkosten decken muss, zurückzuführen. Eine Erschwerung des Ausgleiches der Ziele Wirtschaftlichkeit, Sicherheit und Umweltverträglichkeit in der Stromerzeugung wird auch von EWI/Prognos (2005) prognostiziert. Dort wird mit einer Verdopplung der Strompreise auf Großhandelsebene zwischen den Jahren 2000 und 2010 gerechnet. Die Erfüllung der Kyoto-Verpflichtung zur Senkung der Treibhausgasemissionen wird danach eingehalten. Beide Studien nehmen keinen Bezug auf die Frage der Eigendeckung an Primärenergieträgern für die Stromerzeugung. Dieser Aspekt wird zusätzlich von der Szenarienstudie 5 der Enquete-Kommission (2002) beleuchtet, bezieht sich hier aber nur auf die Energieimportabhängigkeit. Der verstärkte Ausbau der erneuerbaren Energien führt bei dem dargestellten Szenario

REG/REN-Offensive zu mittelfristiger Senkung der Importabhängigkeit und gleichzeitiger Erhöhung der Mehrkosten ab 2020 gegenüber dem Bezugsjahr 1998. DLR/ifeu/WI (2004) wiederum koppeln die Entwicklung der erneuerbaren Energien mit deren Kompatibilität an Naturschutzanforderungen und sonstige ökologische Aspekte. Der Schwerpunkt der Studien liegt überwiegend auf der Verringerung der Treibhausgasemissionen.

Den aufgeführten Untersuchungen liegen jedoch unterschiedliche Methoden und Annahmen zugrunde. Einfache Vergleiche der Ergebnisse sind daher nicht aussagekräftig und können zu falschen Schlussfolgerungen führen. Insbesondere die politischen Rahmenbedingungen wie z. B. das Fortbestehen des EEG als Annahme für die vorgelegten Analysen sind mit Unsicherheiten behaftet. Die Modellergebnisse können damit nur Handlungsoptionen und Handlungsspielräume aufzeigen und mögliche Entwicklungspfade identifizieren.

Literaturverzeichnis

- *Adelman*, M. A., 1990, Mineral depletion, with special reference to petroleum, in: Review of Economics and Statistics 72, S. 217-240.
- *Adelman*, M. A., *De Silva*, H. und M. F. *Koehn*, 1991, User cost in oil production, in: Resources and Energy 13, S. 1-10.
- *AG Energiebilanzen*, 2001-2005, Diverse Veröffentlichungen zu Energiegewinnung und -verbrauch in Deutschland, <http://www.ag-energiebilanzen.de>.
- *Altner*, G., *Dürr*, H. P., *Michelsen*, G. und J. *Nitsch*, 1995, Zukünftige Energiepolitik – Vorrang für rationelle Energienutzung und regenerative Quellen, Economica-Verlag, Bonn.
- *Amtmann*, T., 1990, Interkommunale Differenzierung des Konzessionsabgabenaufkommens, Duncker & Humblot, Berlin.
- *Amtmann*, T. und M. *Pfaff*, 1989, Die Konzessionsabgabe in den Bereichen Energie- und Wasserversorgung sowie öffentlicher Personennahverkehr – Analyse und Bewertung aus volkswirtschaftlicher Sicht, Schriftenreihe der Hans-Böckler-Stiftung, Düsseldorf.
- *Arbeitsgemeinschaft DLR/ifeu/WI* (Deutsches Zentrum für Luft und Raumfahrt, Institut für Energie- und Umweltforschung, Wuppertal Institut für Klima, Umwelt und Energie), 2004, Ökologisch optimierter Ausbau der Nutzung erneuerbarer Energien in Deutschland, Forschungsvorhaben im Auftrag des BMU, FKZ 901 41 803, Stuttgart, Heidelberg, Wuppertal.
- *Arrow*, K., *Bolin*, B., *Costanza*, R., *Dasgupta*, P., *Folke*, C., *Holling*, C. S., *Jannson*, B-O., *Levin*, S., *Mäler*, K-G., *Perrings*, C. A. und D. *Pimentel*, 1995, Economic growth, carrying capacity, and the environment, in: Science 268, S. 520-521.
- *Auer*, J., 1998, Energiewirtschaft im Umbruch. Auswirkungen der Liberalisierung auf Produktion, Verteilungsstrukturen und kommunale Versorger, Branchenberichte Deutsche Bank Research, Frankfurt am Main.
- *Azar*, C., 1998, Are Optimal CO_2 Emissions Really Optimal?, in: Environmental and Resource Economics 11 (3-4), S. 301-315.
- *Bakalis*, S., *Abeln*, M. und E. *Mante-Meijer*, 1997, The adoption and use of mobile telephony in Europe, in: Haddon, L. (Hrsg.), Communication on the Move: The Experience of Mobile Telephony in the 1990s, COST248 Report, S. 1-10.
- *Bamberg*, G. und F. *Baur*, 1993, Statistik, R. Oldenbourg Verlag, München, Wien.
- *Barker*, J., *Tenebaum*, B. und F. *Woolf*, 1997, Governance and Regulation of Power Pools and System Operators, World Bank Technical Paper No. 382, Weltbank, Washington D. C.
- *Bass*, F., 1969, A New Product Growth Model for Consumer Durables, in: Management Science 15, S. 215-227
- *Bauermeister*, U., 1984, Ökonomische und administrative Probleme der kommunalen Konzessionsabgabe, Peter Lang Verlag, Frankfurt am Main et al.
- *Baur*, J., 1989, Neue Strukturen in der Energieversorgung, Eine internationale Bestandsaufnahme, Veröffentlichungen des Instituts für Energierecht an der Universität zu Köln Bd. 59, Nomos Verlagsgesellschaft, Baden-Baden.
- *Begg*, K. G., *Jackson*, T. und S. *Parkinson*, 2001, Beyond Joint Implementation – designing flexibilty into global climate policy, in: Energy Policy 29, S. 17-27.
- *Bergman*, L., 1988, Energy Policy Modeling: A Survey of General Equilibrium Approaches, in: Journal of Policy Modeling 10, S. 377-399.
- *Bergman*, L., 1991, General Equilibrium Effects of Environmental Policy: A CGE-modeling Approach, in: Environmental and Resource Economics 1, S. 43-61.
- *Bernardini*, O. und R. *Galli*, 1993, Dematerialization: long term trends in the intensity of use of materials and energy, in: Futures 25, S. 431-448.

- *Bernstein*, P. M., *Montgomery*, W. D., *Rutherford*, T. F. und G. *Yang*, 1999, Effects of Restrictions on International Permit Trading: The MS-MRT Model, in: The Energy Journal, Kyoto Special Issue, S. 221-256.
- *Bertram*, G., 1992, Tradable Emission Permits and the Control of Greenhouse Gases, in: Journal of Development Studies 28, S. 423-446.
- *Beukert*, L., 2002, Bundesamt prüft Zulassung für Windparks auf hoher See, in: Handelsblatt vom 10./11.5.2002.
- *BGR*, 1999, Reserven, Ressourcen und Verfügbarkeit von Energierohstoffen, Bundesanstalt für Geowissenschaften und Rohstoffe (Hrsg.), Bundesministerium für Wirtschaft und Technologie-Dokumentation Nr. 465, Berlin.
- *BGR*, 2003, Reserven, Ressourcen und Verfügbarkeit von Rohstoffen 2002, Schweizerbart, Stuttgart.
- *Biesiot*, W. und K. J. *Noorman*, 1999, Energy requirements of household consumption: a case study of The Netherlands, in: Ecological Economics 28, S. 367-383.
- *Bigano*, A., *Proost*, S. und J. van *Rompuy*, 2000, Alternative Environmental Regulation Schemes for the Belgian Power Generation Sector, in: Environmental and Resource Economics 16, S. 121-160.
- *Birol*, F. und J. H. *Keppler*, 2000, Prices, technology development and the rebound effect, in: Energy Policy 28, S. 457-469.
- *Bjørner*, T. B. und H. H. *Jensen*, 2002, Interfuel substitution within Industrial Companies: An Analysis based on Panel Data at Company Level, in: The Energy Journal 23, S. 27-50.
- *Blum*, W., 1999, Sonnenkraft auf Kreta, in: Die Zeit Nr. 7 v. 11 Februar 1999, S. 33.
- *BMU* (Bundesministerium für Umwelt, Naturschutz und Reaktorsicherheit), 1999, Klimaschutz durch Nutzung erneuerbarer Energien, Studie im Auftrag des Bundesministerium für Umwelt, Naturschutz und Reaktorsicherheit und des Bundesumweltamtes, UFOPLAN-Vorhaben 29897340, Bonn, Münster, Stuttgart, Wuppertal.
- *BMU*, 2000, 5. Bericht der Interministeriellen Arbeitsgruppe „CO_2-Reduktion". Nationales Klimaschutzprogramm, Sonderteil, Umwelt NR. 11/2000, Bundesministerium für Umwelt, Naturschutz und Reaktorsicherheit, Bonn.
- *BMU*, 2000, Klimaschutzprogramm der Bundesrepublik Deutschland, <http://www.bmu.de/erneuerbare-energien>, 23.11.2000.
- *BMU*, 2001, Windenergienutzung auf See, Positionspapier des BMU zur Windenergienutzung im Offshore-Bereich, <http://www.bmu.de/erneuerbare-energien>, 23.01.2002.
- *BMU*, 2002, Erneuerbare Energien und Nachhaltige Entwicklung, Berlin.
- *BMU*, 2003, Überblick zur Wasserkraftnutzung in Deutschland, <http://www.erneuerbare-energien.de/inhalt/4644/>.
- *BMU*, 2003, Entwicklung der erneuerbaren Energien, <http://www.erneuerbare-energien.de>, 1.3.2005.
- *BMU/UBA*, 2002, Nachhaltige Entwicklung in Deutschland – die Zukunft dauerhaft umweltgerecht gestalten, Erich Schmidt Verlag, Berlin.
- *BMWi* (Bundesministerium für Wirtschaft und Technologie), 1994, Energieeinsparung und erneuerbare Energien, Bundesministerium für Wirtschaft und Technologie-Dokumentation Nr. 361, Bonn.
- *BMWi*, 1999a, Kohlekraftwerke der Zukunft: sauber und wirtschaftlich, Bundesministerium für Wirtschaft und Technologie-Dokumentation Nr. 471, Berlin.
- *BMWi*, 1999b, EnergieDaten 1999, Nationale und internationale Entwicklung, Bundesministerium für Wirtschaft und Technologie, Berlin.
- *BMWi*, 2000, EnergieDaten 2000, Nationale und internationale Entwicklung, Bundesministerium für Wirtschaft und Technologie, Berlin.
- *BMWi*, 2001, Nachhaltige Energiepolitik für eine zukunftsfähige Energieversorgung, Energiereport des Bundesministeriums für Wirtschaft und Technologie, Berlin.

- *BMWA* (Bundesministerium für Wirtschaft und Arbeit), 2004, Energiedaten 2004, Berlin.
- *BMWA*, 2005, Energiepolitik im Spannungsfeld zwischen europäischen Vorgaben, nationalen Interessen und umweltpolitischen Ansprüchen, Rede des Bundesministers für Wirtschaft und Arbeit Wolfgang Clement anlässlich der 12. Handelsblatt-Jahrestagung, 18. Januar 2005, Berlin.
- *Böhringer*, C. und T. F. *Rutherford*, 1997, Carbon Taxes with Exemptions in an Open Economy – A General Equilibrium Analysis of the German Tax Initiative, in: Journal of Environmental Economics and Management 32, S. 189-203.
- *Böhringer*, C. und H. *Welsch*, 1999, C&C – Contraction and Convergence of Carbon Emissions: The Economic Implications of Permit Trading, Discussion Paper No. V-215-01, Carl-von-Ossietzky-Universität Oldenburg, Oldenburg.
- *Böhringer*, C., 2000, Cooling Down Hot Air - A Global CGE Analysis of Post-Kyoto Carbon Abatement Strategies, in: Energy Policy 28, S. 779-789.
- *Böhringer*, C., 2002, Climate Politics from Kyoto to Bonn: From Little to Nothing?, in: The Energy Journal 23, S. 51-71.
- *Börner*, B. (Hrsg.), 1987, Das Energiewirtschaftsgesetz im Wandel von fünf Jahrzehnten, Veröffentlichungen des Instituts für Energierecht an der Universität zu Köln Bd. 57, Nomos Verlagsgesellschaft, Baden-Baden.
- *Börsch-Supan*, A., 2004, Gesamtwirtschaftliche Folgen des demographischen Wandels, Diskussionspapier des Mannheimer Forschungsinstituts Ökonomie und Demographischer Wandel, Nr. 51-2004.
- *Bohi*, D. R. und M. A. *Toman*, 1986, International Cooperation for Energy Security, in: Ann. Rev. Energy 11, S. 187-207.
- *Bohm*, P., 1994, On the Feasibility of Joint Implementation of Carbon Emissions Reductions, in: Amano, A., Fisher, B., Kuroda, M., Morita, T., Nishioka, S. (Hrsg.), Climate Change: Policy Instruments and Their Implications. Proceedings of the Tsukuba Workshop of IPCC Working Group III, S. 181-198.
- *Bohm*, P. und B. *Larsen*, 1994, Fairness in a Tradable Permit Treaty for Carbon Emissions Reductions in Europe and the former Soviet Union, in: Environmental and Resource Economics 4, S. 219-239.
- *Boots*, M., 2003, Green certificates and carbon trading in the Netherlands, in: Energy Policy 31, S. 43-50.
- *Bosseboeuf*, D., *Chateau*, B. und B. *Lapillonne*, 1997, Cross-country comparison on energy efficiency indicators: The on-going European effort towards a common methodology, in: Energy Policy 25, S. 673-682.
- *Bovenberg*, A. L. und S. *Smulders*, 1995, Environmental Quality and Pollution-Augmenting Technological Change in a Two-Sector Endogenous Growth Model, in: Journal of Public Economics 57, S. 369-391.
- *BP*, 2000, Statistical Review of World Energy 1999, The British Petroleum company, <http://www.bp.com>, 23.10.2000.
- *Bräuer*, W., *Stronzik*, M. und A. *Michaelowa*, 2000, Die Koexistenz von Zertifikatemärkten für grünen Strom und CO_2-Emissionen – wer gewinnt und wer verliert?, HWWA Discussion Paper Nr. 96, Hamburg.
- *Bräuer*, W., 2004, mündliche Aussage in Zusammenhang der Erstellung eines Gutachtens für die EnBW Energie Baden-Württemberg AG, Stuttgart.
- *Branch*, E. R., 1993, Short Run Income Elasticity of Demand for Residential Electricity Using Consumer Expenditure Survey Data, in: Energy Journal 14, S. 111-121.
- *Brandt*, U. S. und G. T. *Svendsen*, 2002, Hot air in Kyoto, cold air in The Hague – the failure of global climate negotiations, in: Energy Policy 30, S. 1191-1199.
- *Brüggmann*, M., 2002, Russland will Gaskartell bilden, in: Handelsblatt vom 24.1.2002.

- *BSi* (Bundesverband Solarindustrie e.V.), 2005, Bsi-Statistik Photovoltaik 1990-2004, <http://www.bsi-solar.de/marktdaten.asp>, 17.05.2005.
- *Bundesregierung*, 2000, Vereinbarung zwischen der Regierung der Bundesrepublik Deutschland und der deutschen Wirtschaft zur Klimavorsorge, vom 9.11.2000, <http://www.bundesregierung.de/dokumente/Artikel/ix_23637.htm>.
- *Bundesregierung*, 2001, Vereinbarung zwischen der Regierung der Bundesrepublik Deutschland und der deutschen Wirtschaft zur Minderung der CO_2-Emissionen und der Förderung der Kraft-Wärme-Kopplung in Ergänzung zur Klimavereinbarung vom 9.11.2000, <http://www.strom.de/ wysstr/ stromwys.nsf/files/vereinba26-6.pdf/$FILE/vereinba26-6.pdf>, 25.06.2001.
- *Bundesregierung*, 2003a, Bericht der Bundesregierung über die Entwicklung der Finanzhilfen des Bundes und der Steuervergünstigungen gemäß § 12 des Gesetztes zur Förderung der Stabilität und des Wachstums der Wirtschaft (StWG) vom 8. Juni 1967 für die Jahre 2001 bis 2004 (19. Subventionsbericht), Bundestagsdrucksache 15/1635 vom 1.10.2003.
- *Bundesregierung*, 2003b, Entscheidung der Bundesregierung zur Förderung des Steinkohlenbergbaus von 2006-2012 vom 10. November 2003, <http://www.bmwa.bund.de/Navigation/Technologie-und-Energie/Energiepolitik/ kohlepolitik.html>.
- *Bundesumweltamt*, 2000, Leerlaufverluste – Stromverluste, <http://www.umweltbundesamt.de/uba-info-daten/daten/leerlauf.htm>, 17.06.2000.
- *Bundesumweltamt*, 2001, Daten zur Umwelt 2001, <http://www.bmu.org/dzu>, 28.03.2001.
- *Bundesverfassungsgericht*, 1978, Verfassungsmäßigkeit von AtG § 7, BVerfGE 49, S. 89-147.
- *BWE*, 2005, Datenblatt Windenergie in Deutschland, <http://www.wind-energie.de>.
- *Chang*, H. S. und Y. *Hsing*, 1991, The Demand for Residential Electricity: New Evidence on Time-Varying Elasticities, in: Applied Economics 23, S. 1251-1256.
- *Chao*, H. und S. *Peck*, 2000, Greenhouse gas abatement: How much? and Who pays?, in: Resource and Energy Economics 22, S. 1-20.
- *Cleveland*, C. J. und R. K. *Kaufmann*, 1991, Forecasting Ultimate Oil Recovery and Its Rates of Production: Incorporating Economic Forces into the Models of M. King Hubbert, in: The Energy Journal 12, S. 17-46.
- *Cleveland*, C. J. and D. J. *Stern*, 1993, Productive and exchange scarcity: an empirical analysis of the US forest products industry, in: Canadian Journal of Forest Research 23, S. 1537-1549.
- *Colglazier*, E. W. und D. *Deese*, 1983, Energy and Security in the 1980s, in: Ann. Rev. Energy 24, S. 1051-1059.
- *Conrad*, K., 2001, Voluntary Environmental Agreements vs. Emission Taxes in Strategic Trade Models, in: Environmental and Resource Economics 19, S. 361-381.
- *Conrad*, K. und M. *Schröder*, 1991, The Control of CO_2 Emissions and its Economic Impact: An AGE Model for a German State, in: Environmental and Resource Economics 1, S. 289-312.
- *Conrad*, K. und M. *Schröder*, 1993, Choosing environmental Policy Instruments Using General Equilibrium Models, in: Journal of Policy Modeling 15, S. 521-543.
- *CRIEPI/EWI*, 1995, Deregulation of the Electricity Supply Industry – International Status of Deregulatory Reforms, Köln, Tokio.
- *CRIEPI/EWI*, 1998, Liberalization of the Electricity Supply Industry and Security of Supply, Köln, Tokio.
- *Criqui*, P., *Avdulaj-Mima*, S. und D. *Finon*, World Energy Scenarios, in: Institut d' Economie et de Politique de l'Energie (IEPE): The Shared Analysis Project – Economic Foundations for Energy Policy, Vol. 2, Grenoble.
- *Dasgupta*, P. S. und G. M. *Heal*, 1974, The Optimal Depletion of Exhaustible Resources, in: The Review of Economic Studies, Symposium on the Economics of Exhaustible Resources, S. 3-28.

- *Davies*, S. W., 1979, Inter-firm diffusion of process innovations, European Economic Review 12, S. 299-317.
- *Dellink*, R. B., *Bennis*, M. und H. *Verbruggen*, 1999, Sustainable Economic Structures, in: Ecological Economics 29, S. 141-154.
- *Deutsche Bundesbank*, 2004, Demographische Belastungen für Wachstum und Wohlstand in Deutschland, in: Monatsbericht Dezember, S. 15-30.
- *Deutsche Bank Research*, 1998, Energiewirtschaft im Umbruch, Frankfurt.
- *Deutsche Bank Research*, 2003, Deutsches Wachstumspotenzial: Vor demografischer Herausforderung, in: Aktuelle Themen Nr. 277, o. Ortsangabe.
- *Devarajan*, S. und A. C. *Fisher*, 1981, Hotelling's economics of exhaustible resources fifty years later, in: Journal of Economic Literature 19, S. 65-73.
- *DFS*, 2003, DFS-Statistik Photovoltaik 1990-2003, Deutscher Fachverband Solarenergie e. V., <http://www.dfs.solarfirmen.de>, 14.01.2004.
- *DGS*, 2001, PV-Anlagen, Deutsche Gesellschaft für Sonnenenergie e. V. <http://www.dgs-solar.org>, 15.08.2001.
- *Dinica*, V. und M. J. *Arentsen*, 2003, Green certificate trading in the Netherlands in the prospect of the European electricity market, in: Energy Policy 31, S. 609-620.
- *DIW*, 1995, IKARUS (Instrumente für Klimagasreduktionsstrategien), Abschlußbericht, Teilprojekt 3: Primärenergie, Fossile Energieträger und erneuerbare Energiequellen, Berlin.
- *DIW/ISI*, 1997, Energie-Effizienz-Indikatoren: Statistische Grundlagen, theoretische Fundierung und Orientierungsbasis für die politische Praxis, Forschungsvorhaben des BMWi Nr. 23/97, Bonn.
- *DIW*, 2004, Die Lage der Weltwirtschaft und der deutschen Wirtschaft im Herbst 2004, Beurteilung der Wirtschaftslage durch die Mitglieder der Arbeitsgemeinschaft deutscher wirtschaftswissenschaftlicher Forschungsinstitute e. V., Wochenbericht 43/2004, S. 629-682.
- *DIW*, 2005, Grundlinien der wirtschaftlichen Entwicklung 2005/2006, Wochenbericht 1-2/2005, S. 1-39.
- *DLR/ifeu/WI* (Deutsches Zentrum für Luft- und Raumfahrt, Institut für Energie- und Umweltforschung, Wuppertal Institut), 2004, Ökologisch optimierter Ausbau der Nutzung erneuerbarer Energien, Studie im Auftrag des BMU, Stuttgart.
- *Dohmen*, C. und R. *Lansch*, 2002, Industrie drängt auf Terrordeckung, in: Handelsblatt vom 20.2.2002.
- *Donnerbauer*, R., 2003, Bei erneuerbaren Energien droht starker Gegenwind, in: Handelsblatt vom 2.04.2003.
- *Drillisch*, J. und C. *Riechmann*, 1998, Liberalisation of the Electricity Supply Industry – Evaluation of Reform Policies, EWI-Working Paper 98/5, Köln/Tokyo.
- *DSK* (Deutsche Steinkohle AG), Keine Versorgungssicherheit durch Importkohle allein, <http://www.steinkohle-portal.de/content.php?id=230&lang =de&sq1= Versorgungssicherheit&sq2=sq3=>, 15.05.2005.
- *Durstewitz*, M., *Hoppe-Kilpper*, M., *Schmid*, J., *Stump*, N. und R. *Windheim*, 1999, Experiences with 3.000 MW Wind Power in Germany, <http://www.iset.uni-kassel.de:888>, 23.09.1999.
- *DVG*, 2000, Deutsche Verbund-Gesellschaft, <http://www.dvg-heidelberg.de>, 01.03.2000.
- *Edler*, D., 1990, Ein dynamisches Input-Output-Modell zur Abschätzung der Auswirkungen ausgewählter neuer Technologien auf die Beschäftigung in der Bundesrepublik Deutschland, Duncker & Humblot, Berlin.
- *EIA* (Energy Information Administration), 1997, World Energy Projection System – Model Documentation, DOE/EIA-M050(97), U.S.-Department of Energy, Washington D.C.
- *EIA*, 2002, International Energy Outlook 2002, DOE/EIA-0484(2002), U.S.-Department of Energy, Washington D.C.
- *EIA*, 2004, International Energy Outlook 2004, DOE/EIA-0484(2004), U.S.-Department of Energy, Washington D.C.

- *EIA*, 2005, Annual Energy Outlook 2005 with Projections to 2025, DOE/EIA-0383 (2005), U.S.-Department of Energy, Washington D.C.
- *Eichhammer*, W. und W. *Mannsbart*, 1997, Industrial energy efficiency: Indicators for a European cross-country comparison of energy efficiency in the manufacturing industry, in: Energy Policy 25, S. 759-772.
- *Ekins*, P., 1999, European environmental taxes and charges: recent experience, issues and trends, in: Ecological Economics 31, S. 39-62.
- *Ekins*, P. und S. *Speck*, 1999, Competitiveness and Exemptions From Environmental Taxes in Europe, in: Environmental and Resource Economics 13, S. 369-396.
- *Ellis*, A., *Bowitz*, E. und K. *Roland*, 2000, Structural change in Europe's gas markets: three scenarios for the development of the European gas market to 2020, in: Energy Policy 28, S. 297-309.
- *Endres*, A. und I. *Querner*, 1993, Die Ökonomie natürlicher Ressourcen, Kohlhammer, Darmstadt.
- *Enquete-Kommission des 11. Deutschen Bundestages*, 1990,Vorsorge zum Schutz der Erdatmosphäre, Bonn.
- *Enquete-Kommission*, 2002, Szenariostudie 5 des Wuppertal Institut, Endbericht, Enquete-Kommission „Nachhaltige Energieversorgung unter den Bedingungen der Globalisierung und der Liberalisierung" des Deutschen Bundestages, <http://www.bundestag. de/parlament/kommissionen/archiv/ener/ener_studien5.pdf>.
- *Enzensberger*, N., *Wietschel*, M. und O. *Rentz*, 2001, Konkretisierung des Leitbildes einer nachhaltigen Entwicklung für den Energieversorgungssektor, in: Zeitschrift für Energiewirtschaft 25, S. 125-136.
- *Erdmann*, G., 1992, Energieökonomik – Theorie und Anwendungen, Verlag der Fachvereine, Teubner, Stuttgart.
- *Erdmann*, G., 1995, Energieökonomik, Hochschulverlag vdf, Zürich.
- *EU-Kommission* (Generaldirektion Energie) (Hrsg.), 1996a, Die Energie in Europa bis zum Jahre 2020: Ein Szenarien-Ansatz. Brüssel.
- *EU-Kommission* (Generaldirektion Energie) (Hrsg.), 1996b, Die Energie in Europa bis zum Jahre 2020: Ein Szenarien-Ansatz. Zusammenfassung. Brüssel.
- *EU-Kommission*, 1997, Energie für die Zukunft: Erneuerbare Energieträger, Weißbuch für eine Gemeinschaftsstrategie und Aktionsplan, KOM (97) 599 endg., Brüssel.
- *EU-Kommission*, 1999, Economic Foundations for Energy Policy, The Shared Analysis Project, Luxembourg.
- *EU-Kommission*, 2000a, Grünbuch zum Handel mit Treibhausgasemissionen in der Europäischen Union, KOM (2000) 87 endgültig, Brüssel, 8.3.2000.
- *EU-Kommission*, 2000b, Grünbuch: Hin zu einer europäischen Strategie für Energieversorgungssicherheit, KOM (2000) 769 endgültig, Brüssel, 29.11.2000.
- *EU-Kommission*, 2001, Proposal for a Directive of the European Parliament and of the Council establishing a scheme for greenhouse gas emission allowance trading within the Community and amending Council Directive 96/61/EC, COM(2001) 581 final, Brüssel, 23.10.2001.
- *EU-Kommission*, 2002, Mitteilung der Kommission an den Rat und das Europäische Parlament – Abschlussbericht über das Grünbuch "Hin zu einer europäischen Strategie für Energieversorgungssicherheit", KOM(2002) 321 endgültig, Brüssel, 26.6.2002.
- *EU-Kommission*, 2003a, European Energy and Transport – Trends to 2030, http://europa.eu.int/comm/dgs/energy_transport/figures/trends_2030/index_en.htm, 21.05.2005.
- *EU-Kommission*, 2003b, World energy, technology and climate policy outlook 2030 – WETO –, EUR 20366, Brüssel. http://europa.eu.int/comm/dgs/ energy_transport/ figures/trends_2030/index_en.htm, 21.05.2005.

- ∞ *EU-Kommission*, 2005, Technical Annexes to the Report from the Commission on the Implementation of the Gas and Electricity Internal Market, COM (2004) 863 final, Brüssel, 5.1.2005.
- ∞ *EUWID*, 2002, Über 24 Mio. Tonnen Nebenprodukte in deutschen Kohlekraftwerken, EUWID 41, S. 3.
- ∞ *EUWID*, 2005, Unternehmensnachrichten ThyssenKrupp und Arcelor, EUWID 8, S. 10.
- ∞ *Evers*, H.-J., 1983, Das Recht der Energieversorgung, Nomos Verlagsgesellschaft, Baden-Baden.
- ∞ *EWI, IE, RWI*, 2004, Gesamtwirtschaftliche, sektorale und ökologische Auswirkungen des Erneuerbare Energien Gesetzes (EEG), Gutachten im Auftrag des Bundesministeriums für Wirtschaft und Arbeit, Köln, Leipzig, Essen.
- ∞ *EWI/Prognos*, 2005, Energiereport IV, Die Entwicklung der Energiemärkte bis zum Jahr 2030, Kurzfassung, Untersuchung im Auftrag des BMWA, Berlin.
- ∞ *Fachverband Energie-Marketing und –Anwendung e. V.*, 2004, Stromerzeugung in Mio. KWh, <http://www.hea.de>, 12.2.2004.
- ∞ *Fankhauser*, S., *Tol*, R. S. J. und D. W. *Pearce*, 1997, The Aggregation of Climate Change Damages: A Welfare Theoretic Approach, in: Environmental and Resource Economics 10, S. 249-266.
- ∞ *Fankhauser*, S., *Smith*, J. B. und R. S. J. *Tol*,, 1999, Weathering climate change: some simple rules to guide adaption decisions, in: Ecological Economics 30, S. 67-78.
- ∞ *Favero*, C., 1992, Taxation and the Optimisation of Oil Exploration and Production: The UK Continental Shelf, in: Oxford Economic Papers 44, S. 187-208.
- ∞ *Felder*, S. und R. *Schleininger*, 2002, Environmental tax reform: efficiency and political feasibility, in: Ecological Economics 42, S. 107-116.
- ∞ *Fishelson*, G., 1993, Backstop technology for an exhaustible resource: A fresh look at an old problem, in: Resource and Energy Economics 15, S. 387-396.
- ∞ *Fisher*, J. C. und R. H. *Pry*, 1971, A simple Substitution Model of Technological Change, in: Technological Forecasting and Social Change 3, S. 75-88.
- ∞ *Flauger*, J., 2003, Erdgas baut Marktanteil weiter aus, in: Handelsblatt vom 4.06.2003.
- ∞ *Flauger*, J., *Wiede*, T. und H. J. *Schürmann*, 2003, RAG muß Hälfte der Zechen schließen, in: Handelsblatt vom 17.07.2003.
- ∞ *Franken*, M., 2000, Nach zwei Jahrzehnten Laufzeit beginnen die teuren Reparaturen – Wenn Atommeiler in die Jahre kommen, in: Handelsblatt vom 26.01.2000.
- ∞ *Fredriksson*, P. G., 1997, Environmental policy choice: Pollution abatement subsidies, in: Resource and Energy Economics 20, S. 51-63.
- ∞ *Freeman*, S. L., *Neifer*, M. J. und J. M. *Roop*, 1997, Measuring industrial energy intensity: practical issues and problems, in: Energy Policy 25, S. 703-714.
- ∞ *Fried*, J., 2001, Wetten aufs Wetter verringern Risiken, in: Financial Times Deutschland vom 16.05.2001.
- ∞ *Fritsche*, U. R., 2003, Energiebilanzen und Treibhausgasemissionen für fossile Brennstoffketten und Stromerzeugungsprozesse in Deutschland für die Jahre 2000 und 2020 – Bericht für den Rat für Nachhaltige Entwicklung, Öko-Institut e. V., Darmstadt.
- ∞ *Fujii*, Y., 1990, An assessment of the responsibility for the increase in the CO_2 concentrations and intergeneration carbon accounts, International Institut of Applied Systems Analysis (IIASA), Laxenburg.
- ∞ *Gack*, T., 2005, Elektrogeräte sollen weniger Strom verbrauchen, in: Der Tagesspiegel vom 15.04.2005.
- ∞ *Gaskins*, D. W. Jr. and J. P. *Weyant*, 1993, Tentative Conclusions from Energy Modeling Forum Study Number 12 on Controlling Greenhouse Gas Emissions, in: Kaya, Y. Nakicenovic, N., Nordhaus, W. D. und F. L. Toth (Hrsg.), Costs, Impacts and Benefits of CO_2 Mitigation, IIASA, Laxenburg.

- *Gately,* D. und H. G. *Huntington,* 2002, The Asymmetric Effects of Changes in Price and Income on Energy and Oil Demand, in: The Energy Journal 23, S. 19-55.
- *Gaudet,* G. und P. *Howitt,* 1989, A note on uncertainty and the Hotelling rule, in: Journal of Environmental Economics and Management 16, S. 80-86.
- *Geroski,* P. A., 2000, Models of Technology Diffusion, in: Research Policy 29, S. 603-625.
- *Gesetz für den Vorrang Erneuerbarer Energien* (Erneuerbare-Energien-Gesetz-EEG) sowie zur Änderung des Energiewirtschaftsgesetzes und des Mineralölsteuergesetzes. vom 29. März 2000, Bundesgesetzblatt Jahrgang 2000 Teil I Nr. 13, Bonn 31.3.2000.
- *Gesetz zur Neuregelung des Energiewirtschaftsrechts,* Bundesrat Drucksache vom 28.11.97.
- *Giesecke,* J. und E. *Mosonyi,* 1997, Wasserkraftanlagen: Planung, Bau und Betrieb, Springer, Berlin.
- *Gilbert,* R. J., 1979, Optimal depletion of an uncertain stock, in: Review of Economic Studies 46, S. 47-57.
- *Gille,* B., 1986, The History of Techniques, Vol. 1, Techniques and Civilization, Gordon and Breach, Cooper Station, New York.
- *Global Commons Institute,* 1996, Draft Proposal for a Climate Change Protocol based on Contraction and Convergence, <http://www.gci.org.uk/contconv/ protweb.html>, vom 9.10.2002.
- *Goffart,* D., 2001, Wirtschaft droht Gesetz statt Klima-Selbstverpflichtung, in: Handelsblatt vom 28.11.2001.
- *Goffart,* D., *Scheerer,* M. und P. *Heinacher,* 2001, Monti zwingt Eichel zur Reform der Ökosteuer, in: Handelsblatt vom 28.11.2001.
- *Golder,* P. N. und G. J. *Tellis,* 1997, Will It Ever Fly? Modeling the Takeoff of Really new Consumer Durables, in: Marketing Science 16, S. 256-270.
- *Gordon,* R. L., 1967, A Reinterpretation of the pure Theory of Exhaustion, in: Journal of Political Economy 75, S. 274-286.
- *Goulder,* L. H. und S. H. *Schneider,* 1999, Induced technological change and the attractiveness of CO_2 abatement policies, in: Resource and Energy Economics 21, S. 211-253.
- *Grilich,* Z., 1957, Hybrid Corn: An Exploration in the Economics of Technical Change, in: Econometrica 25, S. 501-522.
- *Gröner,* H., 1975, Die Ordnung der deutschen Elektrizitätswirtschaft, Nomos Verlagsgesellschaft, Baden-Baden.
- *Grubb,* M., 1995, Seeking Fair Weather: Ethics and the International Debate on Climate Change, in: International Affairs 71, S. 463-496.
- *Grübler,* A., 1991, Diffusion: Long-term pattern and discontinuities, in: Technological Forecasting and Social Change 39, S. 159-180.
- *Grübler,* A., 1996, Time for a Change: On the patterns of diffusion of innovation, in: Daedalus 125, S. 19-42.
- *Grübler,* A. und N. *Nakicenovic,* 1996, Decarbonizing the global energy system, in: Technological Forecasting and Social Change 53, S. 97-110.
- *Gruß,* H., 2001, Entwicklung von Angebot und Nachfrage auf dem Steinkohlenweltmarkt (2000), in: Zeitschrift für Energiewirtschaft 25, S. 3-41.
- *Hakonsen,* L. und L. *Mathiesen,* 1997, CO_2-Stabilization May Be a „No-Regrets" Policy, in: Environmental and Resource Economics 9, S. 171-198.
- *Hall,* B. H., 2003, Innovation and Diffusion, emlab.berkeley.edu/users/bhhall/ papers/Diffusion_Ch18_BHHfinal.pdf, 20.05.2005.
- *Halvorsen,* B. und B. M. *Larsen,* 2001a, The flexibility of household electricity demand over time, in: Resource and Energy Economics 23, S. 1-18.
- *Halvorsen,* B. und B. M. *Larsen,* 2001b, Norwegian residential electricity demand – a microeconomic assessment of the growth from 1976 to 1993, in: Energy Policy 29, S. 227-236.

∞ *Hamilton*, C. und H. *Turton*, 2002, Determinants of emissions growth in OECD countries, in: Energy Policy 30, S. 63-71.
∞ *Hartmann*, H. und A. *Strehler*, 1995, Die Stellung der Biomasse, Schriftenreihe Nachwachsende Rohstoffe Bd. 3, Landwirtschaftsverlag, Münster.
∞ *Hartung*, J., 1991, Statistik, R. Oldenburg Verlag, München, Wien.
∞ *Harvey*, A. C. und G. *Untiedt*, 1994, Ökonometrische Analyse von Zeitreihen, R. Oldenbourg, München, Wien.
∞ *Heinloth*, K., 1997, Die Energiefrage, Vieweg, Braunschweig/Wiesbaden.
∞ *Hensing*, I., 1997, Analyse der Strompreisunterschiede zwischen Frankreich und Deutschland, in: Zeitschrift für Elektrizitätswirtschaft, S. 269-294.
∞ *Hillebrand*, B., 1997a, Stromerzeugungskosten neu zu errichtender konventioneller Kraftwerke, RWI-Papiere Nr. 47, Essen.
∞ *Hillebrand*, B., 1997b, Wettbewerb und Effizienz in der Gasversorgung, RWI-Mitteilungen Nr. 4, S. 133-149.
∞ *Hoel*, M., 1978, Resource extraction, uncertainty, and learning, in: Bell Journal of Economics 9, S. 642-645.
∞ *Hoel*, M., 1996, Should a carbon tax be differentiated across sectors?, in: Journal of Public Economics 59, S. 17-32.
∞ *Hoffmann*, V., 1990, Energie aus Sonne, Wind und Meer: Möglichkeiten und Grenzen der erneuerbaren Energiequellen, Verlag Harry Deutsch, Thun.
∞ *Hofkes*, M., 2001, Environmental Policies. Short Term Versus Long Term Effects, in : Environmental and Resource Economics 20, S. 1-26.
∞ *Holub*, H.-W. und H. *Schnabl*, 1994, Input-Output-Rechnung: Input-Output-Rechnung, Oldenbourg, München, Wien.
∞ *Hope*, E., *Rud*, L. und B. *Singh*, 1995, Markets for Electricity: Economic Reform of the Norwegian Electricity Industry, in: Olsen, O. J. (Hrsg.), Competition in the Electricity Supply Industry, DJØF Publishing, Copenhagen, S. 69-106.
∞ *Hotelling*, H., 1931, The Economics of Exhaustible Resources, in: Journal of Political Economy 39, S. 137-175.
∞ *Houghton*, J. T., *Jenkins*, G. J. und J. J. *Ephraums* (Hrsg.), 1990, Climate Change: The IPCC Scientific Assessment,. The science of Climate Change, Cambridge University Press, Cambridge.
∞ *Houghton*, J. T., *Meira Filho*, L. G., *Callander*, B. A., *Harris*, N., *Kattenberg*, A. und K. *Maskell* (Hrsg.), 1996, Climate Change 1995. The science of Climate Change, Contribution of WG I to the 2nd Assessment Report of the Intergovernmental Panel on Climate Change, Cambridge University Press, Cambridge.
∞ *Hübl*, L., *Bode*, S., *Schaffner*, J. und S. *Twelemann*, 2005, Ökologische und wettbewerbliche Wirkungen der Übertragungs- und Kompensationsregel des Zuteilungsgesetzes 2007 auf die Stromerzeugung, unveröffentlichtes Gutachten im Auftrag der EnBW Energie Baden-Württemberg AG, Hannover.
∞ *Hunt*, S. und G. Shuttleworth, 1996, Competition and Choice in Electricity, John Wiley, Chichester et al.
∞ *Huntington*, H. G. und M. *Rodekohr*, Projecting Energy Trends Into the New Century, Energy Modeling Forum OP 49 (revised), Stanford.
∞ *Hvelplund*, F. und H. *Lund*, 1998, Rebuilding without restructuring the energy system in east Germany, in: Energy Policy 26, S. 535-546.
∞ *IE* (Institut für Energetik und Umwelt), 2004, Fortschreibung der Daten zur Stromerzeugung aus Biomasse, Bericht für die Arbeitsgruppe Erneuerbare Energien-Statistik (AGEE-Stat), <http://www.erneuerbare-energien.de>, 14.4.2005.
∞ *IEA* (International Energy Agency), 1995, The Strategic Value of Fossil Fuels: Challenges and Responses, Conference Proceedings, Houston, Texas U.S.A. 8-11. Mai 1995, S. 207.

- *IEA*, 2000, World Energy Outlook 2000, Paris.
- *IEA*, 2001, World Energy Outlook 2001, Paris.
- *Ipsen*, D., *Rösch*, R. und J. *Scheffran*, 2001, Cooperation global climate policy: potentialities and limitations, in: Energy Policy 29, S. 315-326.
- *Islas*, J., 1997, Getting round the lock-in in electricity generating systems: the example of the gas turbine, in: Research Policy 26, S. 49-66.
- *Islas*, J., 1999, The Gas Turbine: A New Technological Paradigm in Electricity Generation, in: Technological Forecasting and Social Change 60, S. 129-148.
- *IWR*, 2004, Regenerative Stromerzeugung: Windkraft überholt Wasserkraft im Jahr 2003, <http://www.uni-muenster/Energie/re/iwr.de>, 20.03.2004.
- *IZES* (Institut für ZukunftsEnergieSysteme), 2003, Belastung der stromintensiven Industrie durch das EEG und Perspektiven, Kurzgutachten für das Bundesministerium für Umwelt, Naturschutz und Reaktorsicherheit, Saarbrücken.
- *Jacobsen*, H. K., 2000, Technology Diffusion in Energy-Economiy Models: The case of Danish Vintage Models, in: The Energy Journal 21, S. 43-71.
- *Jacobsen*, H. K., 2001, Technological progress and long-term energy demand – a survey of recent approaches and a Danish case, in: Energy Policy 29, S. 147-157.
- *Jaffe*, A. B., *Newell*, R. G. und R. N. *Stavins*, 2002, Environmental Policy and Technological Change, in: Environmental and Resource Economics 22, S. 41-69.
- *Jopp*, K., 2002, Leistungserhöhung um den Faktor 4, in: Handelsblatt vom 10.04.2002.
- *Jorgenson*, D. und P. *Wilcoxen*, 1993, Reducing US Carbon Emissions: an Econometric General Equilibrium Assessment, in: Resource and Energy Economics 15 (1), S. 7-25.
- *Judson*, R. A., *Schmalensee*, R. und T. M. *Stoker*, 1999, Economic Development and the Structure of the Demand for Commercial Energy, in: The Energy Journal 20, S. 29-45.
- *Kalish*, S., 1985, A new product adoption model with price, advertising and uncertainty, in: Management Science 31, S. 1569-1585.
- *Kallmeyer*, D., *Pflugbeil*, M. und W. *Wick*, 1998, Braunkohlenkraftwerk mit optimierter Anlagentechnik, in: Energiewirtschaftliche Tagesfragen 48, S. 507-512.
- *Kaltschmitt*, M., 1997, Biogene Festbrennstoffe: Was können sie zur Treibhausgasminderung leisten?, Jahresbericht 1996/1997 der Arbeitsgruppe Luftreinhaltung der Universität Stuttgart, Stuttgart.
- *Kaltschmitt*, M., und A. *Wiese* (Hrsg.), 1995, Erneuerbare Energien – Systemtechnik, Wirtschaftlichkeit, Umweltaspekte, Springer-Verlag, Berlin.
- *Kaltschmitt*, M., und A. *Wiese* (Hrsg.), 1997, Erneuerbare Energien – Systemtechnik, Wirtschaftlichkeit, Umweltaspekte, Springer-Verlag, Berlin.
- *Kaya*, Y., (1989), Impact of Carbon Dioxide Emissions on GNP Growth: Interpretation of Proposed Scenarios, IPCC, Response Strategies Working Group, Genf.
- *Kemfert*, C., 1996a, Estimated substitution elasticities of a nested CES production function approach for Germany, Discussion Paper No. 160-96, Carl-von-Ossietzky-Universität Oldenburg, Oldenburg.
- *Kemfert*, C., 1996b, Energy, environment and economy in a CGE model concept, Discussion Paper No. V-167-96, Carl-von-Ossietzky-Universität Oldenburg, Oldenburg.
- *Kemfert*, C., 1998, Makroökonomische Wirkungen umweltökonomischer Instrumente, Lang, Frankfurt am Main, Berlin, Bern, New York, Paris, Wien.
- *Kemfert*, C., 2001, International Kyoto Mechanism and Equity, Discussion Paper No. V-221-01, Carl-von-Ossietzky-Universität Oldenburg, Oldenburg.
- *Kemfert*, C., *Lise*, W. und R. S. J. *Tol*, 2001, Games of Climate Change with International Trade, http://www.uni-hamburg.de/Wiss/FB/15/ Sustainability/ trade13.pdf
- *Kemfert*, C. und R. S. J. *Tol*, 2001, Equity, International Trade and Climate Policy, Working Paper FNU-5, Research Unit Sustainibility and Global Change, Centre for Marine and Climate Research, Universität Hamburg, Hamburg.

- *Kemp*, R., 1997, Environmental Policy and Technical Change, Edward Elgar, Cheltenham.
- *Kemp*, R., *Smith*, K. und C. *Freeman*, 1994, Understanding Technological Change. Technological Systems and Regimes, in: Technology and the Transition to Environmental Sustainability, Final Report from project Technological Paradigms and Change in Technological Systems, PL 910282, SEER Research Programme.
- *Klopfer*, T. und W. *Schulz*, 1993, Märkte für Strom, Schriften des Energiewirtschaftlichen Instituts, Bd. 42, Verlag Oldenbourg, München.
- *Knapp*, K. E., 1999, Exploring Energy Technology Substitution for Reducing Atmospheric Carbon Emissions, in: The Energy Journal 20, S. 121-143.
- *Knebel*, J. und L. *Wicke*, 1999, Selbstverpflichtungen und normersetzende Umweltverträge als Instrumente des Umweltschutzes, Umweltbundesamt (Hrsg.), Berlin.
- *Köllinger*, P., 2003, Internetnutzung in Deutschland: Nach Boom nun langsamer Anstieg erwartet, DIW Wochenbericht 30/03, Juli 2003.
- *Kohlhaas*, M., *Praetorius*, B. und H.-J. *Ziesing*, 1995, Die „Selbstverpflichtung" der Wirtschaft zur CO_2-Reduktion: Kein Ersatz für aktive Umweltschutzpolitik, DIW-Wochenberichte 14/1995, Berlin.
- *Komen*, M. H. C. und J. H. M. *Peerlings*, 1999, Energy Taxes in the Netherlands: What are the Dividends?, in: Environmental and Resource Economics 14, S. 243-268.
- *Krämer*, M., 2003, Kostenneutrale Stromerzeugung – Modellüberlegungen zu zukünftig hoher Stromeinspeisung durch WEA, in: energiewirtschaft 102, S. 16-21.
- *Kumar*, U. und *Kumar*, V., 1992, Technological innovation diffusion: The proliferation of substitution models and easing the user's dilemma, in: IEEE Transactions on Engineering Management 39, S. 158-168.
- *Kuznets*, S., 1971, Economic Growth of Nations: Total Output and Production Structure, Cambridge, MA.
- *Landesbetrieb für Datenverarbeitung und Statistik Land Brandenburg*, 2005, Daten + Konjunktur, Heft 5/2005.
- *Langniß*, O., *Luther*, J., *Nitsch*, J. und E. *Wiemken*, 1997, Strategien für eine nachhaltige Energieversorgung – Ein solares Langfristszenario für Deutschland, DLR e. V., Fraunhoferinstitut für Solare Energiesysteme, Freiburg, Stuttgart.
- *Larsen*, B. und R. *Nesbakken* (1997), Norwegian emissions of CO2 1987-1994: a study of some effects of the CO2 tax, in: Environmental and Resource Economics 9(3), S. 275-291.
- *LBD* (LBD-Beratungsgesellschaft mbH in Zusammenarbeit mit dem Öko-Institut e. V. Freiburg), 1999, Wirtschaftlichkeit der HEW-Kernkraftwerke, unveröffentlichtes Gutachten im Auftrag der FHH.
- *Leimbach*, M., 2003, Equity and carbon emissions trading: a model analysis, in: Energy Policy 31, S. 1033-1044.
- *Leontief*, W., 1986, Input-Output Economics, Oxford University Press, Oxford et al.
- *Leth-Petersen*, S., 2002, Micro Econometric Modelling of Household Energy Use: Testing for Dependence between Demand for Electricity and Natural Gas, in: The Energy Journal 23, S. 57-84.
- *Light*, M. K., 1999, Coal Subsidies and Global Carbon Emissions, in: The Energy Journal 20, S. 117-148.
- *Lindén*, S., Assessment of GDP forecast uncertainty, OECD Economic Papers No.184, Paris.
- *Lorenzoni*, A., 2003, The Italian Green Certificate market between uncertainty and opportunities, in: Energy Policy 31, S. 33-42.
- *Loury*, G. C., 1978, The optimal exploitation of an unknown reserve, in: Review of Economic Studies 45, S. 621-636.
- *Lukes*, R., 1998, Die Neuregelung des Energiewirtschaftsrechts, in: Betriebsberater 53, S. 1217-1227.

- Lund, H., 1999, A Green Energy Plan for Denmark, Job Creation as a Strategy to Implement Both Economic Growth and a CO_2 Reduction, in: Environmental and Resource Economics 14, S. 431-439.
- MacAvoy, P. W. und N. V. Moshkin, 2000, The new trend in the long-term price of natural gas, in: Resource and Energy Economics 22, S. 315-338.
- Maddox, J., 1972, The Doomsday Syndrome, McGraw-Hill, New York.
- Maennig, W. und M. Stamer, 1999, Ist der Strukturwandel in Deutschland zu langsam?, in: Jahrbuch für Wirtschaftswissenschaften 50, Nr. 1, S. 1-22.
- Maestad, O., 2001, Efficient Climate Policy with Internationally Mobile Firms, in: Environmental and Resource Economics 19, S. 267-284.
- Mahajan, V. und R. A. Peterson, 1978, Innovation diffusion in a dynamic potential adopter population, in: Management Science 24, S. 1589-1597.
- Manne, A. und R. Richels, 1994, The Cost of Stabilizing Global CO_2-Emissions: A Probabilistic Analysis Based on Expert Judgements, in: The Energy Journal 15 (1), S. 31-56.
- Mansfield, E., 1961, Technical Change and the Rate of Imitation, in: Econometrica 29 (4), S. 741-765.
- Mansfield, E., 1995, Innovation, Technology and the Economy, Edward Elgar, Cheltenham.
- Marchetti, C., 1976, Primary Energy Substitution Models: On the Interaction between Energy and Society, in: Nordhaus, W. D. (Hrsg.), Proceedings of the workshop on energy demand, Report CP761 IIASA, Laxenburg, S. 803-844.
- Marchetti, C. und N. Nakicenovic, 1979, The Dynamics of Energy Systems and the Logistic Substitution Model, IIASA RR-79-13, Laxenburg.
- Marchetti, C., 1996, Looking Forward – Looking Backward, Vortrag auf der Konferenz "Previsione sociale e previsione politica" vom 13-15 Juni 1996 in Urbino, <http://www.cesaremarchetti.org/archive/electronic/looking.pdf>
- Martin, J. M., 1990, Energy and Technological Change, in: OECD Science and Technology Review 7, S. 9-34.
- Marvasti, A., 2000, Resource Characteristics, Extraction Costs, and Optimal Exploitation of Mineral Resources, in: Environmental and Resource Economics 17, S. 395-408.
- McMorrow, K. und W. Roeger, 1999, The Economic Consequences of Ageing Populations, European Economy Papers No. 138, Brüssel.
- McMorrow, K. und W. Roeger, 2003, Economic and Financial Market Consequences of Ageing Populations, European Economy Papers No. 182, Brüssel.
- McNeil, I. (Hrsg.), 1990, An Encyclopedia of the History of Technology, Routledge, London, New York.
- Mead, N. und T. Islam, 1998, Technological forecasting – model selection, model stability, and combining models, in: Management Science 39, S. 1115-1130.
- Medlock, B. K. und R. Soligo, 1999, The Composition and Growth of Energy Demand in China, www.rice.edu/energy/publications/docs/AsianEnergySecurity _Composition GrowthEnergyDemandChina.pdf.
- Medlock, B. K. und R. Soligo, 2001, Economic Development and End-Use Energy Demand, in: The Energy Journal 22, S. 77-105.
- Mendelsohn, R., 1984, Endogenous Technical Change and Environmental Regulation, in: Journal of Environmental Economics and Management 11, S. 202-207.
- Messner, S. und M. Strubegger, 1995, User's Guide for MESSAGE III, Working Paper IIASA, WP-95-69, Laxenburg.
- Meyer, N. I. und A. L. Koefoed, 2003, Danish energy reform: policy implications for renewables, in: Energy Policy 31, S. 597-607.
- Meyer, P. S., Yung, J. W. und Ausubel, J. H., 1999, A Primer on Logistic Growth and Substitution: The Mathematics of the Loglet Lab Software, in: Technological Forecasting and Social Change 61, S. 247-271.

- *Mez, L., Jänicke, M.* und *J. Pöschk*, 1991, Die Energiesituation in der vormaligen DDR, Darstellung, Kritik und Perspektiven der Elektrizitätsversorgung, Rainer Bohn Verlag, Berlin.
- *Michaelis, H.*, 1986, Handbuch der Kernenergie, VWEW-Verlag, Düsseldorf.
- *Midttun, A.*, 1997, The Norwegian, Swedish and Finnish Reforms: Competitive Public Capitalism and the Emergence of the Nordic Internal Market, in: Midttun, A. (Hrsg.), European Electricity Systems in Transition, Elsevier, Oxford, S. 89-130.
- *Milliman, S. R.* und *R. Prince*, 1989, Firm Incentives to Promote Technological Change in Pollution Control, in: Journal of Environmental Economics and Management 17, S. 247-265.
- *Monopolkommission*, 1998, Marktöffnung umfassend verwirklichen, Hauptgutachten 1996/1997, Nomos Verlagsgesellschaft, Baden-Baden.
- *Monopolkommission*, 2004, 15. Hauptgutachten der Monopolkommission 2002/2003, <http://www.monopolkommission.de>, 23.11.2004.
- *Müller, L.*, 1998, Handbuch der Elektrizitätswirtschaft, Springer Verlag, Berlin et al.
- *Mulder, P., de Groot, H.* und *H. Vollebergh*, 1999, About PRET-modelling: what can we learn and what can we do? Paper präsentiert auf PRET Workshop, Maastricht, 18. bis 19. März.
- *Nakicenovic, N., Grübler, A.* und *A. McDonald* (Hrsg.), 1998, Global Energy Perspectives, Cambridge University Press, Cambridge.
- *Neu, A.*, 1999, Die Gaswirtschaft im Zeichen von Wettbewerb und Umwelt, Kieler Diskussionsbeiträge Nr. 334/335, TUT für Weltwirtschaft, Kiel.
- *Nitzsch, J.* und *O. Langniß*, 1999, Erneuerbare Energien – Potentiale und Perspektiven, <http://www.dlr.de>, 20.04.2000.
- *Nitzsch, J.* und *J. Luther*, 1990, Energieversorgung der Zukunft, Springer, Heidelberg, Berlin.
- *Norgaard, R. B.*, 1990, Economic indicators of resource scarcity: a critical essay, in: Journal of Environmental Economics and Management 19, S. 19-25.
- *Nyborg, K.*, 2000, Voluntary Agreements and Non-Verifiable Emissions, in: Environmental Resource Economics 17, S. 125-144.
- *OECD*, 2004, Die Quellen wirtschaftlichen Wachstums in den OECD-Ländern, OECD Publishing, Paris.
- *Öko-Institut e. V.*, 2001, Gemis-Datenbank 4.1., Freiburg.
- *OFFER*, 1998, Review of Electricity Trading Arrangements: Working Paper on Trading Inside and Outside the Pool, Office of Electricity Regulation, Birmingham.
- *Oliveira Martins, J., Gonand, F., Antolin, P., de la Mainonneuve, C.* und *Yoo, K.-Y.*, 2005, The impact of ageing on demand, factor markets and growth, OECD Economic Working Papers No. 420, ECO/WKP(2005)7, Paris.
- *Opschoor, J. B.* und *H. B. Vos*, 1989, Economic Instruments for environmental protection, OECD, Paris.
- *Ott, H. E.*, 1999, Kein Erdrutsch bei den Klimaverhandlungen in Buenos Aires, TA-Datenbank-Nachrichten 8, Nr. 2, S. 4-9.
- *Ott, H. E.*, 2001, Global Climate, in: Yearbook of International Environmental Law 12, Oxford University Press, Oxford.
- *o. V.*, 2001a, Offshore-Windpark überwindet erste Hürde, in: Handelsblatt vom 24.07.2001.
- *o. V.*, 2001b, Müller fordert Kostensenkung bei Steinkohlebergbau, in: Handelsblatt vom 14.11.2001.
- *o. V.*, 2001c, Kartellamt ermittelt gegen Stromnetzbetreiber, in: Handelsblatt vom 28.09.2001.
- *o. V.*, 2001d, Kompromiß bei Ökosteuer in Sicht, in: Handelsblatt vom 30.11.2001.
- *o. V.*, 2001e, Briten fürchten um ihren Gasmarkt, in: Handelsblatt vom 20.09.2001.
- *o. V.*, 2001f, Gericht weist Anträge auf Baustopp des Braunkohle-Projekts Garzweiler ab, in: Handelsblatt vom 11.12.2001.
- *o. V.*, 2002a, Euro als Vorbild, in: Der Spiegel Nr.2 vom 7.01.2002.
- *o. V.*, 2002b, Brüssel will Wirtschaft bei Umwelt-Schäden finanziell in die Pflicht nehmen, in: Handelsblatt vom 24.01.2002.

- *o. V.*, 2002c, EU-Kommission gegen nationalen Energiesockel, in: Handelsblatt vom 16.01.2002.
- *o. V.*, 2002d, Iran setzt auf den Euro, in: Der Spiegel Nr. 15 vom 8.04.2002.
- *o. V.*, 2003a, Windenergie boomt, in: Handelsblatt vom 23.01.2003.
- *o. V.*, 2003b, EU-Länder setzen auf Windenergie, in: Handelsblatt vom 4.03.2003.
- *o. V.*, 2005a, Boehringer nimmt Biomassekraftwerk in Betrieb, in: EUWID vom 8.02.2005.
- *o. V.*, 2005b, Thyssen-Krupp verdient mit Stahl kräftig Geld, in: Tagesspiegel vom 8.02.2005.
- *Painuly*, J. P., 2001, The Kyoto Protocol, Emissions Trading and the CDM: An Analysis from Developing Countries Perspective, in: The Energy Journal 22, S. 147-169.
- *Panth*, S., 1997, Technological Innovation, Industrial Evolution, and Economic Growth, Garland Publishing, New York.
- *Pearl*, R. und L. J. *Reed*, 1920, The rate of growth of the population of the United States since 1790 and its mathematical representation, Proceedings of the National Academy of Science 6, S. 275-288.
- *Peirce*, W. S., 1986, Economics of the Energy Industry, Belmont, California.
- *Perman*, R., *Ma*, Y, *McGilvray*, J. und M. *Common*, 2003, Natural Resource and Environmental Economics, FT Prentice Hall, Harlow.
- *Perner*, J., *Riechmann*, C. und W. *Schulz*, 1997, Durchleitungsbedingungen für Strom und Gas, Schriften des Energiewirtschaftlichen Instituts an der Universität Köln, R. Oldenbourg Verlag, München, Wien.
- *Pesaran*, M. H., 1990, An Econometric Analysis of Exploration and Extraction of Oil in the UK Continental Shelf, in: The Economic Journal 100, S. 841-861.
- *Pfaffenberger*, W. und H.-J. *Gerdey*, 1998, Zur Bedeutung der Kernenergie für die Volkswirtschaft und die Umwelt, Zur Abschätzung der Kosten eines Ausstieges, Untersuchung im Auftrag des VDEW, <http://www.uni-bremen.de/~bei>, 17.08.2000.
- *Pfaffenberger*, W. und H.-J. *Gerdey*, 2000, Volkswirtschaftliche Auswirkungen des Ausstiegs der Schweiz aus der Kernenergie, <http://www.uni-bremen.de/~bei>, 21.01.2001.
- *Pfaffenberger*, W. und M. *Hille*, 2004, Investitionen im liberalisierten Energiemarkt: Optionen, Marktmechanismen, Rahmenbedingungen, Abschlussbericht der Studie des bremer energie institut im Auftrag von VDEW (Federführung).
- *Phylipsen*, G. J. M., *Blok*, K. und E. *Worell*, 1997, International comparisons of energy efficiency – methodologies for the manufacturing industry, in: Energy policy 25, S. 715-725.
- *Pickering*, A., 2002, The Discovery Decline Phenomenon: Microeconometric Evidence from the UK Continental Shelf, in: The Energy Journal 23, S. 57-71.
- *Pindyck*, R. S., 1978, The optimal exploration and production of nonrenewable resources, in: Journal of Political Economy 86, S. 841-861.
- *Pindyck*, R. S., 1981, Models of resource markets and the explanation of resource price behavior, in: Energy Economics 3, S. 130-139.
- *Pindyck*, R. S. und D. L. *Rubinfeld*, 1991, Econometric Models and Economic Forecasts, McGraw-Hill, Inc., New York.
- *Pizer*, W. A., 1999, The optimal choice of climate change policy in the presence of uncertainty, in: Resource and Energy Economics 21, S. 255-287.
- *Poetzsch*, S., 1998, Aspekte der Stromerzeugung aus Offshore-Windkraftanlagen, Diplomarbeit, TU Berlin, Institut für Energietechnik, Berlin.
- *Prognos AG, EWI, BEI*, 2001, Energiepolitische und gesamtwirtschaftliche Bewertung eines 40%-Reduktionsszenarios, Basel.
- *Proops*, J. L. R., 1984, Modelling the energy-output ratio, in: Energy Economics 6, S. 47-51.
- *Quaschning*, V., 2000, Systemtechnik einer klimaverträglichen Elektrizitätsversorgung in Deutschland für das 21. Jahrhundert, Fortschritt-Berichte VDI Reihe 6 Nr. 437, VDI-Verlag, Düsseldorf.

- *Radetzki, M.*, 1999, European natural gas : market forces will bring about competition in any case, in: Energy Policy 27, S. 17-24.
- *Räuber, A.*, 1990, Photovoltaische Energieerzeugung, in: Deutscher Bundestag, Enquete-Kommission zum Schutz der Erdatmosphäre (Hrsg.), Energie und Klima, Bd. 3: Erneuerbare Energien, Bonn, 1990.
- *Rasmussen, T. N.*, 2001, CO_2 abatement policy with learning-by-doing in renewable energy, in: Resource and Energy Economics 23, S. 297-324.
- *Rehdanz, K. und R. S. J. Tol*, 2002, On National and International Trade in Greenhouse Gas Emission Permits, Working Paper FNU-11 (revised), Research Unit Sustainability and Global Change, Centre for Marine and Climate Change, Universität Hamburg, Hamburg.
- *Rehfeldt, K.*, 2001a, Weiterer Ausbau der Windenergienutzung im Hinblick auf den Klimaschutz – Teil 1. Bericht über das Forschungsvorhaben 999 46 101, BMU (Hrsg.), Berlin.
- *Rehfeldt, K.*, 2001b, Windenergienutzung in der Bundesrepublik Deutschland – Stand 31.12.2000, in: DEWI Magazin Nr. 18, Februar 2001, S. 53-63.
- *Reichert, J. u. a.*, 2001, Rationelle Energieverwendung 2000, in: Brennstoff-Wärme-Kraft 53, S. 91-97.
- *Rennings, K.*, 2000, Redefining innovation – eco-innovation research and the contribution from ecological economics, in: Ecological economics 32, S. 319-332.
- *Rettberg, U.*, 2002, Russland will Rohöl auch in Euro abrechnen, in: Handelsblatt vom 3.06.2002.
- *Rogers, E. M.*, 1995, Diffusion of Innovations, The Free Press, New York.
- *Rose, A.*, 1998, Global warming policy: who decides what is fair?, in: Energy Policy 26, S. 1-3.
- *Rose, A., Bulte, E. und H. Folmer*, 1999, Long-Run Implications for Developing Countries of Joint Implementation of Greenhouse Gas Mitigation, in: Environmental and Resource Economics 14, S. 19-31.
- *Rose, A., Stevens, B., Edmonds, J. und M. Wise*, 1998, International Equity and Differentiation in Global Warming Policy, in: Environmental and Resource Economics 12, S. 25-51.
- *Rosenberg, N.*, 1998, The Role of Electricity in Industrial Development, in: The Energy Journal 19, S. 7-24.
- *Rothman, D. S., Hong, J. H. und T. D. Mount*, 1994, Estimating Consumer Energy Demand Using International data: Theoretical and policy implications, in: Energy Journal 15, S. 67-88.
- *Ruff, J. E.*, 1996, Stop Wheeling and Start Dealing: Resolving the Transmission Dilemma, in: Einhorn, M. und R. Siddiqi (Hrsg.), Electricity Transmission – Pricing and Technology, Kluwer Academic, Dordrecht, S. 1-24.
- *SVR* (Sachverständigenrat zur Begutachtung der gesamtwirtschaftlichen Lage), 1998, Vor weitreichenden Entscheidungen, Jahresgutachten 1998/1999, Metzler-Poeschel, Stuttgart.
- *SVR*, 2000, Chancen auf einen höheren Wachstumspfad, Jahresgutachten 2000/2001, <http://www.sachverstaendigenrat-wirtschaft.de/gutacht/ga-content.php?gaid=4&node=f>.
- *Schäfer, A.*, 2005, Structural Change in Energy Use, in: Energy Policy 33, S. 429-437.
- *Scheffknecht, G. und G.-N. Stamatelopoulos*, 2002, Kohlekraftwerke für die Stromerzeugung: Wirkungsgrad-, Umwelt- und Wirtschaftlichkeitsaspekte, in: VDI-Berichte, Nr. 1714, Düsseldorf.
- *Schilling, H. D. und R. Hildebrandt*, 1977, Primärenergie-Elektrische Energie, Die Entwicklung des Verbrauchs an Primärenergieträgern und an Elektrischer Energie in der Welt, in den USA und in Deutschland seit 1860 bzw. 1925. Verlag Glückauf, Essen.
- *Schlaich, J.*, 1994, Das Aufwindkraftwerk, Deutsche Verlags-Anstalt, Stuttgart.
- *Schlesinger, M. und W. Schulz*, 2000, Deutscher Energiemarkt 2020 – Prognose im Zeichen von Umwelt und Wettbewerb, in: Energiewirtschaftliche Tagesfragen 50, S. 106-113.
- *Schmid, J.*, 1995, Photovoltaik: Ein Leitfaden für die Praxis, TÜV Rheinland, Köln.

- *Schnabel, K.*, 1995, Der deutsche Elektrizitätsmarkt im Wandel, Verlag Shaker, Aachen.
- *Schneider, E.* und H. J. *Schürmann*, 2001a, Lasche Quotendisziplin in der Opec-Gruppe, in: Handelsblatt v. 15.10.2001.
- *Schneider, E.* und H. J. *Schürmann*, 2001b, RWE droht mit höheren Strompreisen, in: Handelsblatt vom 27.11.2001.
- *Schneider, H. K.* und W. *Schulz*, 1976, Die optimale Nutzung erschöpfbarer Energieressourcen, in: Issing, O. (Hrsg.), Ökonomische Probleme der Umweltschutzpolitik, Schriften des Vereins für Socialpolitik 91, Duncker & Humblot, Berlin, München, S. 119-161.
- *Scholz, C. M.* und G. *Ziemes*, 1999, Exhaustible Resources, Monopolistic Competition, and Endogenous Growth, in: Environmental and Resource Economics 13, S. 169-185.
- *Schürmann, H. J.*, 2001a, Opec-Resolution lässt Erdölpreise purzeln, in: Handelsblatt vom 16.11.2001.
- *Schürmann, H. J.*, 2001b, Kohle verringert die Versorgungsrisiken, in: Handelsblatt vom 13.11.2001.
- *Schürmann, H. J.*, 2002a, Russland erhöht Ölproduktion kräftig, in: Handelsblatt vom 4.02.2002.
- *Schürmann, H. J.*, 2002b, Strom aus Wasserkraft hat noch Potenzial, in: Handelsblatt vom 17.04.2002.
- *Schulz, W.*, 1995, Restructuring the Electricity Market: A German View, in: Olsen, J. (Hrsg.), Competition in the Electricity Supply Industry, DJØF Publishing, Kopenhagen, S. 207-228.
- *Schumann, J.*, 1968, Input-Output-Analyse, Springer, Berlin, Heidelberg.
- *Schwenk, B.* und K. *Rehfeldt*, 1999, Studie zur aktuellen Kostensituation der Windenergienutzung in Deutschland, Endbericht Nr. 657 SO, Deutsches Windenergieinstitut, Wilhelmshaven.
- *Semke, S.* und P. *Markewitz*, 1998a, Kosten und Potentiale erneuerbarer Energien in Deutschland, in: Energiewirtschaftliche Tagesfragen 48, S. 713-717.
- *Semke, S.* und P. *Markewitz*, 1998b, Kosten und Potentiale erneuerbarer Energien in Deutschland – Literaturauswertung 1994 – 1998, <http://www.fz-juelich.de/ptj/pub/pdf/frlit9498sem.pdf>, 15.04.2000.
- *Sensfuß, F. u. a.*, 2005, Rationelle Energieverwendung 2004, in: Brennstoff-Wärme-Kraft 57, S. 125-131.
- *Sharif, M. N.* und K. *Ramanathan*, 1981, Binominal innovation diffusion models with dynamic potential adopter population, in: Technological Forecasting and Social Change 20, S. 63-87.
- *Siemens AG*, 2000, <http://www.Siemens.com/de/the-company/spotlight/climate.html>, 10.05.2000.
- *Sievers, F.*, 2003, Kraftwerk nutzt die Energie des Meeres, in: Handelsblatt vom 12.06.2003.
- *Silk, J. I.* und F. L. *Joutz*, 1997, Short and long run elasticities in US residential electricity demand: A cointegration approach, in: Energy economics 19, S. 493-513.
- *Skiadas, C. H.*, 1985, Two generalized models for forecasting innovation diffusion, in: Technological Forecasting and Social Change 27, S. 39-61.
- *Skiadas, C. H.*, 1986, Innovation diffusion models expressing asymmetry and/or positively or negatively influenced forces, in: Technological Forecasting and Social Change 30, S. 313-330.
- *Slade, M. E.*, 1982, Trends in natural-resource commodity prices: An analysis of the time domain, in: Journal of Environmental and Economic Management 9, S. 122-137.
- *Smith, G.*, 1994, The world coal trade, A commentary, in: Energy Policy 22, S. 443-446.
- *Smith, V. K.*, 1978, Measuring natural resource scarcity: theory and practice, in: Journal of Environmental Economics and Management 5, S. 150-171.
- *Soest, van D. P.* und E. H. *Bulte*, 2001, Does the Energy-Efficiency Paradox Exists?, Technological Progress and Uncertainty, in: Environmental and Resource Economics 18, S. 101-112.

∞ *Solow*, R. M., 1974, Intergenerational Equity and Exhaustible Natural Resources, in: The Review of Economic Studies 41, S. 29-45.

∞ *Staatliche Zentralverwaltung für Statistik*, 1987, Statistisches Jahrbuch 1987 der Deutschen Demokratischen Republik, Staatsverlag der Deutschen Demokratischen Republik, Berlin.

∞ *Srinivasan*, V. und C. H. *Mason*, 1986, Nonlinear least squares estimation of new-product diffusion models, in: Marketing Science 5, S. 169-178.

∞ *Stahl*, W., 1999, Die weltweiten Reserven der Energierohstoffe: Mangel oder Überfluß?, Bundesanstalt für Geowissenschaften und Rohstoffe, <http://www.bgr.de>, 15.04.2000.

∞ *Staiß*, F., 2002, Jahrbuch Erneuerbare Energien 2001, Stiftung Energieforschung Baden-Württemberg, Stuttgart.

∞ *Staiß*, F., 2003 Jahrbuch Erneuerbare Energien 02/03. Stiftung Energieforschung Baden-Württemberg. Bieberstein-Verlag, Radebeul.

∞ *Statistik der Kohlenwirtschaft*, verschiedene Jahrgänge, <http://www. kohlenstatistik.de>.

∞ *Statistisches Bundesamt*, 2005, Stromerzeugung aus Wasserkraft lag 2004 bei 27 Terawattstunden, <http://www.destatis.de/presse/deutsch/pm2005/p1330151.htm>, 17.05.2005.

∞ *Steinkohlebeihilfengesetz* vom 12.12.1995 (BGBl. I S. 1638), geändert durch Gesetz vom 17.12.1997 (BGBl. I S. 3048) mit Wirkung vom 1.01.1998.

∞ *Stern*, D. I., 1997, The capital theory approach to sustainibility: a critical appraisal, in: Journal of Economic Issues 31, S. 145-173.

∞ *Stern*, D. I., 1999, Use value, exchange value, and resource scarcity, in: Energy Policy 27, S. 469-476.

∞ *Stern*, D. I., 2003, The Rise and Fall of the Environmental Kuznets Curve, Rensselaer Working Papers in Economics No. 0302, <http://www.rpi.edu/ dept/economics/ www/workingpapers/rpi0302.pdf>, 23.05.2005.

∞ *Stiglitz*, J. E., 1974, Growth with Exhaustible Natural Resources: Efficient and Optimal Growth Paths, in: Review of Economic Studies 41, S. 123-137.

∞ *Stiglitz*, J. E., 1976, Monopoly and the Rate of Extraction of Exhaustible Resources, in: American Economic Review 66, S. 655-661.

∞ *Stoneman*, P., 1983, The Economic Analysis of Technological Change, University Press, Oxford.

∞ *Stoneman*, P., 1995, Handbook of the Economics of Innovation and Technological Change, University Press, Oxford.

∞ *Stoneman*, P., 2002, The Economics of Technological Diffusion, University Press, Oxford.

∞ *Strang*, D. und S. A. *Soule*, 1998, Diffusion in organizations and social movements, in: Annual Review of Sociology 24, S. 265-290.

∞ *Sun*, J. W., 2002, The decrease in the difference of energy intensities between OECD countries from 1971 to 1998, in: Energy Policy 30, S. 631-635.

∞ *Surrey*, J. (Hrsg.), 1996, The British Electricity Experiment, Earthscan, London.

∞ *Thomas*, S., 1996, The Privatization of the Electricity Supply Industry, in: Surrey, J. (Hrsg.), The British Electricity Experiment, Earthscan, London, S. 40-63.

∞ *Thompson*, A. C., 2001, The Hotelling Principle, backwardation of futures prices and the values of developed petroleum reserves – the production constraint hypothesis, in: Resource and Energy Economics 23, S. 133-156.

∞ *Tietenberg*, T., 2003, Environmental and Natural Resource Economics, Boston et al.

∞ *Tilton*, J. E., 1996, Exhaustible resources and sustainable development, Two different paradigms, in: Resources Policy 22, S.91-97.

∞ *Tol*, R. S. J., 1998a, On the difference in impact of two almost identical climate change scenarios, in: Energy Policy 26, S. 13-20.

∞ *Tol*, R. S. J., 1999a, Kyoto, Efficiency, and Cost-Effectiveness: Applications of FUND, in: The Energy Journal, Kyoto Special Issue, S. 131-156.

- *Tol*, R. S. J., 1999b, The Marginal Cost of Greenhouse Gas Emissions, in: The Energy Journal 20, S. 61-81.
- *Tol*, R. S. J., 1999c, Spatial and Temporal Efficiency in Climate Policy: Applications of FUND, in: Environmental and Resource Economics 14, S. 33-49.
- *Tol*, R. S. J., *Lise*, W. und B. *van der Zwaan*, 2000, Technology Diffusion and the Stability of Climate Coalitions, Nota di Lavoro 20.00, Fondazione Eni Enrico Mattei, Mailand.
- *Tol*, R. S. J., 2001a, Equitable cost-benefit analysis of climate change policies, in: Ecological Economics 36, S. 71-85.
- *Tol*, R. S. J., *Downing*, T. E., *Fankhauser*, S., *Richels*, R. G. und J. B. *Smith*, 2001a, Progress in estimating the marginal costs of greenhouse gas emissions, Working Paper SCG-4, Research Unit Sustainibility and Global Change, Centre for Marine and Climate Change, Universität Hamburg, Hamburg.
- *Tol*, R. S. J., *Lise*, W., *Morel*, B. und B. *van der Zwaan*, 2001b, Technology Development and Diffusion and Incentives to Abate Greenhouse Gas Emissions, Working Paper FNU-6, Research Unit Sustainibility and Global Change, Centre for Marine and Climate Change, Universität Hamburg, Hamburg.
- *Tol*, R. S. J., 2002a, Estimates of the Damage Costs of Climate Change, Part I: Benchmark Estimates, in: Environmental and Resource Economics, S. 47-73.
- *Tol*, R. S. J., 2002b, Estimates of the Damage Costs of Climate Change, Part II: Dynamic Estimates, in: Environmental and Resource Economics, S. 135-160.
- *Tol*, R. S. J., 2002c, Emission Abatement Versus Development As Strategies To Reduce Vulnerability To Climate Change: An Application Of FUND, Working Paper FNU-12, Research Unit Sustainibility and Global Change, Centre for Marine and Climate Change, Universität Hamburg, Hamburg.
- *Toman*, M., 1998, Research frontiers in the economics of climate change, in: Environmental and Resource Economics 11, S. 603-621.
- *Traube*, K. und W. *Schulz*, 2000, Ökologische und ökonomische Wirkung eines mittelfristigen Ausbaus der Kraft-Wärme-Kopplung zur Nah-/Fernwärmeversorgung in Deutschland, Gutachten im Auftrag des Deutschen Städtetages, Oberursel.
- *Trauvetter*, G., 2001, Vom Himmel in die Steckdose, in: Der Spiegel Nr. 29, S. 144-146.
- *UNCTAD*, 2002, Handbook of Statistics online, <http://stats.unctad.org/public/eng/TableViewer/Wdsview//dispviewp.asp?ReportId=62>, 15.05.2002.
- *Turner*, D., *Giorno*, G., *de Serres*, A., *Vourc'h*, A. und P. *Richardson*, 1998, The macroeconomic implications of ageing in a global context, OECD Economics departement, Working Paper No. 193, ECO/WKP(98)6, Paris.
- *UNFCCC* (United Framework Convention on Climate Change), 1997, The Kyoto Protocol. Climate Change Secretariat, Bonn.
- *UNFCCC*, 1999, Report of the Conference of the Parties on its Fourth Session, held at Buenos Aires from 2 to 14 November 1998, Part Two: Action Taken by the Conference of the Parties at its Fourth Session, <http://unfccc.int/ resource/docs/cop4/ 16a01.pdf>, 20.05.2002.
- *UNFCCC*, 2000, Report of the Conference of the Parties on its Fifth Session, held at Bonn from 25 October to 5 November 1999, Part Two: Action Taken by the Conference of the Parties at its Fifth Session, <http://unfccc.int/ resource/docs/cop5/06a01.pdf>, 20.05.2002.
- *UNFCCC*, 2001a, Report of the Conference of the Parties on the Second Part of its Sixth Session, held at Bonn from 16 to 27 July 2001, Part One: Proceedings, <http://unfccc.int/resource/docs/cop6secpart/05.pdf>, 20.05.2002.
- *UNFCCC*, 2001b, Report of the Conference of the Parties on the Second Part of its Sixth Session, held at Bonn from 16 to 27 July 2001, Part Two: Action Taken by the Conference of

the Parties at the Second Part of its Sixth Session, <http://unfccc.int/resource/docs/cop6secpart/05.pdf>, 20.05.2002.

∞ *UNFCCC*, 2001c, Report of the Conference of the Parties on the Second Part of its Sixth Session, held at Bonn from 16 to 27 July 2001, Addendum Part Three: Decisions on which the Conference of the Parties noted that Negotiations were completed and Consensus reached at the Second Part of the Sixth Session and which the Conference decided to forward to its Seventh Session for Adoption, <http://unfccc.int/resource/docs/cop6secpart/05a01.pdf>, 20.05.2002.

∞ *UNFCCC*, 2002a, Report of the Conference of the Parties on its Seventh Session, held at Marrakesh from 29 October to 10 November 2001, Addendum. Part Two: Action Taken by the Conference of the Parties, Volume I, <http://unfccc.int/resource/docs/cop7/13a01.pdf>, 20.05.2002.

∞ *UNFCCC*, 2002b, Report of the Conference of the Parties on its Seventh Session, held at Marrakesh from 29 October to 10 November 2001, Addendum. Part Two: Action Taken by the Conference of the Parties, Volume II, <http://unfccc.int/resource/docs/cop7/13a02.pdf>, 20.05.2002.

∞ *UNFCCC*, 2002c, Report of the Conference of the Parties on its Seventh Session, held at Marrakesh from 29 October to 10 November 2001, Addendum. Part Two: Action Taken by the Conference of the Parties, Volume III, <http://unfccc.int/resource/docs/cop7/13a03.pdf>, 20.05.2002.

∞ *Unger*, S., 2001, Organischer Molekülmix ermöglicht preisgünstige Solarzelle, in: Handelsblatt vom 15.10.2001.

∞ *United Nations*, 1987, Brundtlandt-Report: Our Common Future, Report Nr. A/42/427, <http://www.runiceurope.org/german/umwelt/entwicklung/rio5/brundtland/A_42_427.pdf>, 16.04.2002.

∞ *Van den Bulte*, C. und G. L. *Lilien*, 1997, Bias and systematic change in the parameter estimates of macro level diffusion models, in: Marketing Science 16, S. 338-354.

∞ *VCI* (Verband der Chemischen Industrie), 2003, Gemeinsame Stellungnahme zum "Entwurf des Gesetzes zur Neuregelung des Rechts der Erneuerbaren Energien im Strombereich" vom 17. Dezember 2003 ("Große EEG-Novelle"), <http://www.vci.de>, 13.02.2005.

∞ *VCI*, 2005, Bericht zur wirtschaftlichen Lage der chemischen Industrie 3. Quartal 2004, <http://www.vci.de>, 13.02.2005.

∞ *VDEW* (Vereinigung Deutscher Elektrizitätswerke), 1999, Strommarkt Deutschland 1998, Frankfurt a. M.

∞ *VDEW*, 2001a, Vereinbarung zwischen der Regierung der Bundesrepublik Deutschland und der deutschen Wirtschaft zur Minderung der CO_2-Emissionen und der Förderung der Kraft-Wärme-Kopplung in Ergänzung zur Klimavereinbarung vom 9.11.2000, <http://www.strom.de/ep_ep_26.htm>, 21.11.2001.

∞ *VDEW*, 2001b, Stromversorger vermindern CO_2-Emissionen, <http://www.strom.de/zf_us_42.htm>, 22.11.2001.

∞ *VDEW*, 2001c, Umweltschutzbilanz III: Stromversorger senken CO_2-Ausstoß, <http://www.strom.de/wysstr/stromwys.nsf/WYSFramesetz1?Readform&Jscript=1&>, 22.11.2001.

∞ *VDEW*, 2001d, Ausstieg aus der Kernenergie bremst Klimaschutz, <http://www.strom.de/ep_ep_26.htm>, 25.11.2001.

∞ *VDEW*, 2005, Spannungsfeld zwischen Wettbewerb und Versorgungssicherheit, Pressegespräch am 16. März 2004 in Berlin, <http://www.strom.de/wysstr/stromwys.nsf/WYSFramesetz1?Readform&Jscript=1&, 23.06.2005.

∞ *VDN* (Verband der Netzbetreiber VDN e. V.), 2005, EEG-Mittelfristprognose 2000-2010, < http://www.vdn-berlin.de/eeg_mittelfristprognose.asp >, 20.05.2005.

- *Vehmas, J., Kaivo-oja, J., Luukkanen, J.* und *P. Malaska*, 1999, Environmental taxes on fuels and electricity – some experiences from the Nordic countries, in: Energy Policy 27, S. 343-355.
- *Verein deutscher Kohlenimporteure*, 2001, Jahresbericht 2000, <http://www.verein-kohlenimporteure.de>, 21.04.2004.
- *Verhulst, P.-F.*, 1838, Notice sur la loi que la population sent dans sons accroissement, Correspondence Mathématique et Physique publiée par A. Quételet, vol. 10. S. 113-121.
- *Verordnung über die Erzeugung von Strom aus Biomasse* (Biomasse-Verordnung-BiomasseV). vom 21.6.2001, Bundesgesetzblatt 2001, Teil I Nr. 29.
- *Vringer, K.* und *K. Blok*, 2000, Long-term trends in direct and indirect household energy intensities: a factor in dematerialisation, in: Energy Policy 28, S. 713-727.
- *Wacker, H.* und *J. E. Blank*, 1998, Ressourcenökonomik, Bd. 2, Einführung in die Theorie erschöpfbarer natürlicher Ressourcen, Oldenbourg, München et al.
- *Wagner, U., Rouvel, L.* und *H. Schaefer*, 1997, Nutzung regenerativer Energien, Schriftenreihe des Lehrstuhls für Energiewirtschaft und Kraftwerkstechnik an der Technischen Universität München, München.
- *Watkins, G. C.* und *E. R. Berndt*, 1983, Energy-Output Coefficients: Complex Realities Behind Simple Ratios, in: Energy Journal 4, S. 105-120.
- *Watson, R. T., Zinyowera, M. C., Moss, R. H.* und *D. J. Dokken* (Hrsg.), 1996, Climate Change 1995, Impacts, Adaptations and Mitigation of Climate Change: Scientific-Technical Analyses. Contribution of WG II to the 2nd Assessment Report of the Intergovernmental Panel on Climate Change, Cambridge University Press, Cambridge.
- *Watson, R. T.* (Hrsg.), 2001, Climate Change 2001, Synthesis Report, A Contribution of Working Groups I, II and III to the 3rd Assessment Report of the Intergovernmental Panel on Climate Change, Cambridge University Press, Cambridge.
- *WBGU* (Wissenschaftlicher Beirat der Bundesregierung Globale Umweltveränderungen, 2003, Welt im Wandel – Energiewende zur Nachhaltigkeit, Berlin.
- *WEC* (World Energy Council), 2000, Survey of Energy Resources 1998, <http://www.worldenergy.org/wec-geis/members_only/registered/op.../uranium>, 22.04.2000.
- *WEC*, 2001, Survey of Energy Resources 2001, < http://www.worldenergy.org/ wec-geis/publications/reports/ser>, 22.04.2005.
- *Weinstein, M. C.* und *R. J. Zeckhauser*, 1974, The Optimal Consumption of Depletable Natural Resources, in: Quarterly Journal of Economics 89, S. 371-392.
- *Weizsäcker, C. C. von*, 1997, Mehr Wettbewerb in der Energiewirtschaft?, in: Zeitschrift für Wirtschaftspolitik 46, S. 117-122.
- *Wesener, W.*, 1986, Energieversorgung und Energieversorgungskonzepte, Beiträge zum Siedlungs- und Wohnungswesen und zur Raumplanung, Bd. 106, Münster.
- *Weizsäcker, C. C. von*, 1997, Energiepolitik 1997 bis 2017, in: Zeitschrift für Energiewirtschaft 20, S. 265-268.
- *Wils, A.*, 2001, The effects of three categories of technological innovation on the use and price of nonrenewable resources, in: Ecological Economics 37, S. 457–472.
- *Wilson, D.* und *R. Purushothaman*, 2003, Dreaming With BRICs: The Path to 2050, Goldman Sachs Global Economics Paper No. 99, <https://www.gs.com/insight/research/reports/99.pdf>.
- *Wirl, F., Huber, C.* und *I. O. Walker*, 1998, Joint Implementation: Strategic Reactions and Possible Remedies, in: Environmental and Resource Economics 12, S. 203-224.
- *WISE* (World Information Service on Energy), 2001, Ergebnisse der Arbeitsgruppe Charpin-Dessus-Pellat, Prospektive wirtschaftliche Analyse der Atomkraft in Frankreich, <http://www.wise-paris.org>, 18.11.2001.
- *Woerdman, E.*, 2000, Implementing the Kyoto-Protocol: why JI and CDM show more promise than international emissions trading, in: Energy Policy 28, S. 29-38.

- *Wolf*, D., 1998, Die Liberalisierung der europäischen Energiemärkte, in: Betriebs-Berater, 28/29, S. 1433-1437.
- *World Bank*, 2000, Global Commodity Markets, Washington D. C., April 2000.
- *Wuppertal Institut für Klima, Umwelt, Energie / Öko-Institut e.V.*, 2000, Kernkraftwerksscharfe Analyse, Studie im Rahmen des Projektes: Bewertung eines Ausstieges aus der Kernenergie aus klimapolitischer und volkswirtschaftlicher Sicht, UFOPLAN 99, FKZ 999 41 802.
- *Wuppertal Institut für Klima, Umwelt, Energie / Öko-Institut e.V.*, 2001, Bewertung eines Ausstieges aus der Kernenergie aus klimapolitischer und volkswirtschaftlicher Sicht, UFOPLAN 99, FKZ 999 41 802.
- *Young*, D. und D. L. *Ryan*, 1996, Empirical testing of a risk-adjusted Hotelling model, in: Resource and Energy Economics 18, S. 265-289.
- *Zacher*, M., 1982, Energiewirtschaftliche Konzessionsverträge, Europäische Hochschulschriften 2/289, Peter Lang Verlag, Frankfurt am Main.
- *Zemann*, J. (Hrsg.), 1998, Energievorräte und mineralische Rohstoffe: Wie lange noch?, Verlag der österreichischen Akademie der Wissenschaften, Wien.
- *Zenke*, I., 1998, Genehmigungszwänge im liberalisierten Energiemärkte, Berlin Verlag, Nomos Verlagsgesellschaft, Berlin, Baden-Baden.
- *Zettelmeyer*, F. und P. L. *Stoneman*, 1993, Testing Alternative Models of New Product Diffusion, in: Economics of Innovation and New Technology 2, S. 283-308.
- *Zweifel*, P. und S. *Bonomo*, 1995, Energy Security, in: Energy Economics 17, S. 179-183.

Danyel Reiche (Hrsg.)

Grundlagen der Energiepolitik

**Mit einem Vorwort von Klaus Töpfer
Unter Mitarbeit von Mischa Bechberger, Ruth Brand, Matthias
Corbach, Stefan Körner, Ulrich Laumanns und Annika Sohre**

Frankfurt am Main, Berlin, Bern, Bruxelles, New York, Oxford, Wien, 2005. 330 S.
ISBN 3-631-52858-2 · br. € 39.80*

Dieses Buch vermittelt Grundlagen deutscher und internationaler Energiepolitik. Es soll für Neueinsteiger, etwa Studierende, allgemein verständlich den Themenbereich erschließen, aber auch für Experten – ob nun in Verbänden, Wissenschaft oder Journalismus – eine wertvolle Informationsquelle und ein nützliches Nachschlagewerk sein. Diese Einführung ist dabei extra so verfasst, dass sie auch abschnittsweise gelesen werden kann. Wie ist der Entwicklungsstand einzelner Energieträger, beispielsweise von Kohle, Windkraft oder Meeresenergie? Welche Akteure wirken in der Energiepolitik, auf welche energiepolitischen Instrumente kann der Gesetzgeber zurückgreifen? Auf solche Fragen will dieses Buch eine Antwort geben. Durch die Gliederung, viele Abbildungen und Tabellen ist dabei auch versucht worden, eine möglichst hohe Lese- und Benutzerfreundlichkeit zu erreichen.

Während sich die Mehrzahl der bisherigen Publikationen nur auf Randgebiete spezialisiert hat, ist es Reiche in diesem Sammelband gelungen, ein nützliches Nachschlagewerk sowie eine wertvolle Informationsquelle zu veröffentlichen. [...] Hier findet der interessierte Leser einen wahren Fundus an Literaturangaben mit vielen weiterführenden Hinweisen. Danyel Reiche ist es gelungen, einen allgemeinverständlichen Überblick über die Grundlagen deutscher und internationaler Energiepolitik zu veröffentlichen. Das Buch basiert auf dem neuesten Entwicklungsstand einzelner Energieträger.
Bettina Schrader, Ökologisches Wirtschaften 3/2005

Aus dem Inhalt: Geschichte der Energie · Status quo des deutschen und weltweiten Energieverbrauchs · Technische Grundlagen der Energiepolitik · Darstellung der weltweiten Nutzung der einzelnen Energieträger (Erdöl, Erdgas, Kohle, Atomenergie, Wasserkraft, Biomasse, Windenergie, Solarenergie, Geothermie uvm.

Frankfurt am Main · Berlin · Bern · Bruxelles · New York · Oxford · Wien
Auslieferung: Verlag Peter Lang AG
Moosstr. 1, CH-2542 Pieterlen
Telefax 00 41 (0) 32 / 376 17 27

*inklusive der in Deutschland gültigen Mehrwertsteuer
Preisänderungen vorbehalten
Homepage http://www.peterlang.de